G. Stampacchia (Ed.)

AF006684

Equazioni differenziali non lineari

Lectures given at a Summer School of the
Centro Internazionale Matematico Estivo (C.I.M.E.),
held in Varenna (Como), Italy,
August 31-September 8, 1964

Springer

FONDAZIONE CIME ROBERTO CONTI

C.I.M.E. Foundation
c/o Dipartimento di Matematica "U. Dini"
Viale margagni n. 67/a
50134 Firenze
Italy
cime@math.unifi.it

ISBN 978-3-642-11029-0 e-ISBN: 978-3-642-11030-6
DOI:10.1007/978-3-642-11030-6
Springer Heidelberg Dordrecht London New York

©Springer-Verlag Berlin Heidelberg 2010
Reprint of the 1st ed. C.I.M.E., Ed. Cremonese, Roma 1964
With kind permission of C.I.M.E.

Printed on acid-free paper

Springer.com

CENTRO INTERNAZIONALE MATEMATICO ESTIVO
(C.I.M.E.)

3 Ciclo - Varenna (Como) - 31 agosto-8 settembre 1964

"EQUAZIONI DIFFERENZIALI NON-LINEARI"

Coordinatore : Guido Stampacchia

CENTRO INTERNAZIONALE MATEMATICO ESTIVO

(C.I.M.E.)

J. LERAY et J.L. LIONS

QUELQUES RÉSULTATS DE VISIK SUR LES PROBLÈMES ELLIPTIQUES NON LINÉAIRES PAR LES MÉTHODES DE MINTY-BROWDER

Corso tenuto a Varenna (Como) - 31 agosto - 8 settembre 1964

QUELQUES RÉSULTATS DE VISIK SUR LES PROBLÈMES ELLIPTIQUES NON LINÉAIRES PAR LES MÉTHODES DE MINTY-BROWDER

par

J.. LERAY et J.L. LIONS

Dans des notes aux Doklady de 1961 puis dans un travail récent détaillé, Visik [3] a donné une méthode générale de résolution pour certains problèmes elliptiques non linéaires [Cf. hypothèses du § 2]. M. Visik montre l'existence d'une solution de certains problèmes aux limites

1) en construisant une solution approchée en dimension finie ;

2) en passant à la limite par utilisation d'inégalités a priori et de résultats de compacité.

D'une autre côté, Minty [2] a observé-et appliqué à des équations intégrales - que des hypothèses de monotonie convenables permettent d'éviter les résultats de compacité ; Browder [1] a ensuite observé que les idées de Minty pouvaient s'appliquer aux équations elliptiques considérées par Visik et a développé cette idée dans une série de travaux, sans arriver, semble-t-il, à un énoncé contenant tous ceux de Visik.

L'obtention d'un tel énoncé est l'objet de cet exposé ; le paragraphe 1 donne un résultat "abstrait" général, le paragraphe 2 des exemples.

Notons que, de toutes façons, les résultats donnés ici ne dispensent nullement de la lecture du travail de Visik, notamment en ce que, avec des hypothèses suplémentaires sur les coefficients, M. Visik obtient des informations supplémentaires sur la régularité de la solution.

M. L. Schwartz (qui nous a suggéré de remplacer dans (1.1) Re(A(v), v) par (A(v), v)) nous a communiqué une démonstration d'un résultat monis général que le Th. 1 mais sans hypothèse de séparabilité sur V. Des résultats de ce type, avec des démonstrations differentes se trouvent également dans Minty.

1. Rèsultats gènèraux

1. Soit V un espace de Banach séparable et réflexif, sur $\mathbb{R}$ ou $\mathbb{C}$; soit [1] V' son dual (ou anti-dual). Soit $\| \ \|$ (resp. $\| \ \|_*$) la norme dans V (resp. V') ; si $v \in V$, $v' \in V'$, (v', v) désigne la valeur de v' en v.

Une application, en général non linéaire, d'un Banach X dans un Banach Y est dite bornée si elle transforme ensembles bornés de X en ensembles bornés de Y .

Le but du § est de montrer le

THÉORÈME 1. Soit $v \to A(v)$ un opérateur borné de $V \to V'$, continu de tout sous-espace de V de dimension finie dans V' faible. On suppose que A est coercitif au sens suivant :

$$(1.1) \qquad \lim_{\|v\| \to \infty} \frac{(A(v), v)}{\|v\|} = \infty .$$

Alors, si l'une des hypothèses I, II ci-après a lieu, A est surjectif.

Hypothèse I.

A(v) est monotone i.e. $\operatorname{Re}(A(u) - A(v), u-v) > 0 \quad \forall u, v \in V$.

Hypothèse II.

Il existe une application bornée : $u, v \to A(u, v)$ de $V \times V \to V'$ telle

---

[1] Le dual d'un Banach séparable est séparable : V' sera donc séparable.

que
$A(u,u) = A(u) \quad \forall u \in V$, vérifiant les conditions :

(i) (Continuité et monotonie en v) : $\forall u \in V$, $v \to A(u,v)$ est continue de toute droite de V dans V' faible, et

$$\mathrm{Re}(A(u,u) - A(u,v),\ u-v) \geq 0 \qquad \forall u,\ v \in V ;$$

(ii) (continuité de $A(u,v)$ en u) : Soit u_μ une suite telle que $u_\mu \to u$ dans V faible et $(A(u_\mu, u_\mu) - A(u_\mu - u), u_\mu - u) \quad 0$; alors $\forall v \in V$, $A(u_\mu, v) \to A(u,v)$ dans V' faible.

(iii) (continuité de $(A(u,v),u)$ en u) : Soit u_μ une suite telle que $u_\mu \to u$ dans V faible et $A(u_\mu, v) \to v'$ dans V' faible ; alors

$$(A(u_\mu, v), u_\mu) \to (v', u) .$$

2. Le cas où V est de dimension finie.

Lorsque V est de dimension finie, on montre le résultat en utilisant seulement (1.1). Par changement de norme (ne modifiant pas l'hypothèse) on se ramène au cas où $V = V' = \underline{\underline{R}}^N$ (cas réel pour simplifier) ; soit B_K la boule $\| v \| \leq K$ de bord $S_K = \{ v \mid \|v\| = K \}$. Grâce à (1.1), pour K quelconque, on peut choisir R assez grand pour que

$$(2.1) \qquad (A(v), v) \geq KR , \quad \forall v \in S_R \quad \text{(changer A en -A si necessaire).}$$

Alors pour $\theta \in]0,1[$, et $v \in S_R$, on a :

$$\left| \left(\theta A(v) + (1-\theta) \frac{K}{R} v, v \right) \right| \geq KR$$

donc

$$\left\| \theta A(v) + (1-\theta) \frac{K}{R} v \right\| \geq K \qquad \forall v \in S_R ,$$

et donc le degré topologique sur B_K de la restriction de $\theta A + (1-\theta)\frac{K}{R} I$ à B_R (I = identité sur V) est égal à 1, d'où le résultat.

Note. Si $V = \underline{\underline{C}}^N$, on commence par déformer A, pour obtenir (2.1) : cf. Browder.

3. Solutions approchées u_m.

Soit $w_1 \dots w_m \dots$ une suite de V telle que, pour tout m, $w_1 \dots w_m$ soient linéairement indépendants et que, V_m désignant l'espace engendré par $w_1 \dots w_m$, $\bigcup_m V_m$ soit dense dans V.

On va vérifier :

$$(3.1) \quad \begin{cases} f \text{ étant donné dans } V' \text{, il existe } u_m \in V_m \text{ tel que} \\ (A(u_m), w) = (f, w) \qquad \forall w \in V_m \end{cases}$$

En effet, si $\theta_1 \dots \theta_m \in V'$ avec $(\theta_i, w_j) = \delta_i^j$, définissons $P_m \in \mathcal{L}(V';V')$ par

$$P_m v' = \sum_{j=1}^{m} (v', w_j)\, \theta_j \quad .$$

Alors (3.1) équivaut à

$$B_m(u_m) = P_m b \ ,$$

où

$$B_m(v) = P_m(A(v)) \quad .$$

Si V'_m est l'espace engendré par $\theta_1 \dots \theta_m$, B_m applique V_m dans V'_m ; comme $(B_m(v), v) = (A(v), v)$, la condition analogue à (1.1) est satisfaite ; d'où (3.1)/ en appliquant 2.

4. Passage à la limite.

De (3.1) résulte que

$$|(A(u_m), u_m)| = |(f, u_m)| \leq \|f\|_* \, \|u_m\|$$

d'où , utilisant (1.1) (les c désignent des constantes diverses) :

$$\| u_m \| \leq c$$

Alors $\| A(u_m) \|_* \leq c$, et V étant réflexif, on peut extraire u_μ telle que

(4.1) $$u_\mu \longrightarrow u \quad \text{dans} \quad V \quad \text{faible,}$$

$$A(u_\mu) \longrightarrow \chi \quad \text{dans} \quad V' \quad \text{faible.}$$

Appliquant (3.1) pour $m = \mu$, on en déduit que $\chi = f$. Donc

(4.2) $$A(u_\mu) \longrightarrow f \quad \text{dans} \quad V' \quad \text{faible.}$$

Comme $\| A(u_\mu , u) \|_* \leq c$, on peut supposer (par nouvelle extraction - mais on ne change pas les indices) que

(4.3) $$A(u_\mu , u) \longrightarrow u' \text{ dans } V' \text{ faible.}$$

Verifions que

(4.4) $$(A(u_\mu, u_\mu) - A(u_\mu, u), u_\mu - u) \longrightarrow 0.$$

En effet

$$(A(u_\mu , u_\mu)u_\mu) = (f, u_\mu) \to (f, u)$$

et d'après (4.2)

$$(A(u_\mu , u_\mu), u) \to (f, u) ;$$

d'après (iii)

$$(A(u_\mu , u), u_\mu) \to (u', u)$$

et enfin d'après (4.3) ,

$$(A(u_\mu , u), u) \longrightarrow (u', u) .$$

Tout ceci entraîne (4.4) .

D'après (4.1) (4.4) et (ii)

(4.5) $$A(u_\mu , v) \to A(u, v) \quad \text{dans } V' \text{ faible}$$

et

(4.6) $$(A(u_\mu , v), u_\mu) \longrightarrow (A(u, v), u) \ .$$

Mais alors on a :

(4.7) $$X^v_\mu = (A(u_\mu , u_\mu) - A(u_\mu , v), u_\mu - v \to (f - A(u, v) , u - v).$$

Mais d'après (i) , Re $X^v_\mu \geqslant 0$. Donc (4.7) donne :

(4.8) $$\text{Re}(f - A(u, v), u-v) \geqslant 0 \quad \forall v \in V \ .$$

Posant $v = u - \lambda w$, $\lambda > 0$, $w \in V$, il en résulte

$$\text{Re}(f - A(u, u - \lambda w), w) \geqslant 0 \quad \forall w \in V \text{ et } \lambda > 0 \ ;$$

faisant tendre λ vers 0, en utilisant (i), il vient

$$\text{Re}(f - A(u), w) \geqslant 0 \quad \forall w \in V$$

donc

$$f = A(u)$$

ce qui démontre le théorème.

§ 2. Applications à un type d'équation aux dérivées partielles contenant l'équation d'Euler du calcul des variations.

1. Notations.

Ω = ouvert de $\underline{\underline{R}}^n$, borné ; les fonctions considérées son à valeurs réelles

$$W^m_p(\Omega) = \{ u | D^\alpha u \in L_p(\Omega), \ |\alpha| \leqslant m \}, \ 1<p<\infty \ ;$$

$$\|u\| = \Big(\sum_{|\alpha|\leq m} \|D^\alpha u\|^p_{L_p(\Omega)}\Big)^{1/p} ;$$

$\overset{\circ}{W}{}^m_p(\Omega)$ = adhérence dans $W^m_p(\Omega)$ du sous-espace des fonctions à support compact dans Ω ;

$$\overset{\circ}{W}{}^m_p(\Omega) \subset V \subset W^m_p(\Omega) ,$$

V <u>fermé</u> dans $W^m_p(\Omega)$, inclusions strictes ou non ;

V', dual de V, n'est un espace de distributions sur Ω que si $V = \overset{\circ}{W}{}^m_p(\Omega)$.

Notons que V est séparable et réflexif.

On suppose que

(1.1) l'application identique est compacte de $V \rightarrow W^{m-1}_p(\Omega)$.

Cette hypothèse a par ex. <u>toujours</u> lieu si $V = \overset{\circ}{W}{}^m_p(\Omega)$ et elle a lieu si $V=W^m_p(\Omega)$, Ω ayant la propriété du cône

<u>Les fonctions</u> A_α :

Soit N_1(resp N_2) le nombre de dérivations D^β dans $\underline{\underline{R}}^n$ d'ordre $\leq$ m-1 (resp. d'ordre = m) ; soit $A_\alpha(x, \eta, \xi)$ une famille de fonction ($|\alpha| \leq m$) définies sur $\Omega \times \underline{\underline{R}}^{N_1} \times \underline{\underline{R}}^{N_2}$, à valeurs dans $\underline{\underline{R}}$; ces fonctions sont de Carathéodory i.e. :

pour presque tout $x \in \Omega$, $\eta, \xi \rightarrow A_\alpha(x, \eta, \xi)$ est continue sur $\underline{\underline{R}}^{N_1} \times \underline{\underline{R}}^{N_2}$;

pour tout $\eta, \xi \in \underline{\underline{R}}^{N_1} \times \underline{\underline{R}}^{N_2}$, $x \rightarrow A_\alpha(x, \eta, \xi)$ est mesurable.

On pose :

$$D^k u = D^\beta u, \quad |\beta| = k \quad ;$$

$$\delta u = \{u, Du, \dots, D^{m-1}u\};$$

$$A_\alpha(x, \delta u, D^m v) : x \rightarrow A_\alpha(x, \delta u(x), D^m v(x)).$$

On suppose que

$$(1.2)\quad \begin{cases} \forall u \in W_p^m(\Omega), \quad v \in W_p^m(\Omega), \quad \text{on a} \\ A_\alpha(x, \delta u, D^m v) \in L_{p'}(\Omega), \quad \frac{1}{p} + \frac{1}{p'} = 1. \end{cases}$$

D'après M.A. Krasnosel'skii [Topological methods in the theory of non linear integral equations ; Pergamon, 1964 ; traduction de l'édition russe de 1956] on peut donner la condition nécessaire et suffisante pour que (1.2) ait lieu.

Notons seulement ceci, de vérification facile : (1.2) a lieu si

$$(1.3)\qquad |A_\alpha(x, \eta, \xi)| \leq c\,[|\eta|^{p-1} + |\xi|^{p-1} + k(x)], \qquad k \in L_{p'}(\Omega).$$

On peut améliorer (i.e. augmenter) l'exposant de $|\eta|$ dans (1.3) en utilisant les inégalités de Sobolev.

<u>L'opérateur</u> A.

Pour $u, w \in V$, on définit

$$(1.4)\qquad a(u, w) = \sum_{|\alpha| \leq m} \int_\Omega A_\alpha(x, \delta u, D^m u) D^\alpha w\, dx$$

ce qui a un sens puisque $A_\alpha(x, \delta u, D^m u) \in L_{p'}(\Omega)$ et $D^\alpha w \in L_p(\Omega)$. La forme $w \to a(u, w)$ est linéaire continue sur V, donc de la forme

$$(1.5)\qquad a(u, w) = (A(u), w), \qquad A(u) \in V' .$$

<u>Le problème aux limites.</u>

Pour f donné V', on cherche u dans V satisfaisant à

$$(1.6)\qquad A(u) = f$$

ou, ce qui revient au même

(1.6')
$$a(u, w) = (f, w) \qquad \forall w \in V.$$

C'est un problème avec conditions aux limites de Dirichlet (resp. Neumann, resp. "mêlées") si $V = \overset{\circ}{W}{}^m_p(\Omega)$ (resp. $W^m_p(\Omega)$, resp. $\overset{\circ}{W}{}^m_p(\Omega) \subset V \subset W^m_p(\Omega)$ avec inclusions strictes).

2. Théorème 2.

On suppose que (1.1) et (1.3) ont lieu, ainsi que

(2.1)
$$\frac{|a(v,v)|}{\|v\|} \to \infty \qquad \text{si} \quad \|v\| \to \infty \; ;$$

(2.2)$_1$
$$\begin{cases} \sum_{|\alpha|=m} A_\alpha(x, \eta, \xi)\xi \; / \; [|\xi| + |\xi|^{p-1}] \to \infty \quad \text{si } \xi \to \infty, \\ x \text{ fixé, p.p. dans } \Omega, \text{ et pour } |\eta| \text{ borné,} \end{cases}$$

(2.2)$_2$
$$\begin{cases} \sum_{|\alpha|=m} [A_\alpha(x, \eta, \xi^*) - A_\alpha(x, \eta, \xi)] \, [\xi^*_\alpha - \xi_\alpha] > 0 \text{ si } \xi^* \neq \xi, \\ \text{p.p. dans } \Omega \end{cases}$$

Conclusion : il existe $u \in V$ solution du problème aux limites (1.6).

Remarques.

1) il est facile de donner des conditions suffisantes pour que (2.1) ait lieu. Par exemple, l'hypothèse

$$\sum_{|\alpha| = m} A_\alpha(x, \eta, \xi)\xi_\alpha \geqslant |\xi|^p \qquad \text{pour } |\xi| > \text{constante},$$

et les inégalités de Sobolev impliquent que (2.1) a lieu quand Ω est suffisamment petit et régulier et que $V = \overset{\circ}{W}{}^m_p(\Omega)$ (car alors

$$\|u\| \sim \Big(\sum_{|\alpha|=m} \|D^\alpha u\|^p_{L_p(\Omega)} \Big)^{1/p}).$$

2) On peut remplacer (sans changer la conclusion) (η, ξ) par ζ et (2.2) par

(2.3) $$\sum_{|\alpha|\leq m} [A_\alpha(x,\zeta) - A_\alpha(x,\zeta^*)][\zeta_\alpha - \zeta^*_\alpha] \geq 0 \ ;$$

on prendra alors $A(u,v) = A(v)$; ce cas est plus simple à établir que celui de l'énoncé du Théorème 2.

3. Lemmes.

LEMME 3.1 Si $u_\mu \rightarrow u$ dans $W_p^{m-1}(\Omega)$ fort et $v \in W_p^m(\Omega)$, on a

$$A_\alpha(x, \delta u_\mu, D^m v) \rightarrow A_\alpha(x, \delta u, D^m v)$$

dans $L_{p'}$ fort. Cf. Krasnosel'skii, loc. cit. en 1.

LEMME 3.2. Soit $g \in L_q(\Omega)$, $g_\nu \in L_q(\Omega)$, $\| g_\nu \|_{L_q(\Omega)} \leq c$; $1 < q < \infty$; si $g_\nu \rightarrow g$ p.p., alors $g_\nu \rightarrow g$ dans $L_q(\Omega)$ faible.

Démonstration. Soit

$$E(N) = \{ x \mid x \in \Omega, |g_\nu(x) - g(x)| \leq 1 \quad \forall \nu \geq N \} ;$$

E(N) croît avec N et $\mathrm{mes}(E(N)) \rightarrow \mathrm{mes}\ \Omega$; alors l'ensemble des fonctions φ_N, $\in L_{q'}(\Omega)$, nulles (p.p.) hors de E(N), est lorsque $N \rightarrow \infty$, dense dans $L_{q'}(\Omega)$. Or

$$\int_\Omega \varphi_N(x) [g_\nu(x) - g(x)] \, dx \rightarrow 0$$

lorsque $\nu \rightarrow \infty$ (φ_N fixée) ; d'où le résultat.

LEMME 3.3. Soit $u_\mu, u \in W_p^m(\Omega)$, $\| u_\mu \| \leq c$, $u_\mu \rightarrow u$ dans V faible. On pose :

$$F_\mu = F(x, \delta u_\mu, D^m u_\mu, D^m u) = \sum_{|\alpha|=m} [A_\alpha(x, \delta u_\mu, D^m u_\mu) -$$

$$- A_\alpha(x, \delta u_\mu, D^m u)][D^\alpha u_\mu - D^\alpha u]$$

et l'on suppose que
$$\int_\Omega F(x, \delta u_\mu, D^m u_\mu, D^m u)\, dx \to 0$$

Alors

(3.1) $\quad A_\alpha(x, \delta u_\mu, D^m u_\mu) \to A_\alpha(x, \delta u, D^m u)$ dans $L_{p'}(\Omega)$ faible.

Démonstration.

Grâce à $(2.2)_2$, $F_\mu \geqslant 0$; donc de toute sous-suite de $\{\mu\}$ on peut extraire une sous-suite $\{\nu\}$ telle que

(3.2) $\quad \delta u_\nu(x) \to \delta u(x), \quad F_\nu(x) \to 0 \quad$ p.p. dans Ω .

Fixons x non exceptionnel dans (3.2) et tel que $k(x) < \infty$ (k donné dans (1.3)) ; notons $\eta = \delta u(x)$, $\eta_\nu = \delta u_\nu(x)$, $\xi = D^m u(x)$ et ξ^* l'une quelconque des limites de $D^m u_\nu(x) = \xi_\nu$. Alors

$$F_\nu(x) \geqslant \sum_{|\alpha|=m} A_\alpha(x, \eta_\nu, \xi_\nu)\, \xi_{\nu\alpha} - c(|\xi_\nu|^{p-1} + |\xi_\nu| + 1)$$

et si l'on avait $|\xi^*| = \infty$, alors, vu $(2.2)_1$, on aurait $F_\nu(x) \to \infty$ contrairement à (3.2); Donc $|\xi^*| < \infty$.

Alors (3.2) et la continuité en η, ξ des A_α impliquent

$$\sum_{|\alpha|=m} [A_\alpha(x, \eta, \xi^*) - A_\alpha(x, \eta, \xi)][\xi^*_\alpha - \xi_\alpha] = 0$$

donc, vu $(2.2)_{2'}$
$$\xi^* = \xi$$

Donc
$$A_\alpha(x, \delta u_\nu(x), D^m u_\nu(x)) \to A(x, u(x), D^m u(x)) \text{ p.p. dans } \Omega,$$

et, vu le Lemme 3.2,

(3.3) $\quad A_\alpha(x, \delta u_\nu, D^m u_\nu) \to A_\alpha(x, \delta u, D^m u)$ dans $L_{p'}(\Omega)$ faible.

Pour que de toute suite extraite de $\{\mu\}$ on puisse extraire une suite donnant lieu à (3.3) (donc avec une limite <u>indépendante</u> de la suite extraite), il faut que (3.1) ait lieu.

4. Démonstration du théorème 2.

Il est commode de poser

$$a_1(u,v,w) = \sum_{|\alpha|=m} \int_\Omega A_\alpha(x, \delta u, D^m v) D^\alpha w \, dx ,$$

$$a_2(u,w) = \sum_{|\alpha|<m-1} \int_\Omega A_\alpha(x, \delta u, D^m u) D^\alpha w \, dx$$

Alors

$$a(u,v,w) = a_1(u,v,w) + a_2(u,w)$$

définit $A(u,v) \in V'$ par

$$a(u,v,w) = (A(u,v), w) \quad .$$

Il est facile de voir que tous ces opérateurs sont bornés. L'hypothèse (2.1) est évidemment équivalente à (1.1) de sorte que pour montrer le théorème il suffit, en vertu du théorème 1, de vérifier que les hypothèses II, (i), (ii), (iii) ont lieu.

Vérification de (i) .

On a :

$$(A(u,u) - A(u,v), u-v) = [a_1(u,u, u-v) - a_1(u,v, u-v)]$$

et ceci est ≥ 0 d'après (2.2) ; il reste à montrer que

$$a(u, v_1 + \lambda v_2, w) \to a(u,v,w) \quad \text{si } \lambda \to 0 \text{ , } u, v_i, w \in V.$$

Cela résulte de ce que

$$A_\alpha(x, \delta^{m-1}u, D^m(v_1 + \lambda v_2)) \to A_\alpha(x, \delta^{m-1}u, D^m v_1)$$

dans $L_{p'}(\Omega)$ faible (il y a même convergence dans $L_{p'}$ fort !) ce qui suit par ex. du Lemme 3.2.

Vérification de (ii)

Soit u_μ une suite telle que $u_\mu \to u$ dans V faible et

$$(A(u_\mu, u_\mu) - A(u_\mu, u), u_\mu - u) \to 0 .$$

Avec les notations du Lemme 3.3,

$$(A(u_\mu, u_\mu) - A(u_\mu, u), u_\mu - u) = \int_\Omega F_\mu \, dx$$

et donc, d'après le Lemme 3.3

$$A_\alpha(x, \delta u_\mu, D^m u) \to A_\alpha(x, \delta u, D^m u) \text{ dans } L_{p'}(\Omega) \text{ faible,}$$

et, pour $|\alpha| = m$, $A_\alpha(x, \delta u_\mu, D^m v) \to A_\alpha(x, \delta u, D^m v)$ dans $L_{p'}(\Omega)$ faible (et meme fort). Donc

$$a(u_\mu, v, w) \to a(u, v, w) \quad \forall w \in V$$

donc $A(u_\mu, v) \to A(u, v)$ dans V' faible, c.q.f.d.

Vérification de (iii)

Soit $u_\mu \to u$ dans V faible, $A(u_\mu, v) \to v'$ dans V' faible. Alors (Lemme 3.1) $A_\alpha(x, \delta u_\mu, D^m v) \to A_\alpha(x, \delta u, D^m v)$ dans $L_{p'}(\Omega)$ fort, donc

$$a_1(u_\mu, v, u_\mu) \to a_1(u, v, u) . \tag{4.1}$$

Par ailleurs

$$|a_2(u_\mu, u_\mu - u)| \leq c \sum_{|\alpha| \leq m-1} \| D^\alpha (u_\mu - u) \|_{L_p(\Omega)}$$

e donc, d'après (1.1), $a_2(u_\mu, u_\mu - u) \to 0$.

Grâce à (4.1),

$$a_2(u_\mu, u) = (A(u_\mu, v), u) - a_1(u_\mu, v, u) \to (v', u) - a_1(u, v, u),$$

donc

$$a_2(u_\mu, u_\mu) = a_2(u_\mu, u_\mu - u) + a_2(u_\mu, u) \to (v', u) - a_1(u, v, u).$$

Alors

$$(A(u_\mu, v), u_\mu) = a_1(u_\mu, v, u_\mu) + a_2(u_\mu, u_\mu) \to (V', u),$$

et (iii) suit.

5. Remarques.

1) Dans le cas où les coefficients $A_\alpha(x, \eta, \xi)$ ont une croissance plus rapide que polynomiale, il faut remplacer les espaces de Sobolev $W_p^m(\Omega)$ construits à partir de $L_p(\Omega)$ par des espaces analogues construits à partir d'espaces d'Orlicz sur Ω.

N ter aussi que les A_α n'ont pas tous forcément "même croissance" ; on peut donc être conduit à introduire au lieu de $W_p^m(\Omega)$ des espaces

$$W_{p_\alpha}^m(\Omega) = \{ u \mid D^\alpha u \in L_{p_\alpha}(\Omega), |\alpha| \leq m, p_\alpha \text{ dépendant de } \alpha \} ;$$

remarque analogue encore en remplaçant $L_{p_\alpha}(\Omega)$ par un espace d'Orlicz dépendant de α. Pour tout cela, cf. Visik 4 .

2) Si la frontière Γ de Ω est assez régulière, on peut également introduire dans (1.4) des intégrales de surface.

§ 3. Application au système de Navier-Stokes
(cas stationnaire : vitesse tangente aux parois)

Il s'agit du problème de Dirichlet, qui régit les écoulements visqueux stationnaires

$$\begin{cases} \Delta u_i - \dfrac{\partial p}{\partial x_i} - u_k D_k u_i = f_i, \ \text{div. } u = 0 \quad \text{dans} \quad \Omega \ ; \\ u_i = \gamma_i \ (\text{donné}) \ \text{sur} \quad \partial\Omega \ (\text{bord de } \Omega) \ ; \end{cases}$$

$i = 1, \ldots, n$; $u = (u_1, \ldots, u_n)$; $\Omega \subset \underline{\underline{R}}^n$; Ω borné.

Notations.

$W^n = W \times, \ldots, \times W$ (n fois) ;

$V = \{ w \mid w \in (\overset{\circ}{W}{}^1_2(\Omega))^n, \ \text{div } w = 0 \}$; $\|w\|^2 = \sum_{k,i} \int_\Omega | D_k w_i |^2 dx$

$H = \{ f \mid f \in (L_2(\Omega))^n , \ \text{div } f = 0 \}$

$V \subset H \subset V'$; V' = dual de V ; H est identifié à son dual.

On suppose $\partial \Omega$ deux fois différentiable ;

On se donne $\gamma \in (W^1_2(\Omega))^n$, dont la trace sur $\partial \Omega$ est donc définie ; pour

$$u - \gamma \in V, \quad v - \gamma \in V, \quad w \in V,$$

on pose

$$(1.1) \qquad a(u, v, w) = \sum_{i,k=1}^{n} (D_k v_i, D_k w_i) + \sum_{i,k=1}^{n} \int_\Omega u_k (D_k v_i) w_i \ dx$$

en écrivant donc $a(u, v, w)$ au lieu de $a(u-\gamma, v-\gamma, w)$. La fonction trilinéaire $u-\gamma, v-\gamma, w \to a(u, v, w)$ est continue sur $V \times V \times V$ <u>si la dimension</u> $n \leq 4$, car le théorème de Sobolev donne alors $u, w \in (L_4(\Omega))^n$, donc

$$(1.2) \qquad a(u, v, w) = (A(u, v), w), \ \text{où} \ A(u, v) \in V' .$$

2) Preuve que $A(u,v)$ vérifie l'hypothèse II du théorème 1.- Vérification de (i) : $v \to a(u,v,w)$ est continue sur V.

Ensuite

$$(A(u,u) - A(u,v), u-v) = a(u,u,u-v) - a(u,v,u-v) = \sum_{i,k} (D_k(u_i - v_i), D_k(u_i - v_i)),$$

car

$$\sum_{i,k} \int_\Omega u_k (D_k w_i) w_i \, dx = \frac{1}{2} \sum_{i,k} \int_\Omega u_k D_k (w_i)^2 \, dx = 0 \ ;$$

par Stokes, puisque $\operatorname{div} u = 0$; ce résultat s'énonce :

(2.1) $$(A(u,u) - A(u,v), u-v) = \| u-v \|^2 .$$

Vérification de (ii) : Vu (2.1), si $(A(u_\mu, u_\mu) - A(u_\mu, u), u_\mu - u) \to 0$, alors $u_\mu \to u$ dans V fort ; donc

$$a(u_\mu, v, w) \to a(u,v,w) \ ;$$

donc

$$A(u_\mu, v) \to A(u,v) \text{ dans } V' \text{ faible.}$$

Verification de (iii) : Soit $u_\mu \to u$ dans V faible ; alors

$$u_{\mu,k} \to u_k \quad \text{dans } L_2(\Omega) \text{ fort,}$$

$$u_{\mu,k} \quad \text{est borné dans } L_4(\Omega) .$$

De toute suite extraite de $\{u_\mu\}$ on peut donc extraire une suite $\{u_\nu\}$ telle que

$$u_{\nu,k}(x) \to u_k(x) \quad \text{p.p.} \ ;$$

évidemment

$$u_{\nu,k} \to u_k \quad \text{dans } L_4(\Omega) \text{ faible,}$$

$$u_{\nu,k} \, u_{\nu,i} \to u_k u_i \quad \text{dans } L_2(\Omega) \text{ faible.}$$

Donc

$$u_{\mu,k} \rightharpoonup u_k \quad , \text{ dans } \quad L_4(\Omega) \text{ faible ;}$$

$$u_{\mu,k}\, u_{\mu,i} \rightharpoonup u_k\, u_i \quad \text{dans} \quad L_2(\Omega) \text{ faible.}$$

Donc

$$A(u_\mu, v) \rightarrow A(u,v) \quad \text{dans} \quad V' \text{ faible ;}$$

$$(A(u_\mu, v), u_\mu - \gamma) \rightarrow (A(u,v), u - \gamma) .$$

Voici prouvé (iii) et même bien plus.

3. Condition pour que A soit coercitif. - Puisque nous notons $a(u,v,w)$ ce que le § 1 noterait $a(u-\gamma, v-\gamma, w)$, il s'agit de chercher sous quelle condition

(3.1) $$\lim_{\|u\| \to \infty} \frac{(A(u,u), u-\gamma)}{\|u\|} = \infty \quad .$$

On a

$$(A(u,u), u-\gamma) = a(u,u,u-\gamma)$$

$$= \sum_{i,k=1}^{n} (D_k u_i, D_k(u_i - \gamma_i)) + \sum_{i,k=1}^{n} \int_\Omega u_k (D_k u_i)(u_i - \gamma_i) dx$$

$$= \sum_{i,k=1}^{n} (D_k u_i, D_k(u_k - \gamma_i)) + \sum_{i,k=1}^{n} \int_\Omega u_k (D_k \gamma_i)(u_i - \gamma_i) dx$$

car

$$\sum_k \int_\Omega u_k (u_i - \gamma_i) D_k(u_i - \gamma_i) dx = \frac{1}{2} \sum_k \int_\Omega u_k D_k (u_i - \gamma_i)^2 dx = 0$$

par Stokes.

Soit $\{u_\mu\}$ une suite telle que $\dfrac{(A(u_\mu, u_\mu), u_\mu - \gamma)}{\|u_\mu\|^2}$ tende vers sa limite inférieure $(u_\mu - \gamma \in V)$; on peut la choisir convergente dans V faible ; soit U sa limite ; on a (cf. iii) :

$$u_{\mu,k} \rightarrow U_k \quad \text{dans} \quad L_4(\Omega) \text{ faible,}$$

$$u_{\mu,k}\, u_{\mu,i} \rightarrow U_k U_i \quad \text{dans} \quad L_2(\Omega) \text{ faible ;}$$

donc :

$$U \in V, \quad \| U \| \leqslant 1 ,$$

(3.2)
$$\text{lim. inf.} \frac{(A(u,u), u - \gamma)}{\| u \|^2} = 1 + \sum_{i,k} \int_\Omega U_i U_k D_k \gamma_i \, dx$$

soit $\Omega(\varepsilon)$ la partie de Ω distante de $\partial\Omega$ de moins de ε. On prouve aisèment (5 , p. 38-41) ceci :

$$\int_{\Omega(\varepsilon)} U_i U_k \leqslant c\, \varepsilon^2 \| U \|^2 \quad (c : \text{indépendant de } \varepsilon \text{ et de } U \in V) ;$$

γ peut être choisi tel que

$$\gamma = 0 \quad \text{hors de} \quad \Omega(\varepsilon), \quad | D_k \gamma_i | \leqslant \frac{c}{\varepsilon} \quad ,$$

si γ a sur $\partial\Omega$ des valeurs données tangentes à $\partial\Omega$. Sous cette condition, un choix approprié de ε et γ, indépendant de U, permet donc de déduire de (3.2) que

$$\text{lim. inf.} \frac{(A(u,u), u - \gamma)}{\| u \|^2} \geqslant \frac{1}{2} \quad ;$$

d'où l'hypothèse de coercivité (3.1), pour ce choix de γ.

4. Conclusions. - Le théorème 1 s'applique donc ; le système de Navier-Stokes a au moins une solution $u \in W_2^1(\Omega)$ prenant sur Ω des valeurs données tangentes à $\partial\Omega$, si $n \leqslant 4$.

Note. - [5] prouve ce théorème pour $n \leqslant 3$ et des valeurs au bord, dont le flux est nul à travers chaque composante connexe du bord: [5] chap. II donne la majoration a priori permettant d'appliquer la théorie des points fixes par laquelle il convient de remplacer le chap. I de [5] . Mais la preuve de cette majoration *a priori* ne suffit pas à établir la coercivité. Pour obtenir ce théorème de [5] par la méthode du § 1, il faut sans doute améliorer cette méthode ; faire un emploi moins particulier de la théorie des points fixes, permettant de remplacer l'hypothèse de coercivité par celle qu'existe une majoration *a priori*.

Note. - [5] traite le cas où Ω n'est pas borné par passage à la limite.

BIBLIOGRAPHIE

[1] F.E. BROWDER. Variational boundary value problems for quasi-linear elliptic equations of arbitrary order, Proc. Nat. Acad. Sci. vol. 50 (1963), pp. 31-37, Notes II, III, idem. Divers articles à paraître

[2] G.J. MINTY. a) Monotone (non linear) operators in Hilbert space. Duke Math. J. 29 (1962), p. 341-346.
b) On the Maximal domain of a monotone function, Michigan Math. J. 8 (1961), p. 135-137.
c) On a "monotonicity" method for the solution of non linear equations in Banach spaces. Proc. Nat. Acad. Sc. 50 (1963), p. 1038-1041.

[3] I.M. VISIK. a) Doklady Akad. Nauk. t. 138 (1961), p. 518-521.
b) Troudi Moskov. Mat. Obv. t. 12 (1963), p. 125-184.

[4] ----- Doklady Akad. Nauk. t. 151 (1963), p. 758-761.

[5] J. LERAY. Journal de Math., t. 12 (1933), p. 21-63.

CENTRO INTERNAZIONALE MATEMATICO ESTIVO

(C.I.M.E.)

JEAN LERAY

ÉQUATIONS HYPERBOLIQUES NON-STRICTES : CONTRE-EXEMPLES, DU TYPE DE GIORGI, AUX THEOREMES D'EXISTENCE ET D'UNICITÉ

Corso tenuto a Varenna (Como) - 31 agosto-8 settembre 1964

ÉQUATIONS HYPERBOLIQUES NON-STRICTES: CONTRE-EXEMPLES, DU TYPE DE GIORGI, AUX THÉORÈMES D'EXISTENCE ET D'UNICITÉ

par

Jean LERAY

Introduction

1. Considérons dans $\underline{\underline{R}}^{\ell}$ un problème de Cauchy, hyperbolique non strict, d'inconnue u(x) :

$$(1.1)\qquad \begin{cases} a_1(x,D)\ldots a_p(x,D)\,u(x) = b(x,D)\,u(x) + v(x) \\ D^{m-1} \quad u|S_o \quad \text{donné} \,; \end{cases}$$

$D = \frac{\partial}{\partial x}$; $a_1, \ldots, a_p$ sont p opérateurs strictement hyperboliques relativement à S_o. Notons

$$\text{ordre } (a_1 \ldots a_p) = m \;; \quad \text{ordre } (b) \leq m-p+q\,, \quad \text{oú} \quad 0 \leq q\,.$$

Supposons que S_o est un hyperplan ; notons $\gamma^{n,(\alpha)}$ la classe des fonctions $\underline{\underline{R}}^{\ell} \to \underline{\underline{C}}$ dont les dérivées $f^{(n)}$ d'ordres $\leq$ n ont des restrictions aux hyperplans S_t parallèles à S_o qui vérifient uniformément par rapport à t la condition d'appartenir à la classe α de Gevrey :

$$\sup_{\substack{x \in S_t \\ |\beta| \leq s}} \left| D^{\beta} \quad f^{(n)} \right| \leq (\text{const.})^s \, (s!)^{\alpha}$$

où D^{β} est une dérivée d'ordre $|\beta|$, sur S_t .

On sait ceci (pour l'énoncé précis voir [2], n° 23, 24) : si les données du problème de Cauchy (1.1) appartiennent à la classe $\gamma^{n,(\alpha)}$, allors ce problème possede une solution unique u et $u \in \gamma^{n,(\alpha)}$, quand on a :

$$n \geqslant m+p, \quad 1 \leq \alpha < \frac{p}{q} .$$

Si $1 \leqslant \alpha = \frac{p}{q}$, ces théorèmes d'existence et d'unicité valent sous certaines restrictions (existence locale, c'est-à-dire au voisinage de S_o ; unicité sous l'hypothèse $u \in \gamma_2^{m+p,(\alpha)}$).

Un exemple de Giorgi montre que ces théorèmes deviennent faux quand on supprime l'hypothèse $\alpha \leq \frac{p}{q}$; plus précisément, de Giorgi montre que cette hypothèse est nécessaire dans le cas m=p=8, q=4.

Nous allons construire, par procédé simplifiant[1] celui qu'emploie de Giorgi, des contre-exemples prouvant que, quels que soient[2] $m \geqslant p \geqslant 1$ et $q \geqslant 1$, l'hypothèse $\alpha \leq \frac{p}{q}$ est nécessaire à la validité des théorèmes d'existence et d'unicité[3] qu'énonce 2 (n° 23, 24, 25 et 26).

Cependant, si l'on impose à $a_1, \ldots, a_p, b$ d'être réels, nous ne prouvons la nécessité de cette hypothèse $\alpha \leq \frac{p}{q}$ que dans les cas où q est pair.

---

(1) Là où nos § 2 et § 3 emploient 5 bandes, de Giorgi en emploie 7.

(2) Aucune hypothèse n'est faite sur p/q.

(3) et aussi à la validité de théorèmes de G. Talenti [3] apparentés à ceux-ci.

§1. Préliminaires

2. RÉDUCTION AU CAS : $\ell = 2$, $m = p$. - Le théorème d'existence implique le théorème d'unicité, d'après Holmgren : voir [2], n°. 24. Il suffit donc de construire un contre-exemple au théorème d'unicité. Nous choisissons ce contre-exemple fonction de deux des variables indépendantes, ce qui nous ramène au cas où $\underline{\underline{R}}^{\ell} = \underline{\underline{R}}^2$.

Supposons que l'èquation, à coefficients indéfiniment différentiables,

$$\frac{\partial^p u}{\partial t^p} = b(t, x, \frac{\partial}{\partial x})\, u \qquad (\text{ordre} \quad (b) \leq q) \tag{2.1}$$

possède une solution, indéfiniment différentiable, contredisant le théorème d'unicité, c'est-à-dire s'annulant p fois avec t ; on voit que toutes ses dérivées s'annulent avec t. Par suite u est un contre-exemple au théorème d'unicité pour l'équation

$$\prod_{k=1}^{m-p} \left(\frac{\partial}{\partial t} - k \frac{\partial}{\partial x}\right) \frac{\partial^p u}{\partial t^p} = \prod_{k=1}^{m-p} \left(\frac{\partial}{\partial t} - k \frac{\partial}{\partial x}\right) b\, u$$

qui est du type (1.1), avec

$$a_1 = \prod_{k=0}^{m-p} \left(\frac{\partial}{\partial t} - k \frac{\partial}{\partial x}\right), \quad a_j = \frac{\partial}{\partial t} \; (1 < j \leq p).$$

Pour traiter le cas (m, p, q) quelconque, il nous suffit donc de construire , pour tout (p, q, α) tel que $\frac{p}{q} < \alpha$, un contre-exemple au théorème d'unicité concernant une équation du type (2.1) ; pour ce type d'équation, $m=p$.

3. QUASI-NORMES FORMELLES. - Nous notons (t, x) les coordonnées de $\underline{\underline{R}}^2$ et S_t la droite d'abscisse t. Etant donnée une fonction u(t, x), définie sur une bande $T_o \leq t \leq T_1$, nous définissons sa quasi-norme

$$|u, S_t| = \sup_x |u(t,x)|$$

e sa quasi-norme formelle

$$(3.1) \qquad |D^{h,\infty} u, S_t, \rho| = \sum_{s=0}^{\infty} \frac{\rho^s}{s!} \sup_j \left| \frac{\partial^{j+s} u}{\partial_t^j \partial_x^s}, S_t \right|, \quad \text{où } 0 \leq j \leq h,$$

c'est une série formelle en ρ, qui peut être une fonction de ρ holomorphe à l'origine.

Soit une série formelle

$$\Phi(\rho) = \sum_{s=0}^{\infty} \frac{\rho^s}{s!} \Phi_s ;$$

$$\Phi(\rho) \gg 0 \text{ signifie } \Phi_s \geq 0, \quad \forall s ;$$

on dit que $\Phi \in \Gamma^{(\alpha)}$ (classe de Gevrey formelle) quand il existe une constante c, dépendant de Φ, telle que

$$(3.2) \qquad \Phi_s \leq c^s (s!)^{\alpha} ;$$

on dit que $u \in \gamma^{h,(\alpha)}$ (classe de Gevrey) quand il existe une série formelle $\Phi(\rho)$, indépendante de t, telle que

$$(3.3) \qquad |D^{h,\infty} u, S_t\ \rho| \ll \Phi(\rho) \in \Gamma^{(\alpha)} .$$

Etant donné un opérateur différentiel

$$b(t, x, \frac{\partial}{\partial x}) = \sum_{j=0}^{q} b_j(t, x) (\frac{\partial}{\partial x})^q ,$$

nous notons

$$| D^{h, \infty} b, S_t, \rho | = \sum_{j=0}^{q} | D^{h, \infty} b_j, S_t, \rho | ;$$

nous disons que $b \in \gamma^{h, (\alpha)}$ quand $b_j \in \gamma^{h, (\alpha)}$, $\forall$ j.

4. LE CONTRE-EXEMPLE A CONSTRUIRE est, d'après le n° 2, le suivant :

Etant donnés (p, q, α) tels que

$$p \geqslant 1, \quad q \geqslant 1, \quad \frac{p}{q} < \alpha \quad ,$$

construire, sur une bande $0 \leqslant t \leqslant T$ de $\mathbb{R}^2$, une équation linéaire homogène

(4.1) $$\frac{\partial^p u}{\partial t^p} = b(t, s, \frac{\partial}{\partial x}) u \qquad (\text{ordre } b \leqslant q)$$

possèdant une solution $u(t, x) \neq 0$, telle que

(4.2) $$\frac{\partial^h u}{\partial t^h} (0, x) = 0 , \qquad \forall h ;$$

(4.3) $$u \in \gamma^{h, (\alpha)} , \quad b \in \gamma^{h, (\alpha)} , \quad \forall h.$$

Note. - u et b sont indépendants de h.

De Giorgi construit un bel contre-exemple en résolvant d'abord le problème non homogène que voici.

5. ÉNONCÉ D'UN PROBLÈME NON HOMOGÈNE. - Nous nous donnons (p, q, α), tels que

$$p \geqslant 1, \quad q \geqslant 1, \quad \frac{p}{q} < \alpha \quad ,$$

un nombre ℓ_1 et un paramètre $\ell \leq \ell_1$; nous cherchons sur la bande

$$0 \leqslant t \leqslant 1$$

de $\underline{\underline{R}}^2$ une équation linéaire homogène

$$(5.1) \qquad \frac{\partial^p u}{\partial t^p} = b(t, x, \frac{\partial}{\partial x}) u \quad (\text{ordre } (b) \leq q;\ b \text{ dépend de } \ell)$$

et une solution u de cette équation telles que :

$$(5.2) \qquad \begin{cases} u(t, x) = e^{\ell} \quad , \quad b = 0 \text{ pour } t \text{ voisin de } 0 , \\ u(t, x) = e^{\ell'(\ell)} , \quad b = 0 \text{ pour } t \text{ voisin de } 1 . \end{cases}$$

$$(5.3) \qquad \begin{cases} | D^{h,\infty} u, S_t, \rho | \ll \theta(\ell) \ \Phi(\rho) \quad , \quad \forall h \quad , \\ | D^{h,\infty} b, S_t, \rho | \ll \theta(\ell) \ \Phi(\rho) \quad , \quad \forall h \quad , \end{cases}$$

où : ℓ', θ Φ dépendent de h ; Φ ne dépend pas de ℓ ; $\Phi \in \Gamma^{(\alpha)}$; ℓ' et θ sont des fonctions de ℓ , ayant les propriétés suivantes :

$$\ell'(\ell) < \ell \quad ;$$

si nous définissons les suites $\ell_1, \ell_2, \ldots, \theta_1, \theta_2 \ldots$ par la loi de récurrence :

$$\ell_{k+1} = \ell'(\ell_k), \qquad \theta_k = \theta(\ell_k)$$

alors

(5.4) $$\lim_{k \to \infty} k^c \theta_k = 0 \quad \text{pour toute constante } c.$$

6. CONSTRUCTION[1] DU CONTRE-EXEMPLE $u(t, x)$ AYANT LES PROPRIÉTÉS QU'EXIGE LE n° 4. - Supposons résolu le problème non homogène qu'énonce le n° 5 ; sa solution, pour $\ell = \ell_k$, sera notée $b_k(t, x\, \frac{\partial}{\partial x})$, $u_k(t, x)$.

Définissons $T_1, T_2, \ldots$ par la loi de récurrence :

$$T_1 = 0 , \quad T_{k+1} - T_k = \frac{1}{k^2} \quad ;$$

soit

$$T = \lim_{k \to \infty} T_k \quad \sum_{k=1}^{\infty} \frac{1}{k^2} < \infty .$$

Définissons

$$b(x, t, \frac{\partial}{\partial x}) = k^{2p} \quad b_k(\frac{t - T_k}{T_{k+1} - T_k} , x, \frac{\partial}{\partial x})$$

$$u(x, t) = u_k(\frac{t - T_k}{T_{k+1} - T_k} , x) \text{ pour } T_k \leq t \leq T_{k+1}.$$

Vu (5.2), b et u sont indéfiniment dérivables sur la bande $0 \leq t < T$; vu (5.1), sur cette bande (4.1) est vérifiée.

Vu (5.3) :

$$D^{h, \infty} u, \; S_t, \rho \ll k^{2h} \theta_k \Phi(\rho)$$

$$D^{h, \infty} b, \; S_t, \rho \ll k^{2(h+p)} \theta_k \Phi(\rho), \text{ où } \quad \Phi \in \Gamma^{(\alpha)}.$$

---

(1) Je remercie K. Jörgens d'avoir rectifié cette partie de mon exposé .

D'où, vu (5.4) :

$$D^{h,\infty} u, S_t, \rho \ll 0(t)\ \Phi(\rho)$$

$$D^{h,\infty} b, S_t, \rho \ll 0(t)\ \Phi(\rho),$$

où $\lim_{t \to T} 0(t) = 0$; bien entendu, $0(t)$ dépend de h.

Donc $u \in \gamma^{h,(\alpha)}$, $b \in \gamma^{h,(\alpha)}$, $\forall h$; toutes les dérivées de u et des coefficients de b s'annulent pour $t = T$.

Nous avons construit le contre-exemple qu'exige le n°. 4, à la permutation près de 0 et T.

7. CONCLUSION DU § 1. - Ce qu'affirme l'introduction, à savoir la nécessité de l'hypothèse $\alpha \leq p/q$ dans les théorèmes d'existence et d'unicité concernant l'équation hyperbolique non stricte, sera donc prouvé quand nous aurons résolu le problème non homogène, qu'énonce le n°. 5.

§2. Rèsolution du problème non homogène (n°. 5)

Il faut évidemment supposer u et b fonctions de x ; il suffira de prendre u linéaire en $e^{i\omega x}$, où $\omega = \omega(\ell)$. Le terme de u indépendant de x est une fonction de t qui sera constante près des bords de la bande ; le coefficient de $e^{i\omega x}$ aura pour coefficient, dans u, une fonctions de t qui sera constante au centre de la bande. Cette bande ne sera pas la bande $0 \leq t \leq 1$, comme l'annonce le n.5, mais la bande

$$0 \leq t \leq 5 .$$

Notation . c désignera divers nombres, fonctions de (h, p, q), mais indépendants de ℓ .

8. INTRODUCTION DU TERME EN $e^{i\omega x}$ DANS u. -

Lemme 1 . - Donnons-nous des nombres

$$m < \ell , \quad \omega > 1 .$$

On peut construire sur la bande

$$0 \leq t \leq 1$$

une équation du type (5.1) admettant une solution u, telle que

$$u(t,x) = e^{\ell} , \quad b = 0 \text{ pour } t \text{ voisin de } 0 ;$$
$$u(t,x) = e^{\ell} + e^{m+i\omega x} , \quad b = 0 \text{ pour } t \text{ voisin de } 1 ;$$
$$| D^{h,\infty} u, S_t, \varsigma | << c\, e^{\ell + \omega \varsigma} ;$$
$$| D^{h,\infty} b, S_t, \varsigma | << c\, e^{m-\ell+\omega \varsigma} .$$

Notation. - f(t) désignera une fonction fixe, indéfiniment dérivable, telle que

$$f(t) = 0 \text{ pour } t \text{ voisin de } 0, \quad f(t) = 1 \text{ pour } t \text{ voisin de } 1.$$

Preuve. - La fonction u et l'opérateur b que voici vérifient (5.1) :

$$u = e^{\ell} + e^{m+i\omega x} f(t)$$
$$b = e^{m-\ell+i\omega x} \frac{d^p f(t)}{dt^p} \left(\frac{i}{\omega} \frac{\partial}{\partial x} + 1\right)$$

9. AUGMENTATION DU COEFFICIENT DE $e^{i\omega x}$ DANS u . -

Lemme 2. - Donnons-nous des nombres

$$m < \ell < n , \quad \omega \text{ tels que } n-m > 1, \quad \omega>1.$$

On peut construire sur la bande

$$0 \leqslant t \leqslant 2$$

une équation du type (5.1) admettant une solution u, telle que

$$u(t,x) = e^{\ell} \quad , \quad b = 0 \text{ pour } t \text{ voisin de } 0 \;;$$

$$u(t,x) = e^{\ell} + e^{n+i\omega x}, \quad b = 0 \text{ pour } t \text{ voisin de } 2 \;;$$

$$| D^{h,\infty} u, S_{t}, \varrho | \ll c(n-m)^{h} e^{n+\omega\varrho}$$

$$| D^{h,\infty} b, S_{t}, \varrho | \ll c\, e^{m-\ell+\omega\varrho} + c\, \frac{(n-m)^{p}}{\omega q}$$

Preuve. - Définissons a et u par le lemme 1 pour $0 \leqslant t \leqslant 1$. Pour $1 \leqslant t \leqslant 2$, la fonction u et l'opérateur b que voici vérifient (5.1) :

$$u = e^{\ell} + e^{nf+m(1-f)+i\omega x} \quad \text{où} \quad f = f(t-1) \;;$$

$$b = e^{-nf-m(1-f)} \frac{d^{p} e^{nf+m(1-f)}}{dt^{p}} \frac{1}{(i\,\omega)^{q}} \frac{\partial^{q}}{\partial x^{q}} .$$

Or

$$e^{-nf-m(1-f)} \frac{d^{p} e^{nf+m(1-f)}}{dt^{p}}$$

est un polynome en n-m de degré p, dont les coefficients sont des fonctions fixes de t.

10. MODIFICATION DU TERME DE u INDÉPENDANT DE x .-

Lemme 3. - Donnons-nous des nombres

$$m < \ell' < \ell < n , \quad \omega \text{ tels que } n-m > 1, \quad \omega > 1.$$

On peut construire sur la bande

$$0 \leq t \leq 3$$

une équation du type (5.1) admettant une solution u, telles que

$$u(t,x) = e^{\ell}, \quad b = 0 \text{ pour } t \text{ voisin de } 0 ;$$

$$u(t,x) = e^{\ell'} + e^{n+i\omega x}, \quad b = 0 \text{ pour } t \text{ voisin de } 3 ;$$

$$| D^{h,\infty} u, S_t, \rho | << c(n-m)^h e^{n+\omega\rho}$$

$$| D^{h,\infty} b, S_t, \rho | << c(n-m)^{h+p} e^{\ell - n + \omega\rho} + c\, e^{m-\ell+\omega\rho} + c\frac{(n-m)^p}{\omega^q}$$

__Preuve__. - Définissons a et u par le lemme 2 pour $0 \leq t \leq 2$. Pour $2 \leq t \leq 3$, la fonction u et l'opérateur b que voici vérifient (5.1) :

$$u = e^{\ell(1-f) + \ell' f} + e^{n+i\omega x}, \quad \text{où } f = f(t-2) ;$$

$$b = e^{-n-i\omega x} \frac{d^p e^{\ell(1-f)+\ell' f}}{dt^p} \frac{1}{i\omega} \frac{\partial}{\partial x}$$

11. FIN DE LA CONSTRUCTION DE b ET u. - Pour $0 \leq t \leq 3$, définissons b et u par le lemme 3; pour $3 \leq t \leq 5$, définissons b et u par le lemme 2, où l'on remplace

$$0 \leq t \leq 2 \quad \text{par} \quad 5 \geq t \geq 3$$

$$m < \ell < n \quad \text{par} \quad m < \ell' < n.$$

Il vient :

__Lemme__ 4. - Donnons - nous des nombres

(11.1) $\quad m < \ell' < \ell < n, \quad \omega$ tels que $n-m > 1$ et $\omega > 1$.

On peut construire sur la bande

$$0 \leq t \leq 5$$

une équation du type (5.1) admettant une solution u, telle que

(11.2)
$$\begin{cases} u(t,x) = e^{\ell}, & b = 0 \text{ pour } t \text{ voisin de } 0 ; \\ u(t,x) = e^{\ell'}, & b = 0 \text{ pour } t \text{ voisin de } 5 ; \end{cases}$$

(11.3)
$$\begin{cases} |D^{h,\infty} b, S_t, \varrho| \ll c(n-m)^h e^{n+\omega\varrho} ; \\ |D^{h,\infty} b, S_t, \varrho| \ll c(n-m)^{h+p} e^{\ell - n + \omega\varrho} + c\, e^{m - \ell' + \omega\varrho} + c\dfrac{(n-m)^p}{\omega^q} \end{cases}$$

12. CHOIX DE ℓ', m, n, ω EN FONCTION DE ℓ. - Soient un paramètre $L > 1/4$ et un nombre fixe $\alpha \geq 1$.

Choisissons, en accord avec (11.1) :

$$m = -8L, \quad \ell' = -6L, \quad \ell = -4L, \quad n = -2L, \quad \omega = L^{\alpha} ;$$

définissons

(12.1)
$$\theta = |\ell|^{p-\alpha q}$$

Puisque $\sup_L L^c e^{-L} < \infty$, (11.3) donne

(12.2)
$$\begin{cases} |D^{h,\infty} u, S_t, \varrho| \ll c\,\theta\, e^{-L+L^{\alpha}\varrho} \\ |D^{h,\infty} b, S_t, \varrho| \ll c\,\theta\left[e^{-L+L^{\alpha}\varrho} + 1\right] . \end{cases}$$

Le n° 13 va prouver le lemme suivant :

<u>Lemme</u> 5. - Il existe une série formelle $\Phi(\varrho) \in \Gamma^{(\alpha)}$, indépendante de L, telle que

$$e^{-L+L^{\alpha}\varrho} \ll \Phi(\varrho), \quad \forall L \geq 0 .$$

Donc (12.2) implique (5.3) : le problème non homogène

qu'énonce le n° 5 est résolu, quand (5.4) a lieu. Or :

$$\ell'(\ell) = \frac{3}{2}\ell \;;$$

d'où, en choisissant $\ell_1 = -\frac{3}{2}$, vu (12.1) :

$$\ell_k = -(\tfrac{3}{2})^k \;; \qquad \theta_k = (\tfrac{2}{3})^{(\alpha q-p)k} \;;$$

d'où (5.4), si, comme le suppose le n. 5 :

$$\alpha > \frac{p}{q} \;.$$

Le problème non homogène (n° 5) a donc une solution ; vu le n° 7, ce qu'affirme l'introduction est prouvé ; mais b a été choisi non réel.

13. PREUVE DU LEMME 5. - On a

$$e^{-L+L^{\alpha}\rho} = \sum_{s=0}^{\infty} \frac{\rho^s}{s!} L^{\alpha s} e^{-L} . \tag{13.1}$$

Or

$$\sup_{L>0} (L^{\beta} e^{-L}) = (\frac{\beta}{e})^{\beta}, \quad \text{si } \beta \geqslant 0 , \tag{13.2}$$

car ce sup est atteint pour $L = \beta$.

Rappelons[1] que

$$(\frac{s}{e})^s < s!$$

de (13.2) résulte donc

---

(1) L'inégalité $1 + x \leqslant e^x$ donne $(\frac{1+k}{k})^k < e$; d'où

$$\prod_{k=1}^{s} \frac{(1+k)^k}{k^k} < e^s, \quad \text{c'est-à-dire} \quad \frac{(1+s)^s}{s!} < e^s .$$

$$\sup_{L>0} (L^{\alpha s} e^{-L}) = \left(\frac{\alpha s}{e}\right)^{\alpha s} \quad (s!)^{\alpha-1} \in \Gamma^{(\alpha)} .$$

En portant cette inégalité dans (13. 1), nous obtenons

$$e^{-L+L^{\alpha}\rho} \ll \sum_{s=0}^{\infty} (\alpha^{\alpha}\rho)^{s} (s!)^{\alpha-1} \in \Gamma^{(\alpha)}$$

Voici prouvé le lemme 5.

14. CONCLUSION DU § 2. - Ce qu'affirme l'introduction, à savoir la nécessité de l'hypothèse $\alpha \leqslant p/q$ dans les théorèmes d'existence et d'unicité concernant l'équation hyperbolique non-stricte, est donc prouvé.

Mais b a été choisi non réel.

3. Choix d'un b réel.

Si q est pair, on peut faire pour u et b un autre choix, réel, pour lequel subsistent les majorations des quasi-normes formelles employées ci-dessus et par suite les conclusions prouvées.

Indiquons rapidement ce choix.

15. MODIFICATIONS A APPORTER AU LEMME 1. - Modification à son énconcé.

$$u(t, x) = e^{\ell} + e^{m} \sin(\omega x), \; b = 0 \text{ pour } t \text{ voisin de } 1.$$

Modification à sa preuve. -

$$u = e^{\ell} + e^{m} f(t) \sin(\omega x)$$

$$b = e^{m-\ell} \frac{d^p f}{dt^p} \sin(\omega x) \left[\frac{1}{\omega^2} \frac{\partial^2}{\partial x^2} + 1\right]$$

16. MODIFICATION AU LEMME 2.-

$$u(t,x) = e^{\ell} + e^{n}\sin(\omega x)\,, \quad b = 0 \text{ pour } t \text{ voisin de } 2.$$

Modification à sa preuve. -

$$u = e^{\ell} + e^{nf+m(1-f)}\sin(\omega x)$$

$$b = e^{-nf-m(1-f)}\,\frac{d^p e^{nf+m(1-f)}}{dt^p}\,\frac{1}{(i\omega)^q}\,\frac{\partial^q}{\partial x^q}\,,$$

en supposant q pair.

17. MODIFICATION AU LEMME 3. -

$$u(t,x) = e^{\ell'} + e^{n}\sin(\omega x)\,, \quad b = 0 \text{ pour } t \text{ voisin de } 3.$$

Modification à sa preuve. -

$$u = e^{\ell(1-f)+\ell' f} + e^{n}\sin(\omega x)$$

$$b = e^{-n}\,\frac{d^p\, e^{\ell(1-f)+\ell' f}}{dt^p}\left[\frac{1}{\omega}\cos(\omega x)\frac{\partial}{\partial x} - \frac{1}{\omega^2}\sin(\omega x)\frac{\partial^2}{\partial x^2}\right]$$

BIBLIOGRAPHIE

[1] de GIORGI, Un esempio di non-unicità della soluzione del problema di Cauchy, Università di Roma, Rendiconti di Matematica, t. 14 (1955) p. 382-387.

[2] J. LERAY et Y. OHYA, Systèmes linéaires, hyperboliques non-stricts, Colloque C.B.M., Louvain (1964).

[3] G. TALENTI, Sur le problème de Cauchy pour les equations aux dérivées partielles, C.R. Acad. Sciences, t. 259 (1964), p. 1932-1933.

CENTRO INTERNAZIONALE MATEMATICO ESTIVO

(C. I. M. E.)

JEAN LERAY et YUJIRO OHYA

SYSTÈMES LINÉAIRES, HYPERBOLIQUES NON STRICTS

Corso tenuto a Varenna (Como) - 31 agosto - 8 settembre
1964

SYSTEMES LINÉAIRES , HYPERBOLIQUES NON STRICTS

par

Jean Leray et Yujiro Ohya

Introduction

1. Historique

Les systèmes strictement hyperboliques se résolvent dans des espaces de fonctions ayant un nombre donné, fini, de dérivées (Petrowsky [10], Leray [5], [6], Gårding [1]). Une équation à caractéristiques multiples ne peut plus être resolue dans de tels espaces (Yamaguti [12] ; Mme Lax [4] ; Hörmander [3], ch. V, qui réserve le terme "hyperbolique" au strictement hyperbolique). Mais elle peut l'être dans des espaces de fonctions indéfiniment différentiables : les classes de Gevrey $\gamma^{(\alpha)}$ (Hörmander [3], théorème 5.7.3, traite l'équation linéaire à coefficients constants ; Ohya [9] traite l'équations linéaire à coefficients variables, dont le polynôme caractéristique est un produit de polynômes strictement hyperboliques ; le domaine d'influence existe. Ce domaine peut s'étudier comme dans le cas strictement hyperbolique, [5], ch VI).

Nous allons étendre ce résultat d'Ohya au système linéaire ; nous compléterons ses conclusions en employant une famille plus large de classes de Gevrey : elle s'étend de la classe des fonctions analytiques à celle des fonctions ayant un nombre fini de dérivées bornées ou de carrés sommables.

Notre méthode peut s'appliquer au système non linéaire, grâce à un théorème de L. Waelbroeck [7] sur la composition des fonctions.

2. SOMMAIRE

Nous résolvons le problème de Cauchy, hyperbolique non strict, par approximations successives ; ces approximations s'obtiennent en résolvant des problèmes de Cauchy strictement hyperboliques ; pour prouver leur convergence il faut employer les normes de toutes leurs dérivées.

A cet effet, suivant une suggestion de L. Waelbroeck, nous employons des séries formelles; la preuve de la convergence se réduit à la résolution d'un probléme de Cauchy pour des séries formelles; ce problème se résout en s'aidant du théorème de Cauchy-Kowaleski (problème de Cauchy analytique).

Le problème posé se trouve néanmoins résolu dans des classes de Gevrey non quasi-analitiques : elles contiennent des fonctions à supports compacts; le domaine d'influence existe, ce qui; ce qui,pour nous, caractérise l'hyperbolique.

Notre raisonnement diffère beaucoup de celui d'Ohya ; cependant, il est né de son étude.

On trouvera l'énoncé de nos conclusion aux n. 23.24, 25 et 26, à la fin de l'article.

1. Norme formelle

3. NOTATIONS

$X = R^\ell$. Étant donnée une fonction $f : X \to C$, nous notons:

$$|f, X|_p = \left[\int_X f(x)^p \, dx\right]^{1/p} \; ; \quad |f, X|_\infty = \sup_{x \in X} |f(x)| \; ;$$

$L_p(X)$ l'espace de Banach des f tels que $|f, X|_p < \infty (1 \leq p \leq \infty)$.

Choisissons des coordonnées $(x_1, \ldots x_\ell)$ sur X ; notons :

$$D_i f = \frac{\partial f}{\partial x_i} ,$$

$$D^\sigma f = D_1^{\sigma_1} \ldots D_\ell^{\sigma_\ell} f \text{ où } \sigma = (\sigma_1, \ldots, \sigma_\ell), \ |\sigma| = \sigma_1 + \ldots + \sigma_\ell ;$$

$$| D^m f, X |_p = \sum_{|\sigma| \leq m} \frac{1}{\sigma!} | D^\sigma f, X |_p, \quad \text{où } \sigma! = \sigma_1! \ldots \sigma_\ell! ;$$

$L_p^m(X)$ l'espace de Banach des f telles que $| D^m f, X |_p < \infty$; c'est l'espace de Sobolev.

Bien entendu, $|D^\sigma f, X|_p = \infty$ si $\dot{D}^\sigma f \notin L_p(X)$.

4. DÉFINITION ET PROPRIÉTÉS

Nous nommons norme formelle de la fonction $f : X \to C$ la série formelle de la variable ρ, à coefficients $\geqslant 0$ et $\leq +\infty$:

$$(4.1) \qquad | D^\infty f, X, \rho | p = \sum_{s=0}^{\infty} \frac{\rho^s}{s!} \sup_\sigma | D^\sigma f, X |_p, \quad \text{où } |\sigma| = s.$$

Notons $[D^\sigma, f]$ le commutateur de D^σ et f, c'ést-à-dire l'opérateur tel que

$$[D^\sigma, f] g = D^\sigma (fg) - f D^\sigma g, \qquad \text{où } g : X \longrightarrow C ;$$

définissons la série formelle

$$(4.2) \qquad | [D^\infty, f] g, X, \rho |_p = \sum_{s=0}^{\infty} \frac{\rho^s}{s!} \sup | [D^\sigma, f] g, X |_p .$$

Nous allons établir les propriétés suivantes, où

$$\sum_s \frac{\rho^s}{s!} F_s \ll \sum_s \frac{\rho^s}{s!} G_s$$

signifie $F_s \leq G_s \ \forall s$

Formule du produit. - Si $1/p = 1/p + 1/r$, alors

(4.3) $$| D^{\infty}(fg), X, \varsigma |_p \ll | D^{\infty} f, X, \varsigma |_q \, | D^{\infty} g, X, \varsigma |_r .$$

Formule du commutateur. - Si $1/p = 1/q + 1/r$, alors

(4.4) $$\left| \left[D^{\infty}, f \right] g, X, \varsigma \right|_p \ll \left[| D^{\infty} f, X, \varsigma |_q - | f, X |_q \right] . | D^{\infty} g, X, \varsigma |_r .$$

Signalons qu'il est aisé d'appliquer (4.6) à (4.4), puisque toute série formelle $F(\varsigma) \gg 0$ vérifie évidemment

(4.5) $$F(\varsigma) - F(0) \ll \varsigma \frac{\partial F(\varsigma)}{\partial \varsigma} .$$

Formules de la dérivée

(4.6) $$\frac{\partial}{\partial \varsigma} | D^{\infty} f, X, \varsigma |_p \ll \sum_{j=1}^{\ell} | D^{\infty} D_j f, X, \varsigma |_p ;$$

(4.7) $$| D^{\infty} D_j f, X, \varsigma |_p \ll \frac{\partial}{\partial \varsigma} | D^{\infty} f, X, \varsigma |_p .$$

5. PREUVE DE LA FORMULE DU PRODUIT

Définissons la série formelle en $\xi = (\xi_1, \ldots, \xi_\ell)$:

(5.1) $$| D^{\infty} f, X; \xi |_p = \sum_{\sigma} \frac{\xi^{\sigma}}{\sigma!} | D^{\sigma} f, X |_p ,$$

où

$$\xi^{\sigma} = \xi_1^{\sigma_1} \ldots \xi_\ell^{\sigma_\ell} .$$

Nous avons

(5.2) $$| D^{\infty}(fg), X; \xi |_p \ll | D^{\infty} f, X; \xi |_q . | D^{\infty} g, X; \xi |_r$$

($\ll$ signifie $\leq$ pour les coefficients homologues).

Preuve de (5.2). - D'après Leibniz

$$\frac{1}{\sigma!} D^{\sigma}(fg) = \sum_{\lambda, \mu} \frac{1}{\lambda!} (D^{\lambda} f) \frac{1}{\mu!} (D^{\mu} g), \quad \text{où} \quad \lambda + \mu = \sigma ;$$

d'après Hölder

$$| (D^{\lambda} f) . . (D^{\mu} g), X |_p \leq | D^{\lambda} f, X |_q \, | D^{\mu} g, X |_r ;$$

donc

$$| D^{\infty}(fg), X; \xi |_p \ll \sum_{\lambda,\mu} \frac{\xi^{\lambda}}{\lambda!} | D^{\lambda} f, X |_q \frac{\xi^{\mu}}{\mu!} | D^{\mu} g, X |_r ,$$

ce qui prouve (5.2).

Lemme 5. - Soient

$$\varphi(\xi) = \sum_{\sigma} \frac{\xi^{\sigma}}{\sigma!} \varphi_{\sigma}, \quad \psi(\xi), \quad \theta(\xi)$$

des séries formelles vérifiant

(5.3) $$\theta(\xi) \ll \varphi(\xi) \psi(\xi) \quad (0 \leq \varphi_{\sigma} \leq +\infty, \text{ etc.}) ;$$

définissons comme suit des séries formelles $\Phi(\rho)$, $\Psi(\rho)$, $\Theta(\rho)$:

(5.4) $$\Phi(\rho) = \sum_{s=0}^{\infty} \frac{\rho^s}{s!} \sup_{\sigma} \varphi_{\sigma} , \qquad \text{où } |\sigma| = s.$$

On a

(5.5) $$\Theta(\rho) \ll \Phi(\rho) \Psi(\rho) .$$

Preuve. - Notons $\rho = \xi_1 + \ldots + \xi_\ell$; la formule du binôme donne, pour $|\sigma| = s$:

$$\frac{\rho^s}{s!} = \sum_{\sigma} \frac{\xi^{\sigma}}{\sigma!} .$$

La définition (5.4) de $\Phi(\rho)$ peut donc s'énoncer (*) comme suit : $\Phi(\rho)$ est la plus petite série formelle en $\rho = \xi_1 + \ldots + \xi_\ell$ qui majore $\varphi(\xi)$, c'est-à-dire qui vérife:

$$\varphi(\xi) \ll \Phi(\rho) .$$

Donc

$$\theta(\xi) \ll \varphi(\xi) \cdot \psi(\xi) \ll \Phi(\rho) \cdot \Psi(\rho)$$

et, par suite

$$\Theta(\rho) \ll \Phi(\rho) \cdot \Psi(\rho) .$$

(*) Cet énoncé est emprunté à L. Gårding [14].

Preuve de la formule du produit (4. 3) . On applique le lemme à (5.2)

6. PREUVE DE LA FORMULE DU COMMUTATEUR

Le calcul établissant (5. 2) donne

$$\| [D^{\infty}, f] g, X; \xi |_p \ll \big[|D^{\infty} f, X; \xi |_q - |f, X|_q \big] . |D^{\infty} g, X; \xi |_r .$$

On applique le lemme 5.

7. PREUVE DES FORMULES DE LA DÉRIVÉE

Preuve de (4. 6). - Aux deux membres, les coefficients respectifs de $\xi^s/s!$ sont

$$\sup_{\sigma'} |D^{\sigma'} f, X|_p \leq \sum_i \sup_{\sigma} | D^{\sigma} D_i f, X|_p, \quad \text{où} \quad |\sigma'| - 1 = |\sigma| = s .$$

Preuve de (4.7). - Aux deux membres, les coefficients respectifs de $\xi^s/s!$ sont.

$$\sup_{\sigma} | D^{\sigma} D_i f, X|_p \leq \sup_{\sigma'} |D^{\sigma'} f, X|_p, \quad \text{où} \quad |\sigma'| - 1 = |\sigma| = S .$$

§ 2 Quasi-norme formelle

8. NOTATIONS

Soient $(x_0, x_1, \dots x_\ell)$ des coordonnées de $R^{\ell+1}$; soit Y la bande de $R^{\ell+1}$ d'équation

$$Y : 0 \leq x_0 \leq |Y| ;$$

soit S_t l'hyperplan de cette bande d'équation

$$S_t : x_0 = t, \quad \text{où } 0 \leq t \leq |Y| .$$

Étant donnée une fonction

$$f : Y \longrightarrow C,$$

nous notons $|f, S_t|_p$ la norme de sa restriction à S_t et $D^\sigma f$ ses dérivées, où $\sigma = (\sigma_0, \sigma_1, \ldots, \sigma_\ell)$; $|\sigma|$ désigne $\sigma_0 + \ldots + \sigma_\ell$; $(\sigma) \leq (r, s)$ signifie : $\sigma_0 \leq r, |\sigma| \leq r+s$.

Pour $\sigma = (j, 0, \ldots, 0)$, D^σ est noté D_0^j.

9. DEFINITION

Étant donnée une fonction

$$f : Y \longrightarrow C,$$

un nombre $p (1 \leq p \leq \infty)$ et un entier $n \geq 0$, nous nommons quasi-norme formelle de f la série formelle, dont les coefficients sont des fonctions de t à valeurs ≥ 0 et $\leq \infty$:

$$(9,1)\quad \begin{aligned} |D^{n,\infty} f, S_t, \varsigma|_p &= \sum_\gamma \frac{1}{\gamma!} |D^\infty D^\gamma f, S_t, \varsigma|_p, \quad \text{où } |\gamma| \leq n, \\ &= \sum_{\gamma, s} \frac{1}{\gamma!} \frac{\varsigma^s}{s!} \sup_\sigma |D^{\gamma+\sigma} f, S_t, \varsigma|_p \quad \text{où } |\gamma| \leq n, 0 \leq s, (\sigma) = (0, s). \end{aligned}$$

Nous emploierons la norme formelle

$$(9.2)\qquad |D^{n,\infty} f, Y, \varsigma|_\infty = \sum_{\gamma, s} \frac{1}{\gamma!} \frac{\varsigma^s}{s!} \sup_{\sigma, x} |D^\gamma D^\sigma f|$$

où $|\gamma| \leq n$, $0 \leq s$, $(\sigma) = (0, s)$, $x \in Y$; autrement dit

$$(9.3)\qquad |D^{n,\infty} f, Y, \varsigma|_\infty = \sup_t |D^{n,\infty}, S_t, \varsigma|_\infty \quad \text{où} \quad 0 \leq t \leq |Y|,$$

en convenant que

$$\sup_t \sum_s \varsigma^s \Phi_s(t) = \sum_s \varsigma^s \sup_t \Phi_s(t).$$

Soit $a(x, D)$ un opérateur différentiel ; ses quasi-norme et norme formelles

$$|D^{n,\infty} a, S_t, \varsigma|_p \quad \text{et} \quad |D^{n,\infty} a, Y, \varsigma|_\infty$$

sont les sommes de celles de ses coefficients; nous notons

(9.4) $$|[D^{n,\infty}, a]f, S_t, \varsigma|_p = \sum_{\gamma, s} \frac{1}{\gamma!} \frac{\varsigma^s}{s!} \sup_{\sigma} |[D^{\gamma} D^{\sigma}, a] f, S_t|_p$$

où $0 \leq |\gamma| \leq n, 0 \leq s, (\sigma) = (0, s), [D^{\gamma} D^{\sigma}, a] f = D^{\gamma} D^{\sigma} af - a D^{\gamma} D^{\sigma} f.$

10. PROPRIÉTÉS

On a les formules suivantes :

Formule du produit. - Si $1/p = 1/q + 1/r$, alors

(10.1) $$|D^{n,\infty}(fg), S_t, \varsigma|_p \ll |D^{n,\infty} f, S_t, \varsigma|_q \, |D^{n,\infty} g, S_t, \varsigma|_r .$$

Preuve. - D'après la formule de Leibniz

$$|D^{n,\infty}(fg), S_t, \varsigma|_p \ll \sum_{\alpha,\beta} \frac{1}{\alpha!\beta!} |D^{\infty}(D^{\alpha} f)(D^{\beta} g), S_t, \varsigma|_p$$

pour $|\alpha + \beta| \leq n$; donc, a fortiori, pour $|\alpha| \leq n$, $|\beta| \leq n$; il suffit alors d'appliquer au second membre la formule du produit (4.3).

Formule de la dérivée. - De (4.6) et (4.7) resultent les formules, où $j \neq 0$:

(10.2) $$\frac{\partial}{\partial \varsigma} |D^{n,\infty} f, S_t, \varsigma|_p \ll \sum_{j=1}^{\ell} |D^{n,\infty} D_j f, S_t, \varsigma|_p \quad ;$$

(10.3) $$|D^{n,\infty} D_j f, S_t, \varsigma|_p \ll \frac{\partial}{\partial \varsigma} |D^{n,\infty} f, S_t, \varsigma|_p (j>0) .$$

Le n. 11 va prouver la formule suivante, que les § 3 et 4 emploieront :

Formule du commutateur. - Soit $1/p = 1/q + 1/r$; soit $a(x, D)$ un opérateur normal [1] d'ordre m; on a, si $n \gg 1$:

---

[1] Le coefficient de D_0^m (qui est nommé premier coefficinet) vaut 1.

$$|[D^{n,\infty}, a] f, S_t, \rho|_p \leqslant$$

(10.4) $$\leqslant c(m,n)\, |D^{n,\infty} a, S_t, \rho|_q \, (1 + \rho \frac{\partial}{\partial \rho}) |D^{m+n-1,\infty} f, S_t, \rho|_r,$$

où $c(m,n)$ ne dépend que de ℓ, m et n.

11. PREUVE DE LA FORMULE DU COMMUTATEUR

On a
$$[D^\delta D^\sigma, a] f = D^\sigma [D^\delta, a] f + [D^\sigma, a] D^\delta f ;$$

d'où, vu les définitions (9.1) et (9.4) :

$$|[D^{n,\infty}, a] f, S_t, \rho|_p \ll$$
$$\ll \sum_\delta |D^{0,\infty} b_\delta f, S_t, \rho|_p + \sum_\delta \frac{1}{\delta!} |[D^{0,\infty}, a] D^\delta f, S_t, \rho|_p,$$

où

$$|\delta| \leqslant n, \quad b_\delta = \frac{1}{\delta!} [D^\delta, a]; \quad \text{ordre}(b_\delta) \leqslant m + n - 1 ;$$

les coefficients de b_δ sont des dérivées de ceux de a d'ordres $\leqslant$ n.

Donc, vu la formule du produit (4.3) :

$$|D^{0,\infty} b_\delta f, S_t, \rho|_p \ll c(m,n)\, |D^{n,\infty} a, S_t, \rho|_q \, |D^{m+n-1} f, S_t, \rho|_r .$$

Pour établir la formule du commutateur (10.4), il suffit donc de prouver que

$$|[D^{0,\infty}, a] D^\delta f, S_t, \rho|_p \ll$$

(11.1) $$\ll c(m,n)\, |D^{n,\infty} a, S_t, \rho|_q (1 + \rho \frac{\partial}{\partial \rho}) |D^{m+n-1,\infty} f, S_t, \rho|_r$$

si $|\delta| \leqslant n$. Il suffit de le prouver quand a est monome :

$$a(x, D) = a_\alpha(x) D^\alpha, \quad \text{où } |\alpha| \leqslant m .$$

Quand $|\alpha| \leqslant m-1$, la formule (4.4), où l'on remplace X par S_t et où l'on majore $-|f, X|_q$ par 0, donne

$$\left|\left[D^{0,\infty}, a\right] D^{\gamma} f, S_t, \varsigma\right|_p \ll c \left|D^{n,\infty} a, S_t, \varsigma\right|_q \left|D^{m+n-1,\infty} f, S_t, \varsigma\right|_r$$

et prouve donc (11.1)

Quand $(\alpha) = (m, 0)$, alors $a_\alpha = 1$, puisque a est normal; donc, vu la définition (9.4),

$$\left|\left[D^{0,\infty}, a\right] D^{\gamma} f, S_t, \varsigma\right|_p = 0 .$$

Supposons enfin $(\alpha) \leq (m-1, 1)$, c'est-à-dire $a(x, D) = = a_\alpha(x) D_i D^\beta$ où $1 \leq i \leq \ell$, $|\beta| \leq m-1$; remarquons que les formules (4.4), (4.5), (4.6), (4.7) donnent

$$\left|\left[D^{\infty}, f\right] D_i g, X, \varsigma\right|_p \ll \sum_{j=1}^{\ell} \left|D^{\infty} D_j f, X, \varsigma\right|_q \varsigma \frac{\partial}{\partial \varsigma} \left|D^{\infty} g, X, \varsigma\right|_r ;$$

d'où en remplaçant f, g, X par a_α, $D^{\beta+\gamma} f, S_t$:

$$\left|\left[D^{0,\infty}, a\right] D^{\gamma} f, S_t, \varsigma\right|_p \ll c \left|D^{1,\infty} a, S_t, \varsigma\right|_q \varsigma \frac{\partial}{\partial \varsigma} \left|D^{m+n-1} f, S_t, \varsigma\right|_r,$$

ce qui achève la preuve de (11.1), donc de la formule du commutateur.

§ 3. Approximations successives

12. L'ÉQUATION STRICTEMENT HYPERBOLIQUE a les propriétés que voici (voir [1], [5], [6]) :

Sur la bande Y, soit un opérateur $a(x, D)$ d'ordre m, normal et régulièrement hyperbolique[2] pour les hyperplans S_t ;

---

(2) Soit $g(x, p)$ le polynome caractéristique de a, c'est-à-dire la partie principale du polynome $a(x, p)$ de p. On suppose qu'il a les propriétés suivantes pour $p_1, \ldots, p_\ell$ réels :

$g(x, p)$ a toutes ses racines p_0 finies, réelles (hyperbolicité) et distinctes (stricte hyperbolicité) ;

tout polynome $g(\infty, p)$, qui est une limite pour $|x| \to \infty$ de $g(x, p)$, a lui aussi ses racines p_0 finies et distinctes (hyperbolicité régulière).

on suppose donné un entier $n \geq 1$ tel que le premier terme $|D^n a, Y|_\infty$ de la norme formelle $|D^{n,\infty} a, Y, \xi|_\infty$ soit fini ;

alors l'opérateur a se minore comme suit : si $|D^{m+n-1} f, S_t|_2$ est une fonction sommable de t, alors

$$(12.1) \quad |D^{m+n-2} f, S_t|_2 \leqslant c \int_0^t |D^{n-1} a f, S_{t'}|_2 \, dt' + c |D^{m+n-2} f, S_0|_2 ;$$

les nombres c ne dépendent que de $|D^{n-1} a, Y|_\infty$ et, si $n = 1$, de $|D^1 a, Y|_\infty$.

Cette minoration implique évidemment le

Théorème d'unicité. - Le problème de Cauchy d'inconnue u

$$(12.2) \qquad au = v, \quad D^{m-1} u|S_0 \text{ donné } ^{(3)}$$

a au plus une solution telle que $|D^m u, S_t|_2$ soit fonction sommable de t.

La fin de ce n° 12 va montrer que la minoration (12.1) de a permet de majorer comme suit la solution (12.2) du problème de Cauchy (12.2) :

Lemme 12. - On a

$$(12.3) \qquad |D^{m+n-1,\infty} u, S_t, \xi|_2 \ll \varphi(t, \xi),$$

en notant $\varphi(t, \xi)$ la série formelle que définit le problème de Cauchy

$$(12.4) \quad \begin{cases} \left[\frac{\partial}{\partial t} - C_1(\xi) \left(1 + \xi \frac{\partial}{\partial \xi}\right)\right] \varphi(t, \xi) = \psi(t, \xi) \\ \varphi(0, \xi) = \theta(\xi), \end{cases}$$

où C_1, ψ et θ sont des séries formelles en ξ telles que

---

(3) C'est-à-dire : $u|S_0, \ldots, D_0^{m-1} u|S_0$ donnés.

$$(12.5)\quad \begin{cases} c_0 |D^{n,\infty} a, Y, \rho|_\infty \ll C_1(\rho) \\ c_0 |D^{n,\infty} v, S_t, \rho|_2 \ll \Psi(t,\rho), \quad c_0 |D^{m+n-1,\infty} u, S_0, \rho|_2 \ll \theta(\rho) \end{cases}$$

les c_0 étant des nombres dépendant de $|D^n a, Y|_\infty$.

Note 12.1. - Il est immédiat de calculer $D^{m+n-1} u|S_0$, donc de majorer $|D^{m+n-1,\infty} u, S_0, \rho|_2$ en fonction des données. Par exemple, si

$$D^{m-1} u | S_0 = 0 \text{ et } D^{n-1} v | S_0 = 0, \text{ alors } D^{m+n-1} u|S_0 = 0$$

et l'on peut prendre $\theta(\rho) = 0$.

Note 12.2. - La résolution de (12.4) est élémentaire : les coefficients $\varphi_s(t)$ de

$$\varphi(t, \rho) = \sum_s \frac{\rho^s}{s!} \varphi_s(t)$$

s'obtiennent par des quadratures portant sur des fonctions ≥ 0 ; ces formules gardent un sens quand les coefficients des données C_1, Ψ, θ ne sont pas sommables (4).

Théorème d'existence. - Le problème de Cauchy (12.2) possède une solution u, telle que $|D^{m+n-1} u, S_t|_2$ est une fonction bornée de t, quand les premiers termes

$$|D^n v, S_t|_2, \quad |D^{m+n-1} u, S_0|_2$$

des séries formelles figurant dans (12.5) sont respectivement sommables et finis ; c'est-à-dire, quand $\varphi(t, 0)$ est une fonction bornée de t. Cette solution vérifie (12.1) ; c'est-à-dire :

$$(12.6)\quad |D^{m+n-1} u, S_t|_2 \leq c \int_0^t |D^n v, S_{t'}|_2 dt' + c|D^{m+n-1} u, S_0|_2.$$

(4) Nous pourrions aisément nous limiter au cas où elles le sont.

Preuve du lemme 12. - Supposons les r premiers termes de la série formelle $\varphi(t, \rho)$ bornés; c'est-à-dire les r premiers termes des séries formelles

$$|D^{n,\infty} v, S_t, \rho|_2, \ |D^{m+n-1,\infty} u, S_0, \rho|_2, \ |D^{n,\infty} a, Y, \rho|_\infty$$

respectivement sommables et finis; on sait que les r premiers termes de $|D^{m+n-1,\infty} u, S_t, \rho|_2$ sont alors bornés. Soient γ et σ tels que $|\gamma| \leq n$, $(\sigma) \leq (0, r)$.

Puisque

$$aD^\gamma D^\sigma u = -[D^\gamma D^\sigma, a]u + D^\gamma D^\sigma v,$$

on a d'après (12.1) :

$$|D^{m-1} D^\gamma D^\sigma u, S_t|_2 \ll c \int_0^t |[D^\gamma D^\sigma, a]u, S_{t'}|_2 \, dt' +$$
$$+ c \int_0^t |D^\gamma D^\sigma v, S_{t'}|_2 \, dt' + |D^{m-1} D^\gamma D^\sigma u, S_0|_2,$$

les c étant indépendants de r; chacun des termes de cette relation est une fonction bornée de t. Appliquons

$$\sum_{\gamma, s} \frac{1}{\gamma!} \frac{\rho^s}{s!} \sup_\sigma ,$$

où $|\gamma| \leq n$, $|\sigma| = s \leq r$; il vient, en modifiant les c (qui restent indépendants de r) :

$$|D^{m+n-1,\infty} u, S_t, \rho|_2 \ll c \int_0^t |[D^{n,\infty}, a]u, S_{t'}, \rho|_2 \, dt' +$$
$$+ c \int_0^t |D^{n,\infty} v, S_{t'}, \rho|_2 \, dt' + |D^{m+n-1,\infty} u, S_0, \rho|_2 \quad \text{mod. } \rho^r.$$

Majorons le second membre par la formule du commutateur (10.4); il vient :

$$|D^{m+n-1,\infty} u, S_t, \rho|_2 \ll$$
$$\ll c \, |D^{n,\infty} a, Y, \rho|_\infty \left(1 + \rho \frac{\partial}{\partial \rho}\right) \int_0^t |D^{m+n-1,\infty} u, S_{t'}, \rho|_2 \, dt' +$$

$$+ \quad c \int_0^t |D^{n,\infty} v, S_{t'}, \rho|_2 \, dt' + |D^{m+n-1,\infty} u, S_0, \rho|_2 \mod. \rho^r.$$

L'intégration de cette inégalité est classique; elle donne ceci, en prenant dans (12.4) et (12.5) des c_0 assez grands, mais independants de r : on a

$$(12.7) \qquad |D^{m+n-1} u, S_t, \rho|_2 \ll \varphi(t, \rho) \mod \rho^r$$

pour $0 \leq t \leq T_r (T_r \leq |Y|)$, si pour ces valeurs de t les coefficients de ρ^j ($j=0, \ldots, r-1$) dans φ sont des fonctions bornées de t.

Or la définition de $\varphi(t, \rho)$, par (12.4) et la Note 12.2, montre que si le coefficient de ρ^{r-1} dans φ vaut ∞ pour $t=T$, alors tous les coefficients de ρ^s ($s \geq r-1$) valent ∞ pour $T \leq t \leq |Y|$). Donc (12.7) implique (12.3), c'est-à-dire le lemme 12.

13. ÉQUATION DÉCOMPOSABLE EN ÉQUATIONS STRICTEMENT HYPERBOLIQUES

Sur la bande Y, soit

$$a = a_1 \ldots a_p$$

un opérateur d'ordre m, produit de p opérateurs normaux, régulièrement hyperboliques pour les hyperplans S_t; soient $m_1, \ldots, m_p$ leurs ordres :

$$m = m_1 + \ldots + m_p .$$

Posons-nous sur Y le problème de Cauchy d'inconnue u :

$$(13.1) \qquad au = v, \quad D^{m-1} u | S_0 = 0$$

quand on se donne un entier $n \geq p$ tel que :

$$(13.2) \qquad D^{n-1} v | S_0 = 0 ,$$

ce qui impliquera $D^{m+n-p+q-1} u | S_0 = 0$ dans le lemme ci-dessous ;

$$(13.3) \qquad | D^{m_1 + \ldots m_j - j + n} a_{j+1}, Y |_\infty < \infty \quad (0 \leq j < p) .$$

Soient C_1, C_2 des séries formelles en ρ telles que

$$(13.5)\begin{cases} c_0 \,|D^{m_1+\ldots+m_j-j+n,\infty} a_{j+1}, Y\,|_\infty \ll C_1(\rho) \text{ pour } j = 0,\ldots,p-1 \\ c_0\left[1 + |D^{n-p+q,\infty} a, Y, \rho\,|_\infty\right]^q \ll C_2(\rho) \\ c_0\,|D^{n,\infty} v, S_t, \rho|_2 \ll \psi(t,\rho), \end{cases}$$

les c_0 étant des nombres dépendant de $|D^{m_1+\ldots+m_j-j+n} a_{j+1}, Y\,|_\infty$.

Soit $\varphi(t, \rho)$ la série formelle en ρ que définit le problème de Cauchy (à données de Cauchy évidemment nulles) :

$$(13.5)\begin{cases} \left[\frac{\partial}{\partial t} - C_1(\rho)(1 + \rho\frac{\partial}{\partial \rho})\right]^p \varphi(t,\rho) = \psi(t,\rho), \\ \left[\frac{\partial}{\partial t} - C_1(\rho)(1 + \rho\frac{\partial}{\partial \rho})\right]^j \varphi(t,\rho) = 0 \text{ pour } t = 0,\ j = 0,\ldots,p-1. \end{cases}$$

Lemme 13.1. - Si $|D^n v, S_t|_2$ est une fonction sommable de t, en particulier si $\varphi(t, 0)$ est une fonction bornée de t pour $0 \leq t \leq |Y|$, alors le problème de Cauchy (13.1) possède une et une seule solution telle que $|D^{m+n-p} u, S_t|_2$ soit une fonction bornée de t. Cette solution vérifie:

$$(13.6)\qquad |D^{m+n-p,\infty} u, S_t, \rho|_2 \ll \varphi(t,\rho);$$

et aussi

$$(13.7)\qquad |D^{m+n-p+q,\infty} u, S_t, \rho|_2 \ll C_2(\rho)\left(1 + \frac{\partial}{\partial t} + \frac{\partial}{\partial \rho}\right)^q \varphi(t,\rho),$$

si q satisfait la condition $0 < q < p$,

La note 12.2 s'applique au problème (13.5) .

Preuve . - Notons $v_0 = v$ et envisageons les problèmes de Cauchy d'inconnues $v_j (j = 1,\ldots, p)$:

$$a_j v_j = v_{j-1},\ D^{m_j-1} v_j|S_0 = 0 .$$

Le n. 12 et une récurrence sur j montrent qu'ils définissent sans ambiguité des v_j tels que $|D^{m_1+\ldots+m_j+n-j} v_j, S_t|_2$ est une fonction bornée de t. On a:

$$D^{m_1+\ldots+m_j+n-j-1} v_j\ S_0 = 0$$

et, vu le lemme 12 :

(13.8) $$D^{m_1+\dots+m_j+n-j,\infty}\, v_j,\ S_t,\ \varrho/2 \leq \psi_j(t,\varrho)$$

les ψ_j étant les séries formelles en ϱ que définissent les problèmes de Cauchy :

(13.9)$_j$ $$\left[\frac{\partial}{\partial t} - C_1(\varrho)\left(1 + \frac{\partial}{\partial\varrho}\right)\right]\psi_j(t,\varrho) = \psi_{j-1}(t,\varrho),\quad \psi_j(0,\varrho) = 0$$

où $\psi_0 = \psi$, $j = 1,\dots,p$. Vu le n°. 12, $u = v_p$ est la solution unique du problème (13.1);(13.8) donne (13.6), car ψ_p est la solution φ du problème (13.5)

La preuve de (13.7) est la suivante : il s'agit de prouver que

(13.10) $$|D^{\infty}D^{\gamma}u, S_t, \varrho|_2 \ll C_2(\varrho)\left(1 + \frac{\partial}{\partial t} + \frac{\partial}{\partial\varrho}\right)^q \varphi(t,\varrho),$$

pour tout γ tel que

$$|\gamma| = m + n - p + q,\quad \text{où } q < p.$$

Nous le prouverons en montrant ceci :

1°) L'équation $au = v$ implique une relation

(13.11) $$D^{\gamma}u = e_{\gamma}(x,D)u + f_{\gamma}(x,D)\,D_0^{n-p}\,v,$$

où e_γ et f_γ sont des opérateurs différentiels ayant les propriétés que voici :

$$\text{ordre }(e_\gamma) \leq (m+n-p,\ q),\quad \text{ordre }(f_\gamma) \leq q$$

les coefficients de e_γ et f_γ sont des polynomes en les dérivées d'ordres $\leq n-p+q$ des coefficients de a; ces polynomes sont de degré q.

2°) On a de même :

(13.12) $$|D^{\infty}e_{\gamma}(x,D)u, S_t, \varrho|_2 \ll C_2(\varrho)\left(1 + \frac{\partial}{\partial\varrho}\right)^q \varphi(t,\varrho);$$

3°) On a de même

(13.13) $$|D^{\infty}f_{\gamma}(x,D)\,D_0^{n-p}v, S_t, \varrho|_2 \ll C_2(\varrho)\left(1 + \frac{\partial}{\partial t} + \frac{\partial}{\partial\varrho}\right)^q \varphi(t,\varrho).$$

La preuve de (13.7) sera alors achevée.

Preuve de (13.11). - Cette relation est évidente si $(\gamma) \leq (m+n-p, q)$: on prend $e_\gamma u = D^\gamma u$; $f_\gamma = 0$. Il suffit donc de le prouver quand

$$D^\gamma = D_0^{m+n-p} D^\beta, \quad |\beta| = q > 1,$$

en la supposant vraie pour $|\beta| < q$.

Appliquons $D_0^{n-p} D^\beta$ à l'équation $au = v$; nous obtenons

$$D^\gamma u = g(x, D)u + \sum_{j=1}^{q-1} h_j(x, D) D_0^{m+n-p+j} u + D^\beta D_0^{n-p} v,$$

où

$$\text{ordre } (g) \leq (m+n-p, q), \quad \text{ordre } (h_j) \leq (0, q-j).$$

Remplaçons dans la relation précédente les $D_0^{m+n-p+j} u$ par leurs expressions (13.11) : nous obtenons (13.11) pour la valeur donnée de γ.

Preuve de (13.12). - La formule du produit (4.3), de la dérivée (4.7) et la définition (9.1) de la quasi-norme formelle donnent

$$| D^\infty e_\gamma u, S_t, \rho |_2 \ll C_2(\rho)\left(1 + \frac{\partial}{\partial \rho}\right)^q | D^{m+n-p, \infty} u, S_t, \rho |_2;$$

on majore le second membre par (13.6).

Preuve de (13.13). - On preuve de même (13.13), en employant la formule

(13.14) $$c_0 | D^\infty D_0^{n-p+j} v, S_t, \rho |_2 \ll \left(\frac{\partial}{\partial t}\right)^j \varphi(t, \rho), \quad \text{pour } j \leq q,$$

dont voici la preuve . Puisque $D_0^{n-p+q} v | S_0 = 0$, on a

$$D_0^{n-p+j} v(x, t) = \int_0^t \frac{(t - t')^{p-j-1}}{(p - j - 1)!} D_0^n v(x, t')\, dt' ;$$

donc

$$| D^\infty D_0^{n-p+j} v, S_t, \rho |_2 \ll \int_0^t \frac{(t - t')^{p-j-1}}{(p - j - 1)!} | D^\infty D_0^n v, S_{t'}, \rho |_2\, dt' ;$$

c'est-à-dire, vu la définition (13.4) de $\psi = \psi_0$:

(13.15) $$c_0 |D^\infty D_0^{n-p+j} v, S_t, \zeta|_2 \ll \int_0^t \frac{(t-t')^{p-j-1}}{(p-j-1)} \psi_0(t', \zeta) dt' .$$

Or, puisque $\psi_0(t, \zeta) \gg 0$, l'équation $(13.9)_1$ donne

$$\psi_1(t, \zeta) \gg 0, \quad \frac{\partial \psi_1}{\partial t} \gg \psi_0 \quad ;$$

l'équation $(13.9)_2$ donne alors

$$\psi_2(t, \zeta) \gg 0, \quad \frac{\partial \psi_2}{\partial t} \gg \psi_1 ;$$

d'où, en appliquant $\partial / \partial t$ à $(13.9)_2$:

$$\frac{\partial^2 \psi_2}{\partial t^2} \gg \frac{\partial \psi_1}{\partial t} \quad ;$$

finalement :

(13.16) $$\frac{\partial^j \psi_p}{\partial t^j} \gg \frac{\partial^{j-1} \psi_{p-1}}{\partial t^{j-1}} \gg \dots \gg \psi_{p-j} \gg 0 \quad \text{pour } j \ll p.$$

D'où, puisque d'après (13.9) $\psi_j(0, \zeta) = 0$ si $j > 0$.,

$$\int_0^t \frac{(t-t')^{p-j-1}}{(p-j-1)!} \psi_0(t', \zeta)\, dt' \ll \int_0^t \frac{(t-t')^{p-j-1}}{(p-j-1)} \frac{\partial \psi_1(t', \zeta)}{\partial t'} dt' =$$

$$= \int_0^t \frac{(t-t')^{p-j-2}}{(p-j-2)} \psi_1(t', \zeta) dt' \ll \dots \ll \psi_{p-j}(t, \zeta) \ll \frac{\partial^j \psi_p}{\partial t^j} = \frac{\partial^j \varphi(t, \zeta)}{\partial t^j} .$$

En portant cette inégalité dans (13.15), on obtient (13.14), ce qui achève la preuve de (13.7) et celle du lemme 13.1.

Notons que (13.16) résulte de l'inégalité $\psi_0(t, \zeta) \gg 0$ et des relations $(13.9)_j$, où l'on peut remplacer la condition $\psi_j(0, \zeta) = 0$ par $\psi_j(0, \zeta) \gg 0$; on peut donc énoncer le lemme suivant, où

$$L_1 = C_1(1 + \rho \frac{\partial}{\partial \rho}) :$$

Lemme 13.2 .- Supposons $C_1 \gg 0$,

$$\left[\frac{\partial}{\partial t} - L_i\right]^p \varphi(t, \rho) \gg 0 ,$$

$$\left[\frac{\partial}{\partial t} - L_1\right]^j \psi(t, \rho) \gg 0 \quad \text{pour} \quad t = 0, \ j = 0, 1, \ldots, p-1.$$

Alors

$$0 \ll \varphi, \ldots, 0 \ll \frac{\partial^p \varphi(t, \rho)}{\partial t^p} .$$

14. LE SYSTÈME DONT LA PARTIE PRINCIPALE EST DIAGONALE

Sur la bande Y, soient des opérateurs différentiels a(x, D) et $b_\mu^\nu(x, D)$ ($\mu, \nu = 1, 2, \ldots, N$) du type suivant :

$a(x, D) = a_1(x, D) \ldots a_p(x, D)$ est le produit de p opérateurs normaux, régulièrement hyperboliques pour les hyperplans S_t ;

$$\text{ordre } (a_i) = m_i \ ; \ \text{ordre } (a) = m = m_1 + \ldots + m_p \ ;$$

$$\text{ordre } (b_\mu^\nu) = m + n^\mu - n^\nu - p + q,$$

où n^ν et q sont des entiers tels que(5)

$$0 \leq q < p \leq n^\nu .$$

---

(5) Et même tels que

$$0 \leq q \leq p \leq n^\nu,$$

si b_μ^ν ne contient pas

$$\left(\frac{\partial}{\partial t}\right)^{m+n^\mu - n^\nu} .$$

On retrouve ainsi un théoreme de L.A.Lednev [13] [14], par un procédé dû à G. Talenti.

Signalons que la Note [11] de G. Talenti complète certains de nos resultats; elle emploie des méthodes analogues aux nôtres, puisque son opérateur

$$\left(\frac{\partial}{\partial t}\right)^m$$

est une puissance de l'opérateur strictement hyperbolique $\partial / \partial t$.

Posons-nous, sur Y, le problème de Cauchy d'inconnue $u^{\nu}(x)$:

$$(14.1)\qquad \begin{cases} a(x,D)u^{\nu}(x) = \sum_{\mu} b^{\nu}_{\mu}(x,D)u^{\mu}(x) + v^{\nu}(x) \\ D^{m-1}u^{\nu}\,|\,S_0 = 0 \end{cases}$$

en supposant

$$(14.2)\qquad D^{n^{\nu}-1}v^{\nu}|S_0 = 0$$

Notons $C_1(\rho)$, $C_2(\rho)$, $C_3(\rho)$, $\Psi(t,\rho)$ des séries formelles en ρ telles qu'on ait :

$$(14.3)\qquad \begin{cases} c_0\,|\,D^{m_1+\ldots+m_j-j+n^{\nu},\infty} a_{j+1}, Y, \rho\,|\,\infty \ll C_1(\rho) \\ c_0\left[1+|D^{n^{\nu}-p+q,\infty} a, Y,\rho\,|\,\infty\right]^q \ll C_2(\rho) \\ c_0\,|\,D^{n^{\nu},\infty} b^{\nu}_{\mu}, Y, \rho\,|\,\infty \ll C_3(\rho) \\ c_0\,|\,D^{n^{\nu},\infty} v^{\nu}, S_t, \rho\,|_2 \ll \Psi(t,\rho), \end{cases}$$

les c_0 étant des nombres dépendant de $|\,D^{m_1+\ldots+m_j-j+n^{\nu}} a_{j+1}, Y|\infty$; nous poserons [6]

$$(14.4)\qquad \begin{cases} C_1(\rho)\left(1+\rho\dfrac{\partial}{\partial\rho}\right) = L_1\left(\rho, \rho\dfrac{\partial}{\partial\rho}\right) \\ C_2C_3\left(1+\dfrac{\partial}{\partial t}+\dfrac{\partial}{\partial\rho}\right)^q = L_q\left(\rho, \dfrac{\partial}{\partial t}, \dfrac{\partial}{\partial\rho}\right) \end{cases} ;$$

L_1 et L_q sont donc des opérateurs différentiels d'ordres 1 et q.

15. RESOLUTION DE (14.1) PAR APROXIMATIONS SUCCESSIVES

Définition de ces approximations

---

[6] Si p = q, on pose

$$C_2C_3\left(1+\frac{\partial}{\partial t}+\frac{\partial}{\partial\rho}\right)^{p-1}\left(1+\frac{\partial}{\partial\rho}\right) = L_p\left(\rho, \frac{\partial}{\partial t}, \frac{\partial}{\partial\rho}\right).$$

Cette définition supposera seulement ceci : le premier terme de chacune des séries formelles (14.3) est fini ou sommable. Rappelons que t varie de 0 à $|Y|$.

Vu le lemme 13.1, le problème de Cauchy

$$(15.1)_0 \qquad a(x,D)\, u_0^{\nu}(x) = v^{\nu}(x), \quad D^{m-1} u_0^{\nu} | S_0 = 0$$

possède une solution unique u_0^{ν} telle que $| D^{m+n^{\nu}-p+q} u_0^{\nu}, S_t |_2$ est une fonction bornée de t; (13.6) et (13.7), où l'on fait $n = n^{\nu}$, la majorent.

Soit un entier $k > 0$; supposons u^{ν}_{k-1} défini pour tout ν et $|D^{m+n^{\nu}-p+q} u^{\nu}_{k-1}, S_t|_2$ fonction sommable de t; vu le lemme 13.1, le problème de Cauchy

$$(15.1)_k \qquad a(x,D) u_k^{\nu}(x) = \sum_{\mu} b_{\mu}^{\nu}(x,D)\, u_{k-1}^{\mu}(x), \quad D^{m-1} u_k^{\nu} | S_0 = 0$$

possède une solution unique u_k^{ν} telle que $| D^{m+n^{\nu}-p+q} u_k^{\nu}, S_t |_2$ est une fonction bornée de t ; (13.6) et (13.7) la majorent; en effet :

$$| D^{n^{\nu}} b_{\mu}^{\nu} u_{k-1}^{\mu}, S_t |_2 \text{ est sommable et } D^{n^{\nu}-1} b_{\mu}^{\nu} u_{k-1}^{\mu} | S_0 = 0,$$

vu l'hypothèse précédente, complétée par le théorème du produit, et le lemme que voici :

Lemme 15.1. - On a $D^{m+n^{\nu}-p+q-1} u_{k-1}^{\nu} | S_0 = 0$, si u_k^{ν} est défini.

Preuve - Si $k = 1$, cela résulte de (14.2) et $(15.1)_0$. Soit $k \geq 2$; supposons prouvé que

$$D^{m+n^{\mu}-p+q-1} u_{k-2}^{\mu} | S_0 = 0 ;$$

puisque ordre $(b_{\mu}^{\nu}) \leq m + n^{\mu} - n^{\nu} - p + q$, on a

$$D^{n^{\nu}-1}(b^{\nu}_{\mu}\, u^{\mu}_{k-2})\,|\,S_0 = 0\,,$$

donc, vu $(15.1)_k$ et puisque $q < p$:

$$D^{m+n^{\nu}-p+q-1}\, u^{\nu}_{k-1}\,|\,S_0 = 0\,.$$

Définitions de séries formelles

Soient $\varphi_k(t,\xi)$ des séries formelles vérifiant les inégalités

$$\left[\frac{\partial}{\partial t} - L_1\right]^p \varphi_0(t,\xi) \gg \psi(t,\xi)$$

(15.2)$_0$

$$\left[\frac{\partial}{\partial t} - L_1\right]^j \varphi_0(t,\xi) = 0 \text{ pour } t = 0, j=0,\dots, p-1\,;$$

(15.2)$_k$

$$\left[\frac{\partial}{\partial t} - L_1\right]^p \varphi_k(t,\xi) \gg L_q\, \varphi_{k-1}(t,\xi)$$

$$\left[\frac{\partial}{\partial t} - L_1\right]^j \varphi_k(t,\xi) = 0 \text{ pour } t = 0,\ j = 0,\dots, p-1$$

où $k = 1, 2, \dots$. Soit

$$\varphi(t,\xi) = \sum_{k=0}^{\infty} \varphi_k(t,\xi)$$

La note 12.2 s'applique à (15.2); les coefficients des séries formelles φ, φ_k peuvent prendre la valeur $+\infty$; ils sont $\geqslant 0$, car, vu le lemme 13.2 :

(15.3) $$\frac{\partial^j \varphi_k}{\partial t^j} \gg 0\,, \quad \frac{\partial^j \varphi}{\partial t^j} \gg 0 \quad \text{pour } j = 0,\dots p.$$

Lemme 15.2.- Pour tous les k tels que $\varphi_k(t,0)$ est une fonction bornée de t. $u^{\nu}_k(t)$ existe et vérifie[(7)]

(7) Si $p = q$, alors $(15.15)_k$ s'ecrit

$$|D^{m+n^{\nu}-1,\infty} u^{\nu}_k|_2 \leq C_2\left(1 + \frac{\partial}{\partial t} + \frac{\partial}{\partial \xi}\right)^{p-1} \varphi_k(t,\xi).$$

$$(15.4)_k \qquad |D^{m+n^\nu -p,\infty} u_k^\nu, S_t, \varrho|_2 \ll \varphi_k(t,\varrho)$$

$$(15.5)_k \qquad |D^{m+n^\nu -p+q,\infty} u_k^\nu, S_t, \varrho|_2 \ll C_2(\varrho)\left(1+\frac{\partial}{\partial t}+\frac{\partial}{\partial \varrho}\right)^q \varphi_k(t,\varrho).$$

Preuve.- Pour $k = 0$, ce lemme est le lemme 13.1. Supposons-le établi pour $0, 1, \dots, k-1$: u_{k-1}^ν existe et vérifie $(15.5)_{k-1}$; or nous supposons $\varphi_k(t,0)$ bornée; donc le second membre de $(15.2)_k$ est sommable en t pour $\varrho = 0$; donc celui de $(15.5)_{k-1}$; donc

$$|D^{m+n^\nu -p+q} u_{k-1}^\nu, S_t|_2 ;$$

donc u_k^ν existe ; le lemme 13.1 donne $(15.4)_k$ et $(15.5)_k$ puisque, vu $(15.5)_{k-1}$ (8) et la formule du produit (10.1), on a :

$$c_0 |D^{n^\nu} b_\mu^\nu u_{k-1}^\mu, S_t, \varrho|_2 \ll L_q \varphi_{k-1}(t,\varrho) .$$

Complétons le lemme précédent par trois remarques évidentes: $\sum_k \varphi_k(t,0)$, qui est d'après (15.2) une série de fonctions croissantes $\geqslant 0$, ne peut converger qu'uniformément (à l'intérieur de son intervalle de convergence) ;

Si u_k^ν existe quel que soit k et si la série

$$\sum_{k=0}^{\infty} |D^{m+n^\nu -p} u_k^\nu, S_t|_2$$

converge uniformément, alors le problème de Cauchy (14.1) possède la solutions

$$u^\nu(x) = \sum_{k=0}^{\infty} u_k^\nu(x) ;$$

---

(8) ... la formule de la dérivée (10.3), si $p = q$, ...

l'émission [9] du support de v contient les supports de $u_0^\nu, \ldots, u_k^\nu, \ldots$
$\ldots, u^\nu$.

Nous obtenons la conclusion suivante

Proposition 15. - Si $\psi(t,0)$ est une fonction bornée de t pour $0 \leq t \leq |Y|$, alors le problème de Cauchy (14.1) possède une solution $u^\nu(x)$ telle que :

(15.6) $$|D^{m+n^\nu-p,\infty} u^\nu, S_t, \xi|_2 \ll \varphi(t, \xi) ,$$

(15.7) $$|D^{m+n^\nu-p+q,\infty} u^\nu, S_t, \xi|_2 \ll C_2(\xi)\left(1 + \frac{\partial}{\partial t} + \frac{\partial}{\partial \xi}\right)^q \varphi(t, \xi) .$$

le support de u appartient à l'émission de celui de v.

16. REMARQUE : SYSTÈME STRICTEMENT HYPERBOLIQUE

Si $q = 0$ la conclusion précédente se précise comme suit : (15.2) permet de calculer $\varphi_k(t,0)$ $(k = 0, 1, \ldots)$ à partir de $\psi(t,0)$, qui est sommable par hypothèse ;

$$\sum_k \varphi_k(t,0) = \varphi(t,0)$$

est la solution du problème de Cauchy :

$$\begin{cases} \left[\frac{\partial}{\partial t} - C_1(t,0)\right]^p \varphi(t,0) = c_0 \varphi(t,0) + \psi(t,0) \\ \left[\frac{\partial}{\partial t} - C_1(t,0)\right]^j \varphi(t,0) = 0 \text{ pour } j = 0, \ldots, p-1 . \end{cases}$$

On complète la définition de $\varphi(t, \xi)$ arbitrairement ; par exemple en prenant tous les coefficients des séries formelles $\varphi_k(t, \xi)$, égaux à $+\infty$, à l'exception du premier, qui est $\varphi_k(t, 0)$.

---

(9) ... ou domaine d'influence.

La conclusion du n. 15 est alors celle-ci :

Proposition 16. - Supposons $q = 0$ et le premier terme des séries formelles (14.3) fini ou sommable. Alors le problème de Cauchy (14.1) possède une solution $u^{\nu}(x)$ vérifiant l'inégalité

$$|D^{m+n^{\nu}-p} u^{\nu}, S_t|_2 \leq \varphi(t, 0),$$

dont le second membre est borné. Le support de u^{ν} appartient à l'émission de celui de v.

Quand $q = 0$, le système (14.1) est strictement hyperbolique la proposition 18 est un théorème d'existence classique.

17. DES PROBLEMES DE CAUCHY FORMELS vont nous permettre de choisir commodément des φ_k vérifiant (15.2) .

Définissons deux séries formelles en ρ, $\Theta(t, \rho)$ et $\Omega(t, \rho)$ par les deux problèmes de Cauchy formels :

$$\frac{\partial}{\partial t}\Theta(t, \rho) = \rho \quad C_1(\rho)\frac{\partial}{\partial \rho}\Theta(t, \rho), \qquad (0, \quad) = \rho ; \tag{17.1}$$

$$\frac{\partial \Omega}{t} = C_1 \frac{\partial \Omega}{\partial \rho} + C_1 , \quad \Omega(0, \rho) = 0. \tag{17.2}$$

La résolution de ces problèmes est élémentaire : les coefficients successifs de ρ se calculent par quadratures; ces coefficients sont des exponentielles-polynômes ; on a :

$$\Theta(t, 0)=0; \quad \rho \ll \Theta(t, \rho), \quad 0 \ll \frac{\partial^j}{\partial t^j} \Theta(t, \rho) \text{ pour tout } j ; \tag{17.3}$$

$$\Omega(t, 0) = t\, C_1(0); \quad 0 \ll \frac{\partial^j}{\partial t^j} \Omega(t, \rho) \text{ pour tout } j. \tag{17.4}$$

La propriété de Θ et Ω que nous emploierons est la suivante : soit $\Phi(t, \theta)$ une série formelle en θ, à coefficients fonctions de t; définissons :

(17.5)
$$\varphi(t, \xi) = e^{\Omega(t,\xi)}\,\Phi(t, \Theta(t, \xi)),$$

ce qui a un sens car $\Theta(t, 0) = 0$; on a évidemment, vu la définition (14.4) de L_1 :

(17.6)
$$\left[\frac{\partial}{\partial t} - L_1\right]^j \varphi(t, \xi) = e^{\Omega(t,\xi)}\left[\frac{\partial^j}{\partial t^j}\Phi(t, \theta)\right]_{\theta = \Theta(t,\xi)}$$

Notons $M_q(t, \xi, \partial/\partial t, \partial/\partial\theta)$ l'opérateur différentiel [10] d'ordre q, à coefficients formelles en ξ, tel que tout Φ vérifie :

$$L_q\left[e^{\Omega(t,\xi)}\Phi(t, \Theta(t, \xi))\right] =$$

(17.7)
$$= e^{\Omega(t,\xi)}\left[M_q\left(t, \xi, \frac{\partial}{\partial t}, \frac{\partial}{\partial\theta}\right)\Phi(t, \theta)\right]_{\theta = \Theta(t,\xi)} ;$$

les coefficients de M_q sont linéaires en ceux de L_q, polynomiaux en les dérivées de Θ et Ω ; ils sont $\gg 0$.

Choisissons les φ_k comme suit :

$$\varphi_k(t, \xi) = e^{\Omega(t,\xi)}\Phi_k(t, \Theta(t, \xi)) \quad ,$$

les $\Phi_k(t, \theta)$ étant définis par les problèmes de Cauchy formels, dont la résolution est élémentaire :

$(17.8)_0$
$$\begin{cases} \dfrac{\partial^p}{\partial t^p}\Phi_0(t, \theta) = \psi(t, \theta), \\ \dfrac{\partial^j}{\partial t^j}\Phi_0(t, \theta) = 0 \text{ pour } t = 0,\ j = 0, \dots, p-1 ; \end{cases}$$

---

(10) ..., ne contenant pas $(\partial/\partial t)^p$, si $p = q$, ...

$$(17.8)_k \quad \begin{cases} \dfrac{\partial^p}{\partial t^p} \Phi_k(t, \theta) = M_q(t, \theta, \dfrac{\partial}{\partial t}, \dfrac{\partial}{\partial \theta}) \Phi_{k-1}(t, \theta) \\ \dfrac{\partial^j}{\partial t^j} \Phi_k(t, \theta) = 0 \text{ pour } t = 0, \quad j = 0, \dots, p-1, \end{cases}$$

où $k = 1, 2, \dots$. Soit

$$(17.9) \qquad \Phi(t, \theta) = \sum_{k=0}^{\infty} \Phi_k(t, \theta) .$$

La note 12.2 a'applique à (17.8) ; les coefficients des séries formelles Φ, Φ_k peuvent prendre la valeur $+\infty$; ils sont évidemment $\gg 0$; plus précisément :

$$(17.10) \qquad \frac{\partial^j}{\partial t^j} \Phi_k(t, \theta) \gg 0, \quad \frac{\partial^j}{\partial t^j} \Phi(t, \theta) \gg 0 \text{ pour } j = 0, \dots, p.$$

De (17.6), où $\Omega \gg 0$, et de $(17.8)_0$, où l'on fait $\theta = \Theta \gg \varsigma$, résulte que φ_0 vérifie $(15.2)_0$. De (17;6), (17.7) et $(17.8)_k$, où l'on fait $\theta = \Theta \gg \varsigma$, résulte que φ_k vérife $(15.2)_k$.

On a

$$(17.11) \qquad \varphi(t, \varsigma) = e^{\Omega(t, \varsigma)} \Phi(t, \Theta(t, \varsigma)) ;$$

en particulier, vu (17.3) et (17.4) :

$$\varphi(t, 0) = e^{t\, C_1(0)} \Phi(t, 0) .$$

La proposition 15 prouve donc ceci :

Proposition 17. - Si $\Phi(t, 0)$ est une fonction bornée de t pour $0 \leq t \leq |Y|$, alors le problème de Cauchy (14.1) possède une solution $u^\nu(x)$, qui satisfait (15.6) et (15.7) et dont le support appartient à l'émission de celui de v.

18. $\Phi(t, \theta)$ PEUT ÊTRE CARACTÉRISÉ PAR UN PROBLÈME DE CAUCHY FORMEL, dont la solution n'est pas élémentaire, comme l'était celle des problèmes (17.1), (17.2), (17.8) :

Proposition 18.1. - Soit un opérateur $M_q(t, \varsigma, \partial/\partial t, \partial/\partial\varsigma)$, d'ordre $q \leq p$ ne contenant pas $(\partial/\partial t)^p$, dont les coefficients sont des séries formelles $\gg 0$ en ς, ayant elles-mêmes pour coefficients des fonctions bornées de t $(0 \leq t \leq |Y|)$. Soit $\psi(t, \varsigma)$ une série formelle $\gg 0$, à coefficients fonctions sommables de t. Définissons Φ_k et Φ par (17.8) et (17.9), où nous remplaçons θ par ς.

1) Si les coefficients de $\partial^j/\partial t^j\, \Phi(t, \varsigma)$ $(j = 0, \ldots, q)$ sont des fonctions sommables de t, alors $\Phi(t, \varsigma)$ est une solution du problème de Cauchy formel :

$$
(18.1) \qquad \begin{cases} \dfrac{\partial^p}{\partial t^p} \Phi(t, \varsigma) = M_q \Phi(t, \varsigma) + \psi(t, \varsigma), \\[2mm] \dfrac{\partial^j}{\partial t^j} \Phi = 0 \quad \text{pour} \quad t = 0, \quad j = 0, \ldots, p-1. \end{cases}
$$

2) On a

$$
(18.2) \qquad \frac{\partial^j}{\partial t^j} \Phi(t, \varsigma) \ll \frac{\partial^j}{\partial t^j} \Psi(t, \varsigma) \quad \text{pour} \quad j = 0, \ldots, p,
$$

quelle que soit la série formelle $\Psi(t, \varsigma)$ vérifiant les inégalités :

$$
(18.3) \qquad \begin{cases} \dfrac{\partial^p}{\partial t^p} \Psi(t, \varsigma) \gg M_q \Psi(t, \varsigma) + \psi(t, \varsigma), \\[2mm] \dfrac{\partial^j}{\partial t^j} \Psi(t, \varsigma) \gg 0 \quad \text{pour} \quad j = 0, \ldots, p-1. \end{cases}
$$

Note : Autrement dit : Φ est la plus petite des solutions de (18.3).

Preuve de 1) . - Vu (17.10) , les coefficients de la série formelle

$$\sum_k \frac{\partial^j \Phi_k}{\partial t^j} \quad (j = 0, \dots, p)$$

sont des séries de fonctions croissantes $\gg 0$; elles convergent donc uniformément , sauf peut-être au voisinage de $t = |Y|$; (18.1) résulte donc de (17.8) .

Preuve de 2) . - Notons

$$\Delta_K(t, \zeta) = \Psi(t, \zeta) - \sum_{k=0}^{K-1} \Phi_k(t, \zeta) \text{ si } K > 0$$

$$\Delta_0(t, \zeta) = \Psi(t, \zeta) .$$

Les relations (18.1) et (17.8) donnent, si $K > 0$:

$$\begin{cases} \dfrac{\partial^p}{\partial t^p} \Delta_K(t, \zeta) \gg M_q \Delta_{K-1} \\ \dfrac{\partial^j \Delta_K}{\partial t^j} \gg 0 \text{ pour } t = 0, \; j = 0, \dots, p-1 ; \end{cases}$$

D'autre part, vu (18.3) ,

$$\frac{\partial^j \Delta_0}{\partial t^j} \gg 0 \quad \text{pour} \quad j = 0, \dots, p, \; M_q \Delta_0 \gg 0.$$

D'où

$$\frac{\partial^j \Delta_K}{\partial t^j} \gg 0 \;(j = 0, \dots, p),$$

successivement pour $K = 1, 2, \dots$; d'où (18.2) .

En résumé, le § 3 a réduit le problème de Cauchy (14.1) à la majoration de la solution minimum du problème de Cauchy formel

(18.1), c'est-à-dire à la recherche d'une solution des inégalités (18.3).

§4. Résolution du problème de Cauchy formel

Il s'agit de montrer que le problème (18.1) possède une solution à coefficients finis, sous des hypothèses à préciser. Il suffit de construire une solution des inégalités (18.3) ; nous le ferons à l'aide du théorème de Cauchy-Kowalewski et des opérateurs que voici :

19. OPÉRATEURS SUR LES SÉRIES FORMELLES

Soit une suite de nombres > 0 :

$$\lambda = (\lambda_0 = 1, \lambda_1, \ldots, \lambda_s, \ldots);$$

nous ferons opérer λ comme suit sur une série formelle $\Phi(\varrho)$: si

$$\Phi(\varrho) = \sum_s \frac{\varrho^s}{s!} \Phi_s,$$

alors

$$\lambda \Phi(\varrho) = \sum_s \lambda_s \frac{\varrho^s}{s!} \Phi_s.$$

Le produit des deux opératerus $\lambda' = (\ldots, \lambda'_s, \ldots)$, $\lambda'' = (\ldots, \lambda''_s, \ldots)$ est évidemment $\lambda' \lambda'' = (\ldots, \lambda'_s \lambda''_s, \ldots)$; si $= (1, \lambda_1, \ldots, \lambda_1^s, \ldots)$ alors $\lambda \Phi(\varrho) = \Phi(\lambda_1 \varrho)$; il nous suffira donc de nous limiter au cas où $\lambda_1 = 1$.

Évidemment

$$\lambda\left(\varrho \frac{\partial}{\partial \varrho} \Phi\right) = \varrho \frac{\partial}{\partial \varrho} (\lambda \Phi) \tag{19.2}$$

Si Φ et $\Psi \gg 0$, alors la condition nécessaire et suffisante pour que

$$\lambda(\Phi \Psi) \ll (\lambda \Phi)(\lambda \Psi) \tag{19.3}$$

est que

(19.4) $$\lambda_{r+s} \leq \lambda_r \lambda_s .$$

(Il suffit de le prouver quand $\Phi(\varsigma) = \varsigma^r, \Psi(\varsigma) = \varsigma^s$; c'est alors évident) .

Nous supposerons désormais (19.4) qui implique $\lambda_{r+1} \leq \lambda_r$, donc :

(19.5) $$1 = \lambda_0 = \lambda_1 > \lambda_2 > \lambda_3 > \dots > \lambda_s \quad \dots .$$

D'où , si $\Phi \gg 0$:
$$\frac{\partial}{\partial\varsigma}(\lambda\Phi) \ll \lambda\left(\frac{\partial\Phi}{\partial\varsigma}\right) :$$

L'inégalité en sens opposé que voici est celle que nous aurons à employer : soit $\Phi \gg 0$; pour que

(19.6) $$\lambda\left(\frac{\partial}{\partial\varsigma}\right)^j \Phi \ll \left(\frac{\partial}{\partial\varsigma}\right)^j\left(\eta + \varepsilon\varsigma\frac{\partial}{\partial\varsigma}\right)^r(\lambda\Phi), \text{ si } j \leq q ,$$

(q , ε et η : constantes), il faut et suffit que

(19.7) $$\lambda_{s-q} \leq (\eta + \varepsilon s)^r \lambda_s, \text{ quel que soit } s .$$

(Il suffit de le prouver quand $\Phi(\varsigma) = \varsigma^s$; c'est alors immédiat, vu (19.2) et (19.5)).

Pour satisfaire (19.7), il suffit de choisir $(s!)^\delta \lambda_s$ croissant, δ étant un nombre tel que $0 \leq q\delta \leq r$;

(19.8)
- si $q\delta = r$, on prend $\varepsilon = 1$, $\eta = 0$;
- si $0 < q\delta < r$, on prend $\varepsilon > 0$ et $\eta = \varepsilon^{p'}$,
- p' étant le nombre < 0 tel que $\frac{r}{q\delta} + \frac{1}{p'} = 1$;
- si $\delta = 0$, on prend $\eta = 1$, $\varepsilon = 0$.

Preuve. - Si $(s!)^\delta \lambda_s$ est croissant, alors (19.7) est vérifié quand

$$\frac{s!}{(s-q)!^{\delta}} \leq (\eta + \varepsilon s)^r, \text{ quel que soit } s\,;$$

puisque

$$\frac{s!}{(s-q)!} \leq s^q,$$

il suffit d'avoir

$$s^{q\delta} \leq (\eta + \varepsilon s)^r, \text{ quel que soit } s\,.$$

Il est nécessaire que

$$0 \leq q\delta \leq r.$$

Notons $p = q\delta/r$. Si $p = 1$, on prend évidemment $\eta = 0$, $\varepsilon = 1$, Si $0 < p < 1$, la concavité de s^p montre qu'on peut prendre

$$\eta + \varepsilon s = s_0^p + (s - s_0)\,\frac{d(s_0^p)}{ds_0}, \text{ quel que soit } s_0 > 0\,;$$

c'est-à-dire

$$\varepsilon = p\, s_0^{p-1} \quad , \quad \eta = (1-p)s_0^p\,;$$

il suffit donc de prendre

$$\varepsilon = s_0^{p-1} \quad , \quad \eta = s_0^p = \varepsilon^p\,.$$

Nous satisferons (19.4), (19.5) et (19.7) en prenant

(19.9) $$\lambda_s = (s!)^{-\delta}\,,$$

δ étant tel que $0 \leq q\delta \leq r$.

Résumons ce qui précède :

Lemme 19.- Étant donnée une série formelle

$$\Phi(\rho) = \sum_{s=0}^{\infty} \frac{\rho^s}{s!}\,\Phi_s$$

et un nombre δ tel que $0 \leq q\delta \leq r$, nous notons

$$\lambda \Phi(\varsigma) = \sum_{s=0}^{\infty} \frac{\varsigma^s}{(s!)^{1+\delta}} \Phi_s . \tag{19.10}$$

Nous avons alors (19.2), (19.3) et (19.6), où ε et η sont des constantes définies par (19.8).

20. CLASSE DE GEVREY FORMELLE

Définition.- Étant donnés un entier $p \geq 0$ et un nombre $\alpha \geq 1$ nous nommons classe de Gevrey formelle $\Gamma^{p,(\alpha)}(|Y|)$ l'ensemble des séries formelles en ς, à coefficients fonctions de t $(0 \leq t \leq |Y|)$,

$$\Phi(t, \varsigma) = \sum_{s=0}^{\infty} \frac{\varsigma^s}{s!} \Phi_s(t), \tag{20.1}$$

vérifiant la condition suivante :

$$\lambda \frac{\partial^j}{\partial t^j} \Phi(t, \varsigma) = \sum_{s=0}^{\infty} \frac{\varsigma^s}{(s!)^\alpha} \frac{d^j}{dt^j} \Phi_s(t) \quad (j = 0, \dots, p) \tag{20.2}$$

sont des fonctions de ς homolomorphes à l'origine, uniformément par rapport à t : il existe un voisinage de $\varsigma = 0$, indépendant de t, où elles ont une borne, indépendante de t.

Cette condition peut donc s'énoncer :

$$\sup_{s,t} \frac{1}{[1+s]^\alpha} \left| \frac{d^j \Phi_s(t)}{dt^j} \right|^{1/s} < \infty . \tag{20.3}$$

Définition.- $\Gamma^{(\alpha)}$ est l'ensemble des $\Phi(\varsigma) \in \Gamma^{p,(\alpha)}$.

Décrivons les propriétés de $\Gamma^{p,(\alpha)}$:

Lemme 20.1.- $\Gamma^{p,(\alpha)}$ est une algèbre, stable pour $\partial/\partial\varsigma$.

Preuve : (19.3), puis (19.2).

Voici un lemme qui sera appliqué à la série formelle composée

(17.5) :

Lemme 20.2. - Les hypothèses

$$0 \ll \Phi(t, \rho) \in \Gamma^{p,(\alpha)}, \quad 0 \ll \Theta(t, \rho) \in \Gamma^{p,(\alpha)}, \Theta(t, 0) = 0$$

impliquent

$$\Phi(t, \Theta(t, \rho)) \in \Gamma^{p,(\alpha)},$$

Preuve. - Par hypothèse :

$$\Theta(t, \rho) = \rho \Psi(t, \rho) \; ; \; \lambda \Phi(t, \rho) = \varphi(t, \rho) \text{ et } \lambda \Psi(t, \rho) = \psi(t, \rho)$$

sont des fonctions de ρ holomprphes à l'origine. Vu (19.3)

$$\lambda [\Theta(t, \rho)]^s \ll [\psi(t, \rho)]^s \lambda \rho^s \; ;$$

d'où , vu (19.3)

$$\lambda [\Phi(t, \Theta(t, \rho)) = \sum_s \frac{\lambda [\Theta(t, \rho)]^s}{s!} \Phi_s(t) \ll$$

$$\sum_s \frac{(\lambda \rho^s)}{s!} [\psi(t, \rho)]^s \Phi_s(t) = \varphi(t, \rho \psi(t, \rho)) \; ;$$

or $\varphi(t, \rho \psi(t, \rho))$ est holomorphe en ρ , à l'origine, uniformément par rapport à t ; donc $\lambda [\Phi(t, \Theta(t, \rho))]$ aussi : le lemme est prouvé.

Voici un lemme que nous appliquerons aux problémes de Cauchy aux problèmes de Cauchy (17.1) et (17.2) :

Lemme 20.3 . - Soit $\Phi(t, \rho)$ la série formelle solution du problème de Cauchy

$$(20.4) \quad \begin{cases} \dfrac{\partial \Phi(t, \rho)}{\partial t} = \left[\rho C_1(\rho) \dfrac{\partial}{\partial \rho} + C_2(\rho) \right] \Phi(t, \rho) + C_3(\rho) \\ \Phi(0; \rho) = C_4(\rho) \end{cases}$$

où

$$0 \ll C_i(\rho) \in \Gamma^{(\alpha)} \; ;$$

on a

$$0 \ll \Phi(t, \varsigma) \in \Gamma^{p,(\alpha)}, \quad \text{quel que soit } p .$$

Preuve pour $p = 0$. - Les coefficients de $\Phi(t, \varsigma)$ se calculent successivement, par quadratures : ce sont des exponentielles-polynomes $\geqslant 0$; donc (20.4) a une solution unique $\Phi(t, \varsigma)$; $\Phi(t, \varsigma) \gg 0$.

Notons $c_i(\varsigma) = \lambda C_i(\varsigma)$. Soit $\varphi(t, \varsigma)$ la solution du problème de Cauchy-Kowalewski, qui s'intègre par quadratures :

$$(20.5) \quad \begin{cases} \dfrac{\partial}{\partial t}\varphi(t, \varsigma) = \left[\varsigma c_1(\varsigma)\dfrac{\partial}{\partial \varsigma} + c_2(\varsigma)\right] \varphi(t, \varsigma) + c_3(\varsigma) \\ \varphi(0, \varsigma) = c_4(\varsigma) \ ; \end{cases}$$

ces quadratures montrent que $\varphi(t, \varsigma)$ est holomorphe dans un bicylindre : $|t| \leq |Y|$, $|\varsigma| <$ const.

Les formules (19.2) et (19.3) donnent

$$(20.6) \quad \begin{cases} \dfrac{\partial}{\partial t}\lambda\, \Phi(t, \varsigma) \ll \left[\varsigma c_1(\varsigma) \dfrac{\partial}{\partial \varsigma} + c_2(\varsigma)\right] \lambda\, \Phi(t, \varsigma) + c_3(\varsigma) \\ \lambda \Phi(0, \varsigma) = c_4(\varsigma) \ . \end{cases}$$

La comparaison de (20.5) et (20.6) montre que les coefficients successifs de $\varphi(t, \varsigma) - \lambda\, \Phi(t, \varsigma)$ sont $\geqslant 0$; d'où

$$\lambda\, \Phi(t, \varsigma) \ll \varphi(t, \varsigma),$$

ce qui prouve que $\lambda\, \Phi(t, \varsigma)$ est une fonction de ς holomorphe à l'origine , uniformément par rapport à t ; le lemme est prouvé pour $p=0$.

Preuve pour $p > 0$. - On déduit de (20.4) que $\partial^j \Phi / \partial t^j$ vérifie un problème de Cauchy du même type; le raisonnement précédent prouve donc que $\lambda\, \partial^j \Phi / \partial t^j$ est une fonction de ς holomorphe à l'origine .

Lemme 20.4.- Considérons le problème de Cauchy formel

$$(20.7)\quad \begin{cases} \dfrac{\partial^p}{\partial t^p}\Phi(t,\varsigma) = M_q\left(t,\varsigma,\dfrac{\partial}{\partial t},\dfrac{\partial}{\partial\varsigma}\right)\Phi(t,\varsigma)+\psi(t,\varsigma) \\ \dfrac{\partial^j}{\partial t^j}\Phi(t,\varsigma) = 0 \text{ pour } t = 0, \quad j = 0,\dots,p-1 \end{cases}$$

où M_q est un opérateur différentiel d'ordre $q \leq p$; ne contenant pas $(\partial/\partial t)^p$; par hypothèse $\psi(t,\varsigma)$ et les coefficients de M_q sont des séries formelles en $\varsigma \in \Gamma^{0,(\alpha)}(|Y|)$; elles sont $\gg 0$. Ce problème possède au moins une solution Φ telle que

$$0 \ll \Phi \in \Gamma^{p,(\alpha)}(|Z|),$$

si $|Z|$ est un nombre > 0 suffisamment petit et si

$$1 \leq \alpha \leq \frac{p}{q} .$$

$$|Z| = |Y|, \text{ si } 1 \leq \alpha < \frac{p}{q} .$$

Preuve .- Vu la proposition 18.1, il suffit de trouver

$$\Phi \in \Gamma^{p,(\alpha)}(|Z|)$$

tel que

$$(20.8)\quad \begin{cases} \dfrac{\partial^p\Phi(t,\varsigma)}{\partial t^p} \gg M_q\left(t,\varsigma,\dfrac{\partial}{\partial t},\dfrac{\partial}{\partial\varsigma}\right)\Phi(t,\varsigma)+\psi(t,\varsigma), \\ \dfrac{\partial^j\Phi(t,\varsigma)}{\partial t^j} \gg 0 \quad \text{pour} \quad j = 0,\dots,p-1. \end{cases}$$

Appliquons λ à (20.8), en notant :

$$\delta = \alpha - 1 ;$$

$$\varphi(t,\varsigma) = \lambda\,\phi(t,\varsigma) ;$$

$c_1(\varsigma)$ une série formelle majorant $\lambda\,\psi(t,\varsigma)$ (c'est-à-dire : $\lambda\psi \ll c_1$ pour $0 \leq t \leq |Y|$) ; $m_q\left(\varsigma,\dfrac{\partial}{\partial t},\dfrac{\partial}{\partial\varsigma}\right)$ un opérateur différentiel dont les coefficients majorent les transformés par λ de ceux de $M_q(t, \rho, \partial/\partial t, \partial/\partial\rho)$. Pour que (20.8) ait lieu, il suffit, vu (19.3 et (19.6), qu'on ait [11]

(20.9) $$\frac{\partial^p}{\partial t^p}\varphi(t,\rho) \gg m_q(\rho, \frac{\partial}{\partial t}, \frac{\partial}{\partial \rho})(\eta + \varepsilon\rho\frac{\partial}{\partial\rho})^{p-q}\varphi(t,\rho) + c_1(\rho),$$

(20.10) $$\frac{\partial^j}{\partial t^j}\varphi(t,\rho) \gg 0 \quad \text{pour } j = 0, \dots, p.$$

Rappelons que (19.6) exige $q\delta \ll p - q$, c'est-à-dire $q\alpha \lesssim p$.

Pour réaliser (20.10) et la condition $\Phi \in \Gamma^{p,(\alpha)}(|Z|)$, il suffit de choisir $\varphi(t, \rho)$ holomorphe en (t, ρ) dans le bicylindre

$$|t| \leqslant |Z|, \quad |\rho| < \text{const.}$$

ses coefficients de Taylor étant $\geqslant 0$. Par hypothèse m_q et c_1 sont holomorphes au voisinage de $\rho = 0$.

Nous prendrons

$$\varphi(t, \rho) = \varphi[\tau], \text{ où } \quad \tau = t + \rho/\varepsilon_0 = \text{const.} > 0,$$

$\varphi[\tau]$ étant défini par le problème de Cauchy, à données holomorphes $\gg 0$:

$$\begin{cases} \dfrac{d^p\varphi[\tau]}{d\tau^p} = m_q(\varepsilon_0\tau, \dfrac{d}{d\tau}, \dfrac{1}{\varepsilon_0}\dfrac{d}{d\tau})(\eta + \varepsilon\tau\dfrac{d}{d\tau})^{p-q}\varphi[\tau] + c_1(\varepsilon_0\tau) \\ \dfrac{d^j\varphi}{d\tau^j} = 0 \quad \text{pour} \quad \tau = 0,\ j = 0, \dots, p-1 ; \end{cases}$$

nous choisissons ε_0 assez petit pour que $m_q(\varepsilon_0\tau, \dots)$, $c_1(\varepsilon_0\tau)$ soient holomorphes pour $|\tau| < 2|Y|$. Puisque $q \leqslant p$, le théorème de Cauchy-Kowalewki montre que $\varphi[\tau]$ est holomorphe pour $|\tau| < 2|Z|$ étant $|Z|$ suffisamment petit ; évidemment $\varphi[\tau] \gg 0$ (c'est-à-dire a ses coefficients de Taylor $\geqslant 0$) et (20.9) est vérifié pour $|t| < |Z|$ $\rho < \varepsilon_0 |Z|$.

(11) Rappelons que si $p = q$, alors $\delta = 0$, $\alpha = 1$, $\eta = 1$, $\varepsilon = 0$.

Supposons $q\alpha < p$, c'est-à-dire $q\delta < p - q$; vu (19.8), nous pouvons prendre ε voisin de 0 ; nous le prenons assez petit pour que $\varphi[\tau]$ soit holomorphe[12] pour $|\tau| < 2|Y|$: on peut donc prendre $|Z| = |Y|$.

21. APPLICATION AU PROBLÈME DE CAUCHY (14.1)

Supposons que les seconds membres $C_i(\varrho)$ et $\psi(t,\varrho)$ de (14.3) vérifient :

(21.1) $$C_i(\varrho) \in \Gamma^{(\alpha)},\ \psi(t,\varrho) \in \Gamma^{0,(\alpha)}(|Y|).$$

Alors , d'après le lemme 20.3, les fonctions Θ et Ω , que définit le n. 17, vérifient

$$\Theta(t,\varrho),\ \Omega(t,\varrho) \in \Gamma^{p,(\alpha)}(|Y|).$$

Donc, vu les lemmes 20.1 et 20.2 :

la fonction φ que définit (17.11), vérifie

$$\varphi(t,\varrho) \in \Gamma^{p,(\alpha)}(|Z|), \text{ si } \Phi(t,\varrho) \in \Gamma^{p,(\alpha)}(|Z|) ;$$

les coefficients de l'opérateur M_q, que définit la proposition 18.1, appartiennent à $\Gamma^{0,(\alpha)}(|Y|)$.

Donc, vu le lemme 20.4, les inégalités (18.3) et même les égalités en résultant par substitution de $=$ à $\gg 1$ possèdent une solution $\in \Gamma^{p,(\alpha)}(|Z|)$.

Donc , vu la proposition 18.1, la fonction $\Phi(t,\varrho)$ que définit le n. 17 vérifie $\Phi(t,\varrho) \in \Gamma^{p,(\alpha)}(|Z|)$, quand on ne fait varier t que de 0 à $|Z|$.

La proposition 17 prouve donc ceci :

---

(12) Car les solutions d'une équation différentielle ordinaire et normale sont holomorphes dans le même domaine que ses coefficients.

Proposition 21. - Faisons les hypothèses (21.1) et supposons $1 \leq \alpha \leq p/q$; dans une bande suffisamment étroite

$$Z : 0 \leq x_0 \leq |Z| ,$$

le problème de Cauchy (14.1) possède une solution $u^\nu(x)$ telle que

$$|D^{m+n^\nu-p+q,\infty} u^\nu, S_t, \varrho|_2 \in \Gamma^{0,(\alpha)}(|Z|) .$$

$$Z = Y \text{ , si l'on a } 1 \leq \alpha < p/q$$

Le support de u^ν appartient à l'émission de celui des données.

La conclusion des § 3 et 4 est le théorème d'existence que constitue la proposition ci-dessus.

§5. Fin de l'étude du système dont la partie principale est diagonale

Explicitons la proposition 21, qui est un théorème d'existence, et le théorème d'unicité qui en résulte.

22. CLASSES DE GEVREY

Définition. - Soit $\alpha \geq 1$, $p \geq 1$; $\gamma_p^{(\alpha)}(S_0)$ désignera l'ensemble des fonctions

$$f : S_0 \longrightarrow C$$

telles que

$$\sup_\sigma \frac{1}{[1 + |\sigma|]^\alpha} \left[|D^\sigma f, S_0|_p \right]^{1/|\sigma|} < \infty, \text{ où } \sigma_0 = 0 ;$$

c'est la classe de Gevrey classique si $p = \infty$.

Y étant la bande $0 \leq x_0 \leq |Y|$ $\gamma_p^{n,(\alpha)}(Y)$ désignera l'ensemble des fonctions

$$f : Y \longrightarrow C$$

telles que

$$\sup_{\beta,\,\sigma,\,t} \frac{1}{[1+|\sigma|]^{\alpha}} \| D^{\beta+\sigma} f, S_t \|_p^{1/|\sigma|} < \infty ,$$

où $|\beta| \leq n$, $\sigma_0 = 0$, $0 \leq t \leq |Y|$.

Evidemment, vu (20.3), on a :

Lemme 22.- $f \in \gamma_p^{n,(\alpha)}(Y)$ équivaut à

$$\| D^{n,\infty} f, Y, S_t, \cdot \|_p \in \gamma^{0,(\alpha)}$$

Note.- Nous appliquerons la définition de $\gamma^{(\alpha)}$ avec $\alpha = \infty$, en convenant que dans ce cas

$$\frac{1}{[1+|\sigma|]^{\alpha}} = 1 \quad \text{si } |\sigma| = 0 , \quad \frac{1}{[1+|\sigma|]^{\alpha}} \ldots = 0 \quad \text{si } |\sigma| > 0.$$

$\gamma_p^{(\infty)}(S_0)$ est donc le'espace $L_p(S_0)$ des fonctions sur S_0 dont la puissance p.iéme est sommable, $\gamma_p^{n,(\infty)}(Y)$ est l'espace $L^n_{\infty,p}(Y)$ des fonctions sur Y dont les quasi-normes(13) $\| D^n f, S_t \|_p$ sont fonctions bornées de $t (0 \leq t \leq |Y|)$.

Propriétés des classes de Gevrey γ.- (Voir : Gevrey [2]).

Evidemment : ces classes croissent avec α ;

si $\beta_0 = 0$, D^{β} les applique en elles-mêmes.

La formule du produit (10.1), les lemmes 20.1 et 22 prouvent ceci :

$\gamma_{\infty}^{(\alpha)}(S_0)$ est une algèbre et $\gamma_p^{(\alpha)}(S_0)$ un module sur cette algèbre.

$\gamma_{\infty}^{n,(\alpha)}(Y)$ est une algèbre $\gamma_p^{n,(\alpha)}(Y)$ un module sur cette algèbre.

Pour $\alpha = 1$, ces classes sont des classes de fonctions analytiques en $(x_1, \ldots, x_l)$; pour $\alpha > 1$, ce sont des classes de fonctions

---

(13) Normes des restrictions à S_t de leurs dérivées d'ordres $\leq p$.

non quasi-analytiques : on peut décomposer l'unicité en une somme de fonctions leur appartenant et ayant des supports arbitrairement petits (Voir Mandelbrojt [8]).

En composant deux fonctions de l'algèbre $\gamma^{\alpha}_{\infty}(S_0)$ ou $\gamma_{\infty}^{n,(\alpha)}(Y)$ en obtient une fonction de cette classe (Voir : Gevrey [2] ; ou un résultat plus précis de Leray-Waelbroeck [7]).

En particulier : cette algèbre contient l'inverse d'un de ses éléments, quand cet inverse est une fonction bornée.

Note.- Cette dernière propriété prouve qu'il va être superflu de supposer normaux les opérateurs a et a_j, comme nous l'avions fait jusqu'ici.

23. EXISTENCE

Sur la bande Y, soient des opérateurs $a(x,D)$ et $b^{\nu}_{\mu}(x,D)$ $(\mu, \nu = 1, \dots N)$ du type suivant :

$a(x,D) = a_1(x,D) \dots a_p(x,D)$ est le produit de p opérateurs régulièrement hyperboliques pour les hyperplans S_t ;

ordre $(a_j) = m_j$; ordre $(a) = m = m_1 + \dots + m_p$;

ordre $(b^{\nu}_{\mu}) = m + n^{\mu} - n^{\nu} - p + q$, où $0 \leq q \leq p \leq n^{\nu}$;

b^{ν}_{μ} ne contient pas $(\partial/\partial t)^{m+n^{\mu}-n^{\nu}}$; notons $n = \sup n^{\nu}$;

a_{j+1} a ses coefficients $\in \gamma_{\infty}^{m_1+\dots+m_j-j+n,(\alpha)}(Y)$;

a a ses coefficients $\in \gamma_{\infty}^{n(\alpha)}(Y)$;

où $1 \leq \alpha \leq p/q$.

b^{ν}_{μ} a ses coefficients $\in \gamma_{\infty}^{n^{\nu},(\alpha)}(Y)$ où $1 \leq \alpha \leq p/q$.

On considère le problème de Cauchy d'inconnue u^{ν} :

$$(23.1)\quad \begin{cases} a(x,D)u^{\nu}(x) = \sum_{\mu} b_{\mu}^{\nu}(x,D)\, u^{\mu}(x) + v^{\nu}(x) \\ D^{m-1} u^{\nu} \mid S_0 \text{ donné} \end{cases}$$

Théorème d'existence .- Supposons

$$v^{\nu} \in \gamma_2^{n^{\nu},(\alpha)}(Y),\quad D_0^j u^{\nu} \mid S_0 \in \gamma_2^{(\alpha)}(S_0)\ (j=0,\dots,m-1).$$

Alors le problème de Cauchy (23.1) possède une solution

$$(23.2)\qquad u^{\nu} \in \gamma_2^{m+n^{\nu},(\alpha)}(Z)$$

qui est définie dans une bande suffisamment étroite

$$Z : 0 \leq x_0 \leq |Z| ,$$

et dont le support est dans l'émission de celui de v et $D^{m-1} u \mid S_0$.

$Z = Y$, si $1 \leq \alpha < p/q$.

Note 23.1 .- Supposons $q = 0$: c'est le cas strictement hyperbolique . On peut choisir $\alpha = \infty$; il suffit de supposer $|D^{n^{\nu}} v^{\nu}, S_t|_2$ sommable; $|D^{m+n^{\nu}-p+q} u^{\nu}, S_t|_2$ est borné ; $|D^{m+n^{\nu}} u^{\nu}, S_t|_2$ aussi: voir la preuve de (23.2) .

Preuve du théorème quand

$$(23.3)\qquad D^{m-1} u^{\nu} \mid S_0 = 0,\quad D^{n^{\nu}-1} v^{\nu} \mid S_0 = 0 .$$

Le problème (23.1) est identique au problème (14.1) ; le lemme 22 établit l'existence de u^{ν} vérifiant

$$(23.4)\qquad u^{\nu} \in \gamma_2^{m+n^{\nu}-p+q,(\alpha)}(Z) .$$

Fin de la preuve du théorème .- En appliquant $D_0^j (j=0,\dots,n^{\nu}-1)$ à l'equation $au^{\nu} = \sum_{\mu} b_{\mu}^{\nu} u^{\mu} + v^{\nu}$, on constate que (23.1) permet de calculer $D^{m+n^{\nu}-1} u^{\nu} \mid S_0$ et que

(23.5) $$D^{m+n^\nu-1} u^\nu \big|_{S_0} \in \gamma_2^{(\alpha)}(S_0).$$

On construit $w^\nu \in \gamma^{m+n^\nu,(\alpha)}(Y)$ tel que $D^{m+n^\nu-1} w^\nu \big|_{S_0}$ ait les valeurs (23.5). $u^\nu - w^\nu$ est défini par un problème du type (23.1), vérifiant (23.3) : on est ramené au cas précédent.

Nous n'avons pas prouvé (23.2), mais seulement (23.4).

Preuve de 23.2.- En appliquant $D_0^{n^\nu-p+q+1}, \ldots D_0^{n^\nu}$ à l'équation $au^\nu = \sum_\mu b_\mu^\nu u^\mu + v^\nu$ on constate que le premier terme des relations ainsi obtenues vérifie :

$$D_0^{m+n^\nu-p+q+1} u^\nu \in \gamma_2^{0,(\alpha)}(Z), \ldots, D^{m+n^\nu} u^\nu \in \gamma_2^{0,(\alpha)}(Z) ;$$

donc

$$u^\nu \in \gamma_2^{m+n^\nu,(\alpha)}(Z).$$

Preuve de la note 23.1.- $q = 0$; le système est strictement hyperbolique ; on applique la proposition 16.

24. UNICITÉ

Le problème adjoint à (23.1) a au plus une solution, sous les hypothèses qu'énonce la n. 23, quand

$$1 \leq \alpha < \frac{p}{q}.$$

Plus précisément, notons $\bar{a}(x,D)$ l'adjoint de $a(x,D)$; si

$$a(x,D)f = \sum_\beta a_\beta(x,)\, D^\beta f,$$

alors

$$\bar{a}(x,D)\, f = \sum_\beta (-1)^\beta D^\beta (a_\beta f).$$

Théorème d'unicité.- Supposons $1 \leq \alpha < p/q$. Soient $w_\mu(x)$ des distributions, définies au voisinage d'un point de S_0, vérifiant sur leur domaine de définition

$$\bar{a}(x,D)\, w_\mu(x) = \sum_\nu B_\mu^\nu(x,D)\, w_\nu(x),$$

et s'annulant hors de Y. Alors

$$w_\mu = 0 \text{ au voisinage de } S_0.$$

Note . Ce voisinage contient tous les points ayant, dans Y, une émission rétrograde intérieure au domaine de définition de w .

Preuve (Holmgren). - Permutons les deux bords de Y : w est définie au voisinage d'un point de $S_{|Y|}$. Prenons $\alpha > 1$ et $v^\nu \in \gamma_2^{n^\nu,(\alpha)}(Y)$, v ayant un support dont l'émission est intérieure au domaine de définition de w ; soit u^ν la solution du problème de Cauchy (23.1) , on choisit

$$D^{m-1} u^\nu|S_0 = 0 ;$$

on a

$$0 = \int_Y \sum_{\mu,\nu} u^\mu \left[\bar{a}\, w_\mu - \bar{b}_\mu^\nu w_\nu\right] dx =$$

$$= \int_Y \sum_{\mu,\nu} w_\nu \left[a u^\nu - b_\mu^\nu u^\mu\right] dx = \int_Y \sum_\nu w_\nu v^\nu dx .$$

Cela suffit à prouver que $w_\nu = 0$ près de $S_{|Y|}$.

§ 6. Système hyperbolique quelconque

Les théorèmes précédents s'appliquent aisément à un système hyperbolique quelconque : par exemple comme ceci :

25. EXISTENCE

Sur une bande de $R^{\ell+1}$:

$$Y : 0 \leq x_0 < |Y| ,$$

donnons-nous des opérateurs différentiels $a^{\nu}_{\mu}(x,D)(\mu, \nu = 1, \dots, N)$ tels que :

$$\text{ordre } (a^{\nu}_{\mu}) = m^{\mu} - n^{\nu} \quad (a^{\nu}_{\mu} = 0 \text{ si } m^{\mu} < n^{\nu})$$

et que, modulo les opérateurs d'ordre inférieur à

$$m = \sum_{\mu} (m^{\mu} - n^{\mu}),$$

on ait [14] $\quad \text{dét.}(a^{\nu}_{\mu}) \quad a_1(x,D) \dots a_p(x,D),$

les opérateurs différentiels a_j étant régulièrement hyperboliques sur Y pour les hyperplans $S_t : x_0 = t$. Leurs ordres m_j vérifient donc

$$m = m_1 + \dots + m_p .$$

Notons

$$\bar{n} = \sup_{\nu} n^{\nu} \ , \quad \underline{n} = \inf_{\nu} n^{\nu} .$$

Nous considérons le problème de Cauchy d'inconue $u^{\mu}(x)$:

$$(25.1) \quad \begin{cases} \sum_{\mu} a^{\nu}_{\mu}(x,D) u^{\mu}(x) = v^{\nu}(x) \\ D^{m^{\mu} - n} u^{\mu} \,|\, S_0 \text{ donné} \end{cases}$$

en supposant les données de Cauchy $(25.1)_2$ compatibles avec le système $(25.1)_1$; autrement dit : les restrictions à S_0 des équations qu'on obtient en appliquant D^j_0 $(j = 0, \dots \bar{n} - n)$ à l'équation $\sum_{\mu} a u = v^{\nu}$ doivent être vérifiées par ces données de Cauchy.

---

(14) Nous convenons que le déyerminand de a^{ν}_{μ} , non commutatifs, est

$$\text{dét}(a^{\nu}_{\mu}) = \sum \pm a^1_{\pi(1)} \dots a^N_{\pi(N)} ,$$

pour toutes les permutations π paires (+) et impaires (-) .

Voici les hypothèses que nous faisons sur les a_μ^ν et a_j ; nous notons r le plus grand entier $\leq p$ tel que tous les commutateurs

$$[a_\mu^\lambda , a_\pi^\nu] = a_\mu^\lambda a_\pi^\nu - a_\pi^\nu a_\mu^\lambda$$

vérifient :

$$\text{ordre } [a_\mu^\lambda , a_\pi^\nu] \leq \text{ordre } (a_\mu^\lambda) + \text{ordre } (a_\pi^\nu) - r$$

et que

$$\text{ordre } [\text{dét} . (a_\mu^\nu) - a_1(x, D) \ldots a_p(x, D)] \leq m - r \, ;$$

si $r = 1$, la première de ces deux conditions est vérifiée :

si $r = 0$, elles le sont toutes les deux et la considération des a_j est superflue, mais nous supposons que $(\partial / \partial t)^m$ a pour coefficient dans dét. (a_μ^ν) une fonction bornée ainsi que son inverse.

Nous ajoutons un même entier à tous les entiers m^μ et n^ν de façon que $p \leq n$ et nous avons donc

$$0 \leq r \leq p \leq n \leq n^\nu \leq \bar{n}, \; n \leq m^\mu, \; p \leq m.$$

Nous envisageons des classes de Gevrey (n. 22), dont l'indice est un nombre tel que

$$1 \leq \alpha \leq \frac{p}{p - r} \tag{25.2}$$

nous supposons que

a_μ^ν a des coefficients $\in \gamma_\infty^{m + \bar{n} - m^\mu + n^\nu, (\alpha)}(Y)$

a_{j+1} a des coefficients $\in \gamma_\infty^{m_1 + \ldots + m_j - j + \bar{n}, (\alpha)}(Y)$

a a des coefficients $\in \gamma_\infty^{\bar{n}, (\alpha)}(Y)$,

où $a(x, D) = a_1(x, D) \ldots a_p(x, D)$.

Théorème d'existence. - Supposons

(25.3) $v \quad {}^{n,(\,)}_{2}(Y), \; D^{m^{\mu}-n} u^{\mu} |S_0 \quad {}^{,(\alpha)}_{2}(S_0).$

Alors, dans une bande suffisamment étroite

$$Z : 0 \quad x_t \quad Z$$

le problème de Cauchy (25.1) possède une solution

(25.4) $u \quad {}^{m,(\,)}_{2}(Z),$

dont le support est dans l'émission de celui des données v, $D^{m \; -n} u \; S_0$

$$Z = Y \text{ si } 1 \quad < \frac{p}{p - r}.$$

Note - Si $r = p$, ce problème (25.1) est strictement hyperbolique : $Y = Z$, on peut choisir $= \infty$ et remplacer l'hypothèse $(25.3)_1$ par l'hypothèse plus générale :

$D^n \quad v \quad , S_{t} \; {}_2$ est une fonction sommable de t;

la conclusion (25.4) s'énonce :

$D^m \quad u \quad , S_t \; {}_2$ est une fonction bornee de $t(0 \quad t \quad Y)$.

Note. - On peut compléter comme suit ce théorème : si les coefficients de a sont dans la classe de Gevrey ${}^{(\,)}_{\infty}(Y)$ et si $v \; {}^{(\,)}_{2}(Y)$, alors $u \; {}^{(\,)}_{2}(Y)$; voir Y. Ohya [9], proposition ...

Preuve quand les données de Cauchy sont $D^{m \; -n} u \; |S_0 = \;$.

Notons $A \; (x, D)$ le mineur de $a \; (x, D)$ dans dét. $(a \;)$; évidemment :

$$\text{ordre } (A \quad) \quad m - m' + n \quad ;$$

$$\text{ordre } (\text{dét. } (a \quad) - \sum a \; A \;) \quad m - r \; ;$$

les coefficients de $a \quad A$ et de dét. $(a \;)$ ${}^{n,(\,)}_{\infty}(Y)$;

si $\mu \neq \nu$, ordre $(\sum_\lambda a^\nu_\lambda A^\lambda_\mu) \leq m + n^\mu - n^\nu - r$;

les coefficients de $\sum_\lambda a^\nu_\lambda A^\lambda_\mu \subset \gamma_\infty^{\bar{n}+n^\nu - n^\mu, (\alpha)}(Y) \subset \gamma_\infty^{n^\nu, (\alpha)}(Y)$.

Soit U^ν la solution du problème , traité au n. 23 et auquel s'applique le théorème d'existence :

$$(25.5) \qquad \begin{cases} \sum_{\lambda,\mu} a^\nu_\lambda(x,D) A^\lambda_\mu(x,D) U^\mu(x) = v^\nu(x) \\ D^{m-1} U^\mu \mid S_0 = 0 \ ; \end{cases}$$

on a :

$$U^\nu \in \gamma_2^{m+n^\nu, (\alpha)}(Z) .$$

La condition de compatibilité de (25.1) s'écrit :

$$D^{n^\nu - n} v^\nu \mid S_0 = 0 \ ;$$

portée dans (25.5), elle donne

$$D^{m+n^\nu - n} U^\nu \mid S_0 = 0$$

Le problème (25.1) admet donc la solution :

$$u^\mu = \sum_\nu A^\mu_\nu U^\nu .$$

Fin de la preuve du théorème. - Soient w^μ des fonctions $\in \gamma_2^{m^\mu, (\alpha)}(Z)$ vérifiant les données de Cauchy : $u^\mu - w^\mu$ vérifie un problème du type (25.1) , à données de Cauchy nulles.

26. UNICITÉ. - Le problème adjoint à (25.1) a au plus une solution, sous les hypothèses qu'énonce le n. 25, quand

$$1 \leq \alpha < \frac{p}{p-r} .$$

Plus précisément : notons $\bar{a}^\nu_\mu$ l'adjoint de a^ν_μ ; on a :

Théorème d'unicité. - Supposons

$$1 \leq \alpha < \frac{p}{p-r} .$$

Soient w_ν (X) des distributions, définies au voisinage d'un point de S_0, vérifiant sur leur domaine de définition

$$\sum_\nu \bar{a}_\mu^\nu(x, D) \quad w_\nu(\ ) = 0$$

et s'annulant hors de Y. Alors

$$w_\nu = 0 \text{ au voisinage de } S_0.$$

Preuve. - Le raisonnement de Holmegren, que cite le n. 24.

27. NÉCESSITÉ DES HYPOTHÈSES

C. Pucci et G. Talenti nous ont signalé un cas de non-unicité dû à E. de Giorgi [15], d'où résulte ceci:

Les théorèmes d'unicité et par suite les théorèmes d'existence qui précèdent deviennent faux quand on prend $\alpha > p/q$, au lieu de prendre $\alpha \leq p/q$.

En effet : cet exemple dépend d'un paramètre $\alpha > 2$;

$$p/q = 2(m = p = 8,\ q = 4) ;$$

les coefficients des opérations sont indéfiniment différentiables et appartiennent à $\gamma_\infty^{n,(\alpha)}(Y)$, quel que soit n.

BIBLIOGRAPHIE

[1] L. GARDING, Cauchy's problem for hyperbolic equations, Lecture Notes, University of Chicago, 1957.
Energy inequalities for hyperbolic systems, Colloque international de Bombay, 1964.

[2] M. GEVREY, Sur la nature analytique des solutions des équations aux dérivées partielles, Annales École norm. sup., t.35 (1917), p.p. 129-189.

[3] L. HORMANDER, Linear partial differential operators, Springer (1963).

[4] A. LAX, On Cauchy's problem for partial differential equations with multiples caracteristics, Comm. pure appl. math., t. 9 (1956), pp. 135-169.

[5] J. LERAY, Hyperbolic differential equations, Institute for adv. study, Princeton, 1953.

[6] J. LERAY, La théorie de Garding des équations hyperboliques linéaires, CIME (Centro Internazionale Matematico Estivo), Varenna , 1956.

[7] J. LERAY et L. WAELBROECK, Normes des fonctions composées (préliminaires à l'étude des systèmes non linéaires, hyperboliques non stricts) ; 2me Colloque sur l'Analyse Fonctionelle, CBRM, 1964

[8] S. MANDELBROJT, Séries adhérentes, régularisations des suites, applications, Gauthier-Villars (1952). Leçons professées au Collège de France et au Rice Institute.

[9] Y. OHYA, Le problème de Cauchy pour les équations à caractéristiques multiples, Journal of the Math. Soc. of Japan, t. 16, pp. 268-296, 1964.

[10] I. PETROWSKY, Uber das Cauchysche Problem für Systeme von partiellen Differential-gleichungen , Rev. math. (Mat. Sbornik), Moscou, N.S. 2, 1937, pp. 814-868; id. N.S. 39, 1956, pp. 267-272.

[11] G. TALENTI, C.R. Acad. Sciences, t. 259 (1964) , pp. 1932-33 , Sur le problème de Cauhy pour les équations aux dérivées partielles.

[12] M. YAMAGUTI, Le problème de Cauchy et les opérateurs d'intégrale singulière, Mem. Coll. Sc. Univ. Kyoto, t. 32 (1959) , pp.

121- 151.

Pour le théorème de N. A. Lednev, voir :

[13] N. A. LEDNEV, Nouvelles méthodes de résolution des équations aux dérivées partielles, Mat. Sbornik, t. 22, 1948, pp. 205-266.

[14] L. GARDING, Une variante de la méthode des séries majorantes (Congrès scandinave, 1964).

Pour le contre-exemple , voir :

[15] E. DE GIORGI , Un esempio di non-unicità della soluzione del problema di Cauchy ; Università di Roma, Rendiconti di Matematica, t. 14, 1955, pp. 382-387.

CENTRO INTERNAZIONALE MATEMATICO ESTIVO

(C. I. M. E.)

JEAN LERAY et LUCIEN WAELBROECK

NORME FORMELLE D'UNE FONCTION COMPOSÉE (PRÉLIMINAIRE A L'ÉTUDE DES SYSTÈMES NON LINÉAIRES, HYPERBOLIQUES NON STRICTS)

Corso tenuto a Varenna (Como) - 31 agosto - 8 settembre
1964

NORME FORMELLE D'UNE FONCTION COMPOSÉE (PRÉLIMINAIRE A L'ÉTUDE DES SYSTÈMES NON LINÉAIRES, HYPERBOLIQUES NON STRICTS)

par

Jean Leray et Lucien Waelbroeck

INTRODUCTION

1. Relation avec la théorie des équations aux dérivées partielles.

J. Leray et Y. Ohya [4], en employant une suggestion de L. Waelbroeck, ont étudié les systèmes hyperboliques non stricts, dans le cas linéaire. Cette méthode s'adapte au cas non linéaire : on opère [5] par approximations successives, comme le fait P. Dionne [2] dans le cas strictement hyperbolique, mais en remplaçant les espaces de Sobolev par des normes formelles ; la majoration de ces approximations successives résulte de la résolution d'un probléme de Cauchy formel, non linéaire, qu'on ramème au problème de Cauchy-Kowalewski[(1)] par des opérateurs transformant les classes de Gevrey formelles en classes de fonctions holomorphes.

C'est possible, parce que le théorème de Sobolev sur la norme d'une fonction composée s'étend aux normes formelles et parce que ces opérateurs respectent l'inégalité exprimant ce théorème; cet article le prouve ; il complète donc les n. 4 5 et 19 de [4].

2. Sommaire

Étant donnée une algèbre normée de fonctions, nous definissons la norme formelle de ces fonctions ; nous majorons la norme formelle d'une fonction composée par la composée des normes formelles : voir (4.3) . Nous définissons sur les séries formelles, des opé-

(1) Problème de Cauchy à données holomorphes.

rateurs, tels que la transformée d'une série composée soit majorée par la composée des séries transformées : voir (7.2). Parmi ces opérateurs se trouvent en particulier ceux qu'emploie [4] : les opérateurs de Gevrey.

Note. - L'une des conséquence évidentes de ces formules est le théorème classique de Gevrey [3] : une classe de Gevrey est une algèbre, contenant les composés de ses éléments.

§ 1. Normes formelle

3. Notations

Nous nous donnons : un domaine $X \subset R^{\ell}$ ($< \infty$) ; un espace vectoriel $R^m (m < \infty)$;

une algèbre de Banach $A(X)$ de fonctions $a : X \longrightarrow R$;

l'espace vectoriel $V(X)$ ayant pour éléments les applications

$$v = (v_1, \ldots, v_m) : X \longrightarrow R^m \text{ telles que } v_1, \ldots, v_m \in A(X).$$

L'algèbre $A(X)$ ne contient pas nécessairement d'élément unité ; la norme $|a, X|$ de $a \in A(X)$ est une norme d'algèbre :

$$|a_1 \cdot a_2, X| \leq |a_1, X| \cdot |a_2, X| ;$$

$|v, X|$ est le vecteur à composantes $\geqslant 0$:

$$|v, X| = (|v_1, X|, \ldots, |v_m, X|).$$

Nous nous donnons en outre :

un domaine $Y \subset R^m$;

un espace vectoriel $B(X, Y)$ de fonctions $b : X \times Y \longrightarrow C$;

sur cet espace vectoriel B, une quasi-norme[1] $\| b, X \times Y, n \|$ dépendant d'un paramètre $n = (n_1, \dots, n_m)$, où $n_1, \dots n_m \geq 0$.

Notons $b \circ v$ la composée de $b \in B(X, Y)$ et $v \in V(X)$, c'est-à-dire la fonction qui est définie quand $x \in X$ et $v(x) \in Y$ et qui vaut alors

$$(b \circ v)(x) = b(x, v(x)) .$$

Nous supposons que ces données satisfont la condition suivante[2] :

$$(3.1) \quad \begin{cases} \text{si } b \in B(X, Y), \ v \in V(X) \text{ et } \| b, X \times Y, |v, X| \| < \infty , \\ \text{alors } b \circ v \in A(X) \text{ et } |b \circ v, X| \leq \| b, X \times Y, |v, X| \| . \end{cases}$$

Étant donnés

$$\beta = (\beta_1, \dots, \beta_\ell), \quad \gamma = (\gamma_1, \dots, \gamma_m) \quad (\beta_1, \dots, \gamma_m \text{ : entiers} \geq 0)$$

nous notons

$$D_x^\beta = \frac{\partial^{\beta_1 + \dots + \beta_\ell}}{\partial_{x_1}^{\beta_1} \dots \partial_{x_\ell}^{\beta_\ell}} , \quad D_y^\gamma = \frac{\partial^{\gamma_1 + \dots + \gamma_m}}{\partial_{y_1}^{\gamma_1} \dots \partial_{y_m}^{\gamma_m}} .$$

Si $a \in A(X)$ et $D_x^\beta a \notin A(X)$, alors nous convenons que

$$|D_x^\beta a, X| = + \infty ;$$

(1) C'est une fonction, définie sur B, à valeurs ≥ 0 et $\leq +\infty$, telle que :

$$\| \lambda b, X \times Y, n \| = |\lambda| . \| b, X \times Y, n \| , \quad \forall \lambda \in C ;$$

$$\| b_1 + b_2, X \times Y, n \| \leq \| b_1, X \times Y, n \| + \| b_2, X \times Y, n \| .$$

(2) Le théorème de composition de S. Sobolev et les compléments que P. Dionne [2] lui a apportés permettent de satisfaire cette condition.

de même, si $b \in B(X,Y)$, $D_x^\beta D_y^\gamma b \notin B(X,Y)$, nous convenons que

$$\left\| D_x^\beta D_y^\gamma\, b, X \times Y, n \right\| = +\infty.$$

4. Définitions

Introduisons des variables commutatives :

$$\rho, \eta_1, \dots, \eta_m ;$$

notons

$$\eta = (\eta_1, \dots \eta_m) \quad \eta^\gamma = \eta_1^{\gamma_1} \dots \eta_m^{\gamma_m}.$$

Nous nommons normes formelles de a et b les séries formelles

(4.1) $$\left| D^\infty a, X, \rho \right| = \sum_S \frac{\rho^S}{S!} \sup_\beta \left| D_x^\beta\, a, X \right|, \quad \text{où } |\beta| = S ;$$

$$\left\| D^\infty b, X \times Y, \rho, \eta, n \right\| = \sum_{S,\gamma} \frac{\rho^S}{S!} \frac{\eta^\gamma}{\gamma!} \sup_\beta \left\| D_x^\beta D_y^\gamma\, b, X \times Y, n \right\| ,$$

(4.2) où $$|\beta| = S .$$

Si $v = (v_1, \dots v_m) \in V(X)$, nous notons $\left| D^\infty v, X, \rho \right|$ le vecteur, ayant pour composantes des séries formelles, que voici :

$$\left| D^\infty v, X, \rho \right| = \left(\left| D^\infty v_1, X, \rho \right|, \dots, \left| D^\infty v_m, X, \rho \right| \right).$$

Ces séries formelles et toutes celles que nous allons considérer sont $\geqslant 0$, c'est-à-dire à coefficients $\geqslant 0$; ces coefficients peuvent valoir $+\infty$.

Donnons-nous une série $\psi(\rho, \eta)$ et un vecteur

$$\Phi(\rho) = (\Phi_1, \dots, \Phi_m),$$

dont les composantes $\Phi_1(\rho), \dots, \Phi_m(\rho)$ sont des séries formelles; supposons leurs premiers coefficients nuls , c'est-a-dire

$$\bar{\Phi}(0) = 0 .$$

Alors la série formelle composée $\psi \circ \bar{\Phi} = \psi(\rho, \bar{\Phi}(\rho))$ a une définition évidente ; évidemment : elle est $\geqslant 0$ comme $\bar{\Phi}$ et ψ ; ses coefficients sont $< \infty$, si ceux de $\bar{\Phi}$ et ψ sont $< \infty$.

Nous allons compléter le n. 4 de [4] par la majoration suivante de la norme formelle d'une fonction composée :

Formule de composition. - Sous l'hypothèse (3.1), on a :

(4.3) $$\left|D^{\infty}(b \circ v), X, \rho\right| \leq \left\|D^{\infty} b, X \times Y, \rho, \left|D^{\infty} v, X, \rho\right| - |v, X|, |v, X|\right\|.$$

si $b \in B(X, Y)$ et $v \in V(X)$.

Notons que $|v, X| = |D^{\infty} v, X, 0|$.

Par exemple, on a la formule du produit (voir [4] (4.3)) :

$$\left|D^{\infty}(v_1 v_2), X, \rho\right| \leq \left|D^{\infty} v_1, X, \rho\right| . \left|D^{\infty} v_2, X, \rho\right| .$$

si v_1 et $v_2 \in A(X)$.

5. Preuve de la formule de Composition (4.3)

Introduisons des variables $\xi_1, \dots \xi_\ell$, commutant avec $\eta_1, \dots \eta_m$.

Définissons les séries formelles

(5.1) $$\left|D^{\infty} a, X; \xi\right| = \sum_{\beta} \frac{\xi^{\beta}}{\beta!} \left|D_x^{\beta} a, X\right|$$

(5.2) $$\left\|D^{\infty} b, X \times Y ; \xi, \eta, n\right\| = \sum_{\beta, \gamma} \frac{\xi^{\beta}}{\beta!} \frac{\eta^{\gamma}}{\gamma!} \left\|D_x^{\beta} D_y^{\gamma} b, X \times Y, n\right\| .$$

Notons

$$b_{\beta\gamma}(x, y) = D_x^{\beta} D_y^{\gamma} b(x, y)$$

et notons comme suit la formule de dérivation de la fonction composée $b \circ v$:

$$D_x^{\alpha}(b \circ v) = \sum_{\beta\gamma} (b_{\beta\gamma} \circ v).(P_{\gamma}^{\alpha-\beta}\ D^{|\alpha-\beta|} v), \quad (|\beta+\gamma| \leq |\alpha|) ,$$

où $P_{\gamma}^{\alpha-\beta}$ est un polynome à coefficients $\geqslant 0$, qui ne dépend que de $\alpha-\beta$ et γ ; (il est de degré $|\gamma|$; on le compose avec $D^{|\alpha-\beta|}v$; plus précisément avec les dérivées de v d'ordres $\leq |\alpha-\beta|$ et > 0).

D'où , vu que $|v_j\ X|$ est une norme d'algèbre :

$$\left|D_x^{\alpha}(b \circ v), X\right| \leq \sum_{\beta,\gamma} \left|b_{\beta\gamma} \circ v, X\right| . (P_{\gamma}^{\alpha-\beta} \circ \left|D^{|\alpha-\beta|} v, X\right|) =$$

$$\left[D_{\xi}^{\alpha} \left\| D^{\infty}(b \circ v), X ; \left|D^{\infty} v, D ; \xi\right| - \left|v, X\right| \right\|\right]_{\xi = 0} ;$$

d'où , vu la condition (3.1).

$$\left|D_x^{\alpha}(b \circ v), X\right| \leq \left[D_{\xi}^{\alpha} \left\|D^{\infty}b, X \times Y ; \xi, \left|D^{\infty}v, X;\xi\right| - \left|v, X\right|, \left|v, X\right|\right\|\right]_{\xi = 0}$$

c'est-à-dire

(5.3) $$\left|D^{\infty}(b \circ v), X ; \xi\right| \leq \left\|D^{\infty}b, X \times Y ; \xi, \left|D^{\infty}v, X ; \xi\right| - \left|v, X\right|\right\| .$$

Notons $\rho = \xi_1 + \ldots + \xi_\ell$; la formule du binome donne, pour $|\sigma| = S$

$$\frac{\rho^S}{S!} = \sum_{\sigma} \frac{\xi^{\sigma}}{\sigma!} .$$

D'où, en comparant les définitions (4.1) et (5.1) , (4.2) et (5.2):

$$\left\|D^{\infty}b, X \times Y ; \xi , \left|D^{\infty}v, X ; \xi\right| - \left|v, X\right| , \left|v, X\right|\right\|$$

$$\leq \left\|D^{\infty}b, X \times Y, \rho , \left|D^{\infty}v, X, \rho\right| - \left|v, X\right| , \left|v, X\right|\right\| .$$

L'inégalité (5.3) donne donc :

(5.4) $$\left\|D^{\infty}(b \circ v) , X; \xi\right\| \leq \left\|D^{\infty}b, X \times Y, \rho , \left|D^{\infty}v, X, \rho\right| - \left|v, X\right| , \left|v, X\right|\right\| .$$

Or une inégalité du type

$$\theta(\xi) \leqslant \Omega(\rho),$$

où

$$\theta(\xi) = \sum_\sigma \frac{\xi^\sigma}{\sigma!} \theta_\sigma \quad ,$$

signifie

$$\theta(\rho) \leqslant \Omega(\rho), \text{ si } \theta(\rho) = \sum_{s=0}^{\infty} \frac{\rho^s}{S!} \sup_\sigma \theta_\sigma , \text{ où } |\sigma| = S ;$$

car $\theta(\rho)$ est la plus petite série en $\rho = \xi_1 + \ldots + \xi_\ell$ majorant $\theta(\xi)$ (voir [4], preuve du lemme 5). Donc (5.4) prouve la formule de composition (4.3).

§ 2. Opérateurs sur les séries formelles

Le §4 de [4], pour employer les normes formelles, leur applique des opérateurs, opérant sur les séries formelles ; Beurling [1] les a employés depuis longtemps.

6. Définition d'opérateurs.

(Voir : [4], n. 19). Donnons-nous une suite de nombres > 0

$$\lambda = (\lambda_0 = 1, \lambda_1, \ldots, \lambda_s, \ldots).$$

Étant données des séries formelles

$$\Phi(\rho) = \sum_{s\geqslant 0} \frac{\rho^s}{S!} f_s, \quad \psi(\rho, \eta) = \sum_{s,\gamma} \frac{\rho^s}{S!} \frac{\eta^\gamma}{\gamma!} \psi_{s,\gamma} ,$$

nous définissons comme suit des séries formelles $\lambda\Phi$ et $\lambda\psi$:

$$\lambda\Phi(\rho) = \sum_s \lambda_s \frac{\rho^s}{S!} f_s, \quad \lambda\psi(\rho, \eta) = \sum_{s,\gamma} \lambda_{s+|\gamma|} \frac{\rho^s}{S!} \frac{\eta^\gamma}{\gamma!} \psi_{s,\gamma} .$$

Si $\Phi(\rho) = (\Phi_1(\rho), \ldots, \Phi_m(\rho))$ est un vecteur ayant pour composantes les séries formelles $\Phi_1(\rho), \ldots, \Phi_m(\rho)$, alors on définit

$$\lambda\Phi(\rho) = (\lambda\Phi_1(\rho), \ldots, \lambda\Phi_m(\rho)).$$

Il est évident que le produit des deux opérateurs

$$\lambda' = (\ldots, \lambda'_s \ldots), \quad \lambda'' = (\ldots, \lambda''_s, \ldots) \text{ est } \lambda = (\ldots, \lambda'_s\lambda''_s, \ldots).$$

Si $\lambda_s = \lambda_1^s$ on a $\lambda\psi(\rho, \eta) = \psi(\lambda_1\rho, \lambda_1\eta)$; il nous suffira donc de nous limiter au cas où

$$\lambda_1 = 1.$$

7. Propriétés de ces opérateurs

Nous aurons besoin des propriétés que voici.

1) Propriété du produit : Si ψ_1 et $\psi_2 \geqslant 0$, alors :

$$\lambda\left[\psi_1(\rho, \eta)\,\psi_2(\rho, \eta)\right] \leqslant \left[\lambda\psi_1(\rho, \eta)\right]\cdot\left[\lambda\psi_2(\rho, \eta)\right]. \tag{7.1}$$

2) Propriété de la série composée : Si

$$\theta(\rho) = \psi\circ\Phi,$$

où

$$\Phi = (\Phi_1, \ldots, \Phi_m), \quad \Phi_i \geqslant 0, \quad \Phi(0) = 0, \quad \psi \geqslant 0,$$

alors

$$\lambda\,\theta(\rho) \leqslant (\lambda\psi)\circ(\lambda\Phi) . \tag{7.2}$$

Pour que ces deux propriétés aient lieu, il faut et il suffit que λ verifie les conditions suivantes :

$$\begin{cases} \lambda_0 = \lambda_1 = 1 \geqslant \lambda_2 ; \\ \lambda_{r+s-1} \leqslant \lambda_r\lambda_s \quad \text{si } r \text{ et } s \geqslant 1. \end{cases} \tag{7.3}$$

Exemple. - Les conditions (7.3) sont vérifiées quand

$$\lambda_0 = \lambda_1 = 1, \quad \lambda_{s-1}\cdot\lambda_{s+1} \leqslant \lambda_s^2 , \tag{7.4}$$

c'est-a-dire quand λ_s^{-1} est une fonction de s <u>logarithmiquement convexe</u>.

Preuve de (7.3) . - Pour que (7.1) ait lieu, il faut et suffit qu'il ait lieu quand ψ_1 et ψ_2 sont des monomes :

$$\psi_1 = \rho^s \eta^\gamma, \quad \psi_2 = \rho^{s'} \eta^{\gamma'} \quad ;$$

donc que

$$\lambda_{r+s} \leq \lambda_r \cdot \lambda_s . \tag{7.5}$$

En faisant $r = 1$, on voit que cette condition implique

$$\lambda_0 = \lambda_1 = 1 \geqslant \lambda_2 \geqslant \ldots \geqslant \lambda_s \geqslant \ldots \tag{7.6}$$

Pour que (7.2) ait lieu, il faut et suffit que (7.2) ait lieu quand Φ et ψ sont des monomes :

$$\Phi(\rho) = (\rho^{s_1}, \ldots \rho^{s_m}), \; \psi(\rho, \eta) = \rho^{s_0} \eta^\gamma, s_1, \ldots, s_m \geqslant 1 \; ;$$

c'est-à-dire

$$\lambda_{s_0} + \gamma_1 s_1 + \ldots + \gamma_m s_m \leq \lambda_{s_0} + |\gamma| (\lambda_{s_1})^{\gamma_1} \ldots (\lambda_{s_m})^{\gamma_m} ,$$

si $S_1 \ldots S_m \geqslant 1$.

Cette condition est vérifiée si elle l'est pour $m = 1$, $\gamma_1 = 1$; elle équivaut donc à la condition:

$$\lambda_{r+s-1} \leq \lambda_r \cdot \lambda_s \quad \text{pour } r \text{ et } s \geqslant 1 \quad . \tag{7.7}$$

Or (7.7) implique (7.5) , vu (7.6) ; et (7.6) résulte de (7.7), où l'on prend $r = 2$, si $\lambda_2 \leq 1$.

Preuve que l'exemple (7.4) vérifie (7.3) . - En faisant $s = 1$ dans (7.4), on obtient $\lambda_2 \leq 1$. D'autre part, vu (7.4), $\lambda_s / \lambda_{s+1}$ est une fonction croissante de s; donc $\lambda_s / \lambda_{s+r}$ aussi ; donc

$$\frac{1}{\lambda_{r+1}} \leq \frac{\lambda_s}{\lambda_{s+r}} \quad \text{si} \quad s \geqslant 1 .$$

8. Opérateurs de Gevrey $\lambda^{(\alpha)}$.- Ces opérateurs dépendent d'un paramètre numérique $\alpha \geqslant 1$; ils se définissent comme suit :

$$\lambda_s = (S!)^{1-\alpha} .$$

Si $\Phi(\rho) = \sum_{s=0}^{\infty} \frac{\rho^s}{S!} \Phi_s$, alors $\lambda^{(\alpha)} \Phi(\rho) = \sum_s \frac{\rho^s}{(S!)^\alpha} \Phi_s$.

La propriété (7.1) du produit et la propriété (7.2) de la série composée valent pour ces opérateurs.

Preuve .- La vérification de (7.4) est immédiate : d'où (7.3) ; d'où (7.1) et (7.2).

9. Note . - Si λ vérifie (7.3) , alors il possède aussi la propriété suivante, qu'emploie [5] :

$$\lambda\left[\psi_1(\rho) \frac{\partial \psi_2}{\partial \rho}\right] \leq \left[\lambda \psi_1(\rho)\right] . \frac{\partial}{\partial \rho} \lambda \psi_2(\rho) , \quad \text{si} \quad \psi_1(0) = 0 .$$

BOBLIOGRAPHIE

[1] BEURLING, Congrès scandinave, 1938.

[2] P. DIONNE, Sur les problèmes de Cauchy hyperboliques bien posés, Journal d'Analyse math., t. 10(1962), chap. V et VI, pp. 1-90.

[3] M. GEVREY, Sur la nature analytique des solutions des équations aux dérivées partielles, Annales École norm. sup., t. 35(1917), pp. 129-189.

[4] L. LERAY et Y. OHYA, Systèmes linéaires, hyperboliques non stricts (exposé précédent).

[5] L. LERAY et Y. OHYA, Systèmes non linéaires, hyperboliques non stricts, CIME, Varenna(Italie), 1964.

CENTRO INTERNAZIONALE MATEMATICO ESTIVO

(C.I.M.E.)

JEAN LERAY et YUJIRO OHYA

ÉQUATIONS ET SYSTÈMES NON-LINÉAIRES, HYPERBOLIQUES NON-STRICTS

Corso tenuto a Varenna (Como) - 31 agosto - 8 settembre 1964

ÉQUATIONS ET SYSTÈMES NON LINÉAIRES HYPERBOLIQUES NON-STRICTS,

par

Jean LERAY et Yujiro OHYA

Introduction

O. HISTORIQUE. - Le problème de Cauchy fut étudié d'abord quand les données et les inconnues sont holomorphes (Cauchy-Kowalewski ; N. A. Lednev [8] supprime l'hypothèse d'holomorphie par rapport au "temps", tout en conservant l'hypothèse d'holomorphie par rapport aux coordonnées "d'espace"). Puis ce problème le fut, sous l'hypothèse d'hyperbolicité stricte, quand les données et les inconnues sont des fonctions dérivables jusqu'à un ordre donné ou même des distributions (Hadamard, Petrowsky, J. Leray [9] , L. Gårding [4] , P. Dionne [3]); allors la solution ne dépend que localement des données ; plus précisément, il existe des "domaines d'influence".

Récemment divers auteurs ont étudié des cas intermédiaires : De Giorgi [6] discute l'unicité, C. Pucci [14] et G. Talenti [15] prouvent l'existence quand le cône caractéristique se réduit à des droites parallèles; L. Hörmander [7] (théorème 5.7.3) traite l'équation linéaire à coefficients constants, hyperbolique non stricte[1] ; Y. Ohya [13] étudie, en coefficients variables, l'opérateur de Calderon-Zygmund et, en particulier, l'opérateur linéaire hyperbolique, dont le polynome caractéristique est un produit d'opérateurs strictement hyperboliques ; nous avons étendu ses conclusions aux systèmes linéaires [10] en formalisant son procédé et en employant une suggestion de L. Waelbroeck, dont l'article [11] va maintenant nous

(1) Hörmander réserve le terme "hyperbolique" au strictement hyperbolique . Pour nous, il y a hyperbolicité quand il y a domaine d'influence.

permettre de traiter le cas non linéaire.

Tous ces travaux ont des conclusions du type que le n. 1 va énoncer.

1. ÉNONCÉ DES RESULTATS. - Nous résolvons le problème de Cauchy pour un système non linéaire, non strict.

Nos hypothèses ont pour cas extrêmes les deux cas suivants :

1) hyperbolicité stricte ; données et inconnues indéfiniment dérivables ; (il y a alors des domaines d'influence) ;

2) aucune hypothèse d'hyperbolicité ; données et inconnues holomorphes par rapport aux coordonnées d'espaces ; (il n'y a pas de domaine d'influence).

Hors de ces cas extrêmes, nos hypothèses sont les suivantes :

3) le polynôme caractéristique est un produit de polynômes strictement hyperboliques ; les données et les inconnues sont indéfiniment différentiables par rapport aux coordonnées d'espace ; plus précisément, elles sont dans une classe de Gevrey , non quasi-analytique ; il existe des domaines d'influence.

On truvera les énoncés précis aux n. 21, 27 et 29 .

APPLICATIONS. - S.S. Chern et Hans Lewy [1] ont rencontré en géométrie différentielle le problème non linéaire que nous résolvons.

Mme Y. Choquet-Bruhat [2] et A. Lichnérowicz [12] ont ramené à ce problème la résolution des équations de la magnéto-hydrodynamique relativiste.

2. SOMMAIRE. - Nous adaptons au cas non-linéaire le procédé qu'emploie l'article [10] , dont la connaissance n'est pas indispensable ; ce procédé se simplifie, car l'étude non linéaire est purement locale ; cependant il doit employer pour les coefficients des normes un peu moins

simples : les normes de Schauder.

Le problème est résolu par approximations successives, que définissent des problèmes de Cauchy linéaires, strictement hyperboliques. L'étude de ces approximations successives emploie leurs normes formelles, c'est-à-dire des séries formelles ayant pour coefficients les normes de toutes leurs dérivées. La majoration des approximations successives résulte de la résolution d'un problème de Cauchy non linéaire formel, c'est-à-dire ayant pour données et inconnue des séries formelles, appartenant à une classe de Gevrey formelle. La convergence des approximations successives résulte de la résolution d'un second problème de Cauchy formel, qui est linéaire.

L'existence des domaines d'influence résulte du théorème d'unicité que nous avons obtenu dans le cas linéaire [10] ; la précision de ce théorème d'unicité provient de ce que, dans ce cas linéaire, un théorème d'existence non local peut être obtenu, par ces raisonnements mêmes dont la suppression allège le présent article.

§ 1. Normes formelles .

3. NORMES. - Notons les coordonnées de $\underline{\underline{R}}^{\ell+1}$

$$(x_o, x_1, \ldots, x_\ell)$$

et

$$D_x^\beta = \frac{\partial^{|\beta|}}{\partial x_o^{\beta_o} \ldots \partial x_\ell^{\beta_\ell}} .$$

Soit X la band de $\underline{\underline{R}}^{\ell+1}$ d'équation

$$X : 0 \leq x_o \leqq |X| ;$$

soit S_t l'hyperplan de X d'équation

$$S_t : x_o = t .$$

Notons : K_t les cubes, de côté 1, appartenant à S_t ;

$$\left| f, S_t \right|_2 = \left[\int_{S_t} |f|^2 \, dx_1 \ldots dx_\ell \right]^{1/2} ;$$

$$\left| f, K_t \right|_2 = \left[\int_{K_t} |f|^2 \, dx_1 \ldots dx_\ell \right]^{1/2} .$$

Etant donné un entier $n \geqslant 0$, nous nommons <u>quasi-normes</u> d'une fonction

$$f : X \longrightarrow \underline{\underline{C}}$$

les deux fonctions de t :

$$\left| D^n f, S_t \right| = c \sup_\beta \left| D_x^\beta f, S_t \right|_2$$

$$\left\| D^n f, S_t \right\| = c \sup_{\beta, K_t} \left| D_x^\beta f, K_t \right|_2 ; \qquad (|\beta| \leqslant n)$$

ce sont des normes de f mod $(x_o - t)^n$; $c = c(\ell, n)$ est une fonction de (ℓ, n), croissante en n et assez grande pour que la propriété (3.1) et la formule (3.2) soient exactes.

Dionne [3], ch. 1, (6.3.9), déduit des théorèmes de Sobolev ceci, sous l'hypothèse :

$$n > \ell / 2 :$$

(3.1) ces deux normes sont des <u>normes d'algèbres</u> ;
Leur finitude entraîne la continuité de f ;
on a <u>la formule du produit</u> :

(3.2) $$|D^n(f.g), S_t| \leq \|D^n f, S_t\| . |D^n g, S_t| .$$

Soit un domaine $Y \subset \mathbb{C}^m$. Nous nommons <u>quasi-normes</u> d'une fonction

$$F : X \times Y \longrightarrow \mathbb{C}$$

les deux fonctions de t, dépendant d'un vecteur $\nu = (\nu_1, \ldots, \nu_m)$, à composantes $\nu_j \geq 0$:

$$|D^n F, S_t \times Y, \nu| = c \sup_\beta \left| \sup_{y \in Y} \left| D^\beta_{x,y} F(x,y), \right| S_t \right|_2 (1 + c'|\nu|)^n$$

$$\| D^n F, S_t \times Y, \nu\| = c \sup_{\beta, K_t} \left| \sup_{y \in Y} \left| D^\beta_{x,y} F(x,y), \right| K_t \right|_2 (1 + c'|\nu|)^n,$$

où

$$D^\beta_{x,y} = \frac{\partial^{|\beta|}}{\partial x_o^{\beta_o} \ldots \partial y_m^{\beta_{m+\ell}}} \quad |\beta| \leq n, \ |\nu| = \nu_1 + \ldots + \nu_m;$$

$c' = c'(m)$ suffisamment grand pour avoir (3.3).

Soit une application

$$v = (v_1, \ldots, v_m) : X \longrightarrow Y \quad ;$$

notons F o v la fonction composée

$$(F \circ v)(x) = F(x, v(x)) ;$$

notons $|D^n v, S_t|$ le vecteur de composantes $|D^n v_j, S_t|$ $(j = 1, \dots, m)$. Dionne [3], théorème 6.4, explicite come suit le <u>théorème de composition</u> de Sobolev : si on a $n > \ell/2 + 1$,

$$(3.3) \qquad \| D^n(F \circ v), S_t \| \leq \| D^n F, S_t \times Y, |D^n v, S_t| \| ;$$

on peut remplacer $\| \dots \|$ par $| \dots |$.

4. NORMES FORMELLES. - On nomme <u>quasi-normes formelles</u> de $f : X \to \underline{\underline{C}}$ les deux séries formelles de ρ, à coefficients fonctions de t :

$$|D^{n,\infty} f, S_t, \rho| = \sum_{s=0}^{\infty} \frac{\rho^s}{s} \sup_{\sigma} |D^n D_x^{\sigma} f, S_t|$$

$$= c \sum_{s=0}^{\infty} \frac{\rho^s}{s!} \sup_{\beta,\sigma} |D_x^{\beta+\sigma} f, S_t|_2 ,$$

$$\|D^{n,\infty} f, S_t, \rho\| = \sum_{s=0}^{\infty} \frac{\rho^s}{s!} \sup_{\sigma} \| D^n D_x^{\sigma} f, S_t \|$$

$$= c \sum_{s=0}^{\infty} \frac{\rho^s}{s!} \sup_{\beta, \sigma, K_t} |D_x^{\beta+\sigma} f, K_t|_2$$

où $|\beta| \leq n$, $\sigma = (0, \sigma_1, \dots, \sigma_\ell)$, $|\sigma| = \sigma_1 + \dots + \sigma_\ell = s$.

Introduisons des variables commutatives $(\rho, \eta_1, \dots, \eta_m, \nu)$; notons $\eta = (\eta_1, \dots, \eta_m)$, $\eta^{\tau} = \eta_1^{\tau_1}, \dots, \eta_m^{\tau_m}$, nous définissons de même les <u>quasi-normes formelles</u> de $F : X \times Y \longrightarrow \underline{\underline{C}}$:

$$\| D^{n,\infty} F, S_t \times Y, \rho, \eta, \nu \| = \sum_{s=0}^{\infty} \frac{\rho^s}{s!} \frac{\eta^\tau}{\tau!} \sup \| D^n D_x^\sigma D_y^\tau F, S_t \times Y, \nu \|$$

$$| D^{n,\infty} F, S_t \times Y, \rho, \eta, \nu | = \sum_{s} \frac{\rho^s}{s!} \frac{\eta^\tau}{\tau!} \sup | D^n D_x^\sigma D_y^\tau F, S_t \times Y, \nu | ,$$

où $\sigma = (0, \sigma_1, \ldots, \sigma_\ell)$, $|\sigma| = \sigma_1 + \ldots + \sigma_\ell = s$.

Une série formelle $\gg 0$ est une série à coefficients $\geqslant 0$.

Enonçons les propriétés des quasi-normes formelles ; le n. 5 les prouvera.

Formule du produit. - Si $n > \ell/2$, on a :

(4.1) $\quad | D^{n,\infty}(fg), S_t, \rho | \ll \| D^{n,\infty} f, S_t, \rho \| . | D^{n,\infty} g, S_t, \rho |$;

on peut remplacer $|\ldots|$ par $\|\ldots\|$.

Formule de la dérivée. - Notons $D_j = \frac{\partial}{\partial x_j}$; si $j > 0$, on a

(4.2) $\quad | D^{n,\infty} D_j f, S_t, \rho | \ll \frac{\partial}{\partial \rho} | D^{n,\infty} f, S_t, \rho | \ll | D^{n+1,\infty} f, S_t, \rho | \ll$

$$\ll c'' | D^{0,\infty} D_0^{n+1} f, S_t, \rho | + c''(1 + \frac{\partial}{\partial \rho}) | D^{n,\infty} f, S_t, \rho | ,$$

où $c'' = c''(\ell, n)$; on peut remplacer $|\ldots|$ par $\|\ldots\|$.

Formule du commutatateur . - Soit $a(x, D)$ un opérateur différentiel linéaire normal[(1)] d'ordre $m \geqslant 1$; sa quasi-norme formelle $\| D^{n,\infty} a, S_t, \rho \|$ sera la somme de celles de ses coefficients ; nous définissons

---

(1) Son premier coefficient, c'est-à-dire celui de D_0^m , vaut 1; il suffit de diviser un opérateur par son premier coefficient pour le rendre normal.

$$\left|D^n\left[D^\infty, a\right] f, S_t, \rho\right| = \sum_{s=0}^{\infty} \frac{\rho^s}{s!} \sup_{\sigma} \left|D^n[D^\sigma, a] f, S_t\right|$$

$$= c \sum_{s=0}^{\infty} \frac{\rho^s}{s!} \sup_{\beta,\sigma} \left|D^\beta\left[D^\sigma, a\right] f, S_t\right|_2$$

où

$$\left[D^\sigma, a\right] f = D^\sigma(af) - a(D^\sigma f), |\beta| \leq n, \sigma = (0, \sigma_1, \ldots, \sigma_\ell), |\sigma| = s.$$

Nous avons, si $n > \ell/2$:

(4.3) $$\left|D^n\left[D^\infty, a\right] f, S_t, \rho\right| \ll$$

$$\left[\|D^{n,\infty} a, S_t, \rho\| - \|D^n a, S_t\|\right] \left(1 + \frac{\partial}{\partial\rho}\right)\left|D^{m+n-1,\infty} f, S_t, \rho\right|.$$

<u>Formule de composition.</u> - Si $v : X \longrightarrow Y$, $(F \circ v)(x) = F(x, v(x))$ et $n > \frac{\ell}{2} + 1$, nous avons

(4.4) $$\left\|D^{n,\infty}(F \circ v), S_t, \rho\right\| \ll$$

$$\left\|D^{n,\infty} F, S_t \times Y, \rho\right., \left|D^{n,\infty} v, S_t, \rho\right| - \left|D^n v, S_t\right|, \left.\left|D^n v, S_t\right|\right\|;$$

on peut remplacer $\|\ldots\|$ par $|\ldots|$.

5. PREUVES DES FORMULES PRECÉDÉNTES . - [10] montre comment (3.3) implique <u>la formule de composition</u> (4.4) ; (il faut remplacer dans [6] $|\ldots|$ par $|D^n\ldots|$, $\|\ldots\|$ par $\|D^n\ldots\|$).

La formule de la dérivée (4.2) est facile à prouver.

Prouvons <u>celle du commutateur</u>, en prouvant d'abord la suivante (dont il suffit de modifier légèrement la preuve pour établir celle du pro duit (4.1)) :

<u>Une formule préliminaire.</u> - Définissons la série formelle en $\xi = (\xi_1, \ldots, \xi_\ell)$:

$$\| D^{n;\infty} f, S_t ; \xi \| = \sum_\sigma \frac{\xi^\sigma}{\sigma!} \| D^n D^\sigma f, S_t \|$$

et de même avec $| \ldots |$ au lieu de $\| \ldots \|$; rappelons que

$$\sigma! = \sigma_1! \ldots \sigma_\ell! \ , \quad \xi^\sigma = \xi_1^{\sigma_1} \ldots \xi_\ell^{\sigma_\ell} \ .$$

Notons

$$[D^\sigma , f] g = D^\sigma (fg) - f D^\sigma g :$$

(5.1) $$| D^n [D^\infty , f] g, S_t ; \xi | = \sum_\sigma \frac{\xi^\sigma}{\sigma!} | D^n [D^\sigma , f] g, S_t , | \quad \text{où} \quad \sigma_0 = 0 ;$$

(5.2) $$| D^n [D^\infty , f] g, S_t , \rho | = \sum_s \frac{\rho^s}{s!} \sup | D^n [D^\sigma , f] g, S_t | \quad \text{où} \quad \sigma_0 = 0 , \quad |\sigma| = s \ .$$

D'après la formule de Leibniz de la dérivée d'un produit :

$$| D^n [D^\infty , f] g, S_t ; \xi | = \sum_\sigma \frac{\xi^\sigma}{\sigma!} | D^n (D^\sigma (f.g) - f.D^\sigma g) , S_t |$$

$$\ll \sum_{\sigma,\tau} \frac{\xi^\sigma}{\sigma!} \frac{\xi^\tau}{\tau!} | D^n (D^\sigma f).(D^\tau g), S_t | \ ; \quad \text{où } |\sigma| > 0 \ ; \ \sigma_0 = \tau_0 = 0,$$

donc, d'après la formule du produit (3.2) ;

$$| D^n [D^\infty , f] g, S_t ; \xi | \ll \big[\| D^{n,\infty} f, S_t ; \xi \| - \| D^n f, S_t \| \big] | D^{n,\infty} g, S_t ; \xi | \ ;$$

d'où , en posant

$$\rho = \xi_1 + \ldots + \xi_\ell \ ,$$

ce qui impliqe

(5.3) $$\frac{\rho^s}{s!} = \sum_\sigma \frac{\xi^\sigma}{\sigma!} \quad (|\sigma| = s) ,$$

$$| D^n [D^\infty , f] g, S_t ; \xi | \ll \big[\| D^{n,\infty} f, S_t , \rho \| - \| D^n f, S_t \| \big] | D^{n,\infty} g, S_t , \rho |$$

Or, (L. Gårding), vu (5.3) , (5.2) est la plus petite série en ρ qui majore (5.1) ; l'inégalité précédente signifie donc que

(5.4) $$\left|D^n[D^\infty, f]g, S_t, \rho\right| \ll \left[\| D^{n,\infty} f, S_t, \rho\| - \|D^n f, S_t\|\right] . \left|D^{n,\infty} g, S_t, \rho\right| .$$

Preuve de la formule du commutateur (4.3). - Il suffit de prouver cette formule quand $a(x, D)$ est un monôme :

$$a(x, D) = a_\alpha(x) D^\alpha , \qquad \text{où} \quad |\alpha| \leq m .$$

Si $|\alpha| \leq m-1$, (5.4) donne

$$\left|D^n[D^\infty, a]f, S_t, \rho\right| \ll \left[\| D^{n,\infty} a, S_t, \rho\| - \|D^n a, S_t\|\right] . \left|D^{m+n-1,\infty} f, S_t, \rho\right|$$

Si $\alpha = (m, 0, \dots, 0)$, alors $a_\alpha = 1$, puisque a est normal ; donc

$$\left|D^n [D^\infty, a] f, S_t, \rho\right| = 0.$$

Enfin si $|\alpha| = m$ et $\alpha_0 < m$, alors $D^\alpha = D^\beta D_j$ où $|\beta| = m-1$, $1 \leq j$ et (5.4) donne :

$$\left|D^n [D^\infty, a] f, S_t, \rho\right| \ll \left[\| D^{n,\infty} a, S_t, \rho\| - \| D^n a, S_t\|\right] \left|D^{m+n-1,\infty} f, S_t, \rho\right| \ll$$

$$\ll \left[\|D^{n,\infty} a, S_t, \rho\| - \|D^n a, S_t\|\right] \frac{\partial}{\partial \rho} \left|D^{m+n-1,\infty} f, S_t, \rho\right| ,$$

vu la formule de la dérivée (4.2) .

§ 2. Opérateurs linéaires hyperboliques non-stricts.

6. L'OPÉRATEUR STRICTEMENT HYPERBOLIQUE a les propriétés que voici (Dionne [3]).

Sur la bande X soit un opérateur hyperbolique d'ordre m

$$a(x, D) = \sum_{|\beta| \leq m} a_\beta (x) D^\beta$$

et une fonction $b(x)$; posons le problème de Cauchy d'inconnue $u(x)$

$$(6.1) \qquad a(x, D)\, u(x) = b(x) \,, \qquad D^{m-1} u \,|\, S_o = 0$$

Nous supposons (x, D) normal et régulièrement hyperbolique pour les hyperplans S_t ; nous notons $\chi(a)$ son caractère de régularité : rappelons qu'il dépend de l'image de X par l'application $\{a_\beta (x)\}$ ($|\beta| = m$), sans dépendre des valeurs des dérivées des $a_\beta(x)$.

Nous supposons

$$\| D^{n,\infty} a, S_t, \rho \| \ll C(t, \rho), \quad | D^n, \infty b, S_t, \rho | \ll B(t, \rho)$$

B [et C] étant une séries formelle en ρ, ayant pour coefficients des fonctions bornées [et croissantes] de t. Nous supposons enfin :

$$(6.2) \qquad D_o^j b \,|\, S_o = 0 \qquad \text{pour} \quad j < n$$

ce qui impliquera

$$D_o^j u \,|\, S_o = 0 \qquad \text{pour} \quad j < m+n \,;$$

$$(6.3) \qquad n > \frac{\ell}{2} + 1.$$

On sait [4], [9] que le problème de Cauchy (6.1) possède une et une seule solution telle que $| D^m u, S_t |$ soit borné ; on sait que cette solution vérifie l'inégalité

(6.4) $$\left| D^{m+n-1} u, S_t \right| \leq A_o(t) \int_0^t B(t', 0)\, dt' \quad ,$$

où

$$A_o(t) = c(\ell, m, \chi, C(t, 0)) \quad ;$$

$c(\ell, m, \chi, C)$ est une fonction connue, dont toutes les dérivées en C sont $\geqslant 0$.

Précisons comme suit ces résultats :

Lemme 6.1. - On a

$$\left| D^{m+n-1, \infty} u, S_t, \rho \right| \ll A_o(t)\, \Phi(t, \rho) \text{ pour } 0 \leqslant t \leqslant |X| ;$$

$A_o(t)$ vient d'être défini ; $\Phi(t, \rho)$ est la série formelle que définit le problème de Cauchy formel

(6.5) $$\begin{cases} \left[\frac{\partial}{\partial t} - A(t, \rho) \quad (1 + \frac{\partial}{\partial \rho})\right] \Phi(t, \rho) = B(t, \rho) \\ \Phi(0, \rho) = 0 \end{cases}$$

où $A(t, \rho)$ est la série formelle $\gg 0$, s'annulant avec ρ :

$$A(t, \rho) = A_o(t) \left[C(t, \rho) - C(t, 0) \right] .$$

Notes. - La résolution du problème de Cauchy (6.5) est élémentaire : le coeffficient $\Phi_s(t)$ de

$$\Phi(t, \rho) = \sum_s \frac{\rho^s}{s!} \Phi_s(t)$$

s'obtient successivement pour $s = 0, 1, \ldots$ en résolvant (par quadratures : voir lemme 8) le problème de Cauchy

(6.6) $$\left[\frac{\partial}{\partial t} - s\, a_o(t)\right] \Phi_s(t) = \Psi_{s-1}(t) \quad , \quad \Phi_s(0) = 0,$$

où $\Psi_{s-1}(t) - B_s(t)$ est une combinaison linéaire de $\Phi_o, \ldots, \Phi_{s-1}(t)$;

les coefficients sont ceux de A ; ils sont $\geqslant 0$;

$$a_o(t) = \frac{\partial A}{\partial \rho}(t, 0) .$$

Preuve. - On peut prouver l'existence de toutes les dérivées $D^\sigma u$, où $\sigma_o = 0$, en les construisant successivement pour $|\sigma| = m+n$, $m+n+1, \ldots$ par les problèmes de Cauchy

$$(6.7) \qquad aD^\sigma u = -[D^\sigma, a] u + D^\sigma b, \quad D^{m-1} D^\sigma u | S_o = 0 ;$$

elles sont donc telles que $|D^{m+n-1} D^\sigma u, S_t|$ soit une fonction bornée de t. D'après (6.7) et (6.4), on a pour tout σ tel que $\sigma_o = 0$:

$$|D^{m+n-1} D^\sigma u, S_t| \leqslant A_o(t) \int_0^t |D^n[D^\sigma, a] u, S_{t'}| dt' + A_o(t) \int_0^t |D^n D^\sigma b, S_{t'}| dt' ;$$

d'où, en appliquant $\sum_s \frac{\rho^s}{s!} \sup_\sigma$, où $|\sigma| = s$:

$$|D^{m+n-1, \infty} u, S_t, \rho| <<$$

$$A_o(t) \int_0^t |D^n[D^\infty, a] u, S_{t'}, \rho| dt' + A_o(t) \int_0^t |D^{n, \infty} b, S_{t'}, \rho| dt' ;$$

d'où, en appliquant la formule du commutateur (4.3) et en notant $|D^{n, \infty} u, S_t, \rho| = A_o(t) \varphi(t, \rho)$:

$$\varphi(t, \rho) << \int_0^t A(t', \rho)(1 + \frac{\partial}{\partial \rho}) \varphi(t', \rho) dt' + \int_0^t B(t', \rho) dt' .$$

Exiplicitons cette inégalité, en posant

$$\varphi(t, \rho) = \sum_{s=0}^{\infty} \frac{\rho^s}{s!} \varphi_s(t) ;$$

puisque $A(t, 0)$, il vient, en posatn $a_o(t) = \frac{\partial A}{\partial \rho}(t, 0)$:

$$\varphi_s(t) \leqslant \int_0^t s\, a_o(t')\ \varphi_s(t')dt' + \psi_{s-1}(t),$$

où ψ_{s-1} ne dépend que de $\varphi_o, \dots, \varphi_{s-1}$ et des données A, B; d'où, par une intégration d'inégalité classique :

$$\varphi(t, \rho) \ll \Phi(t, \rho),$$

si Φ est défini par l'équation intégrale

$$\Phi(t, \rho) = \int_0^t A(t', \rho)(1 + \frac{\partial}{\partial \rho})\Phi(t', \rho)dt' + \int_0^t B(t', \rho)dt',$$

c'est-à-dire par le problème de Cauchy (6.5). C.Q.F.D.

L'emploi du Lemme 6.1 que nous allons faire sera facilité par le lemme suivant :

Lemme 6.2. - Soit Φ^* la solution du problème (6.5), quand on y remplace par B^* la donnée B. Supposons

$$0 \ll B(t, \rho) \ll A_o(t)B^*(t, \rho),\ \text{où}\ A_o(t)\ \text{est croissant.}$$

Alors

$$\Phi(t, \rho) \ll A_o(t)\Phi^*(t, \rho).$$

Preuve. - Vu la note 6, il suffit de prouver que les solutions $\Phi(t)$ et $\Phi^*(t)$ des problèmes de Cauchy (6.6)

$$\left[\frac{\partial}{\partial t} - s\, c_o(t)\right] \Phi(t) = B(t), \qquad \Phi(0) = 0$$

$$\left[\frac{\partial}{\partial t} - s\, c_o(t)\right] \Phi^*(t) = B^*(t), \quad \Phi^*(0) = 0$$

vérifient $\Phi(t) \leqslant A_o(t)\ \Phi^*(t)$, si $0 \leqslant B \leqslant A_o B^*$ (A_o croissant). Or cela résulte immédiatement des solutions explicites (8.3) de ces problemès.

7. PRODUIT D'OPÉRATEURS STRICTEMENT HYPERBOLIQUES.- Sur la bande X, nous nous donnons à nouveau un opérateur a(x, D) hyperbolique et une fonction b(x) ; notons

$$m = \text{ordre}\,(a)\ ;$$

nous nous posons le problème de Cauchy

$$(7.1)\qquad a(x,\ D)\,u(x) = b(x)\ ,\qquad D_0^j\,u\,|\,S_0 = 0\quad \text{pour}\quad j < m\ .$$

Nous supposons que

$$a(x, D) = a_1(x, D)\ \ldots\ a_p(x,\ D)$$

est le produit de p opérateurs $a_j(x, D)$ normaux et régulièrement hyperboliques pour les hyperplans S_t ; notons m_j = ordre (a_1) + ... + ordre (a_j) ; donc $m_p = m$; notons χ(a) l'ensemble des caractères de régularité des a_j ; nous supposons :

$$(7.2)\qquad \begin{cases} \left\| D^{m_j+n-j,\,\infty}\ a_{j+1},\ S_t, \rho \right\| \ll C(t,\ \rho) \qquad \forall_j\ ; \\ \left\| D^{n-p+k,\,\infty}\ a, S_t, \rho \right\| \ll C_k(t,\ \rho),\ \ (k\text{: entier donné tel que } 0 \leqslant k \leqslant p); \\ \left| D^{n,\,\infty} b, S_t, \rho \right| \ll B(t,\ \rho)\ ; \end{cases}$$

$C(t, \rho)$, $C_k(t, \rho)$ et $B(t, \rho)$ sont des séries formelles, dont chaque coefficient est une fonction bornée de t; nous supposons

$$\frac{\partial^j C(t,\ \rho)}{\partial\, t^j} \gg 0 \quad \text{pour}\quad j = 0, \ldots, p\ .$$

Nous définissons, come au n. 6 :

$$(7.3)\qquad A_0\,(t) = c\ \ (\ell\ ,\ m,\ \chi\ ,\ C(t, 0))\ .$$

Nous définissons la série formelle, s'annulant avec ρ :

$$A(t, \rho) = A_0(t) \left[C(t, \rho) - C(t, 0)\right] ;$$

puis , c''_k ne dépendant que de ℓ, m, n, p, k :

$$A_k(t, \rho) = c''_k\, A_0(t) \left[1 + C_k(t, \rho)\right]^k .$$

Bien entendu :

$$A_0(t, \rho) = A_0(t), \quad c''_0 = 1 .$$

Nous supposons

(7.4) $$n > \frac{\ell}{2} + p, \qquad D^j b|S_0 = 0 \text{ pour } j < n .$$

<u>Lemme</u> 7.- Le problème de Cauchy (7.1) possède une et une seule solution $u(x)$ telle que $\left|D^m u, S_t\right|$ soit borné ; on a pour $0 \leqslant t \leqslant |X|$, $0 \leqslant k \leqslant p$

(7.5) $$\left|D^{m+n-p+k, \infty} u, S_t, \rho\right| \ll A_k(t, \rho)\left(1 + \frac{\partial}{\partial t} + \frac{\partial}{\partial \rho}\right)^k \Phi(t, \rho) ;$$

$\Phi(t, \rho)$ est la série formelle que définit le problème de Cauchy formel

(7.6) $$\begin{cases} \left[\dfrac{\partial}{\partial t} - A(t, \rho)\left(1 + \dfrac{\partial}{\partial \rho}\right)\right]^p \Phi(t, \rho) = B(t, \rho) \\[2mm] \dfrac{\partial^j \Phi}{\partial t^j}(0, \rho) = 0 \quad \text{pour } j = 0, \dots, p-1 . \end{cases}$$

<u>Note.</u> - Ce problème (7.6) se résult en calculant successivement les coefficients $\Phi_s(t)$ $(s = 0, 1, \dots)$ de $\Phi(t, \rho)$; ce calcul se fait par quadratures.

<u>Preuve de</u> $(7.5)_0$.- Le problème (7.1) équivaut à la suite de problèmes de Cauchy :

$$a_j(x, D)\, u_j = u_{j-1}(x), \quad D^{m_{j-1}} u_j \,|\, S_0 = 0,$$

où $j = 1, \dots, p$, $u_o = b$, $u_p = u$.

D'où, par application du n. 6, l'existence de u, son unicité et les majorations :

$$\left| D^{m_1+\dots+m_j+n-j,\infty} u_j, S_t, \rho \right| \ll c_1(t) \quad \Phi_j(t, \rho),$$

les $\Phi_j(t, \rho)$ étant les séries dormelles définies par les problèmes de Cauchy formels :

$$\begin{cases} \left[\frac{\partial}{\partial t} - A(t, \rho)(1 + \frac{\partial}{\partial \rho})\right] \Phi_j(t, \rho) = \Phi_{j-1}(t, \rho) \\ \Phi_j(0, \rho) = 0 \end{cases}$$

où $\Phi_o = B$. D'où (7.4) en prenant $\Phi = \Phi_p$, ce qui revient à définir Φ par (7.6).

<u>Preuve de</u> $(7.5)_k$ <u>pour</u> $1 \leq k \leq p$. - La formule de la dérivée (4.2) donne

$$\left| D^{m+n-p+k,\infty} u, S_t, \rho \right| \ll$$

$$c'' \left| D^{0,\infty} D_o^{m+n-p+k} u, S_t, \rho \right| + c''(1 + \frac{\partial}{\partial \rho}) \left| D^{m+n-p+k-1,\infty} u, S_t, \rho \right| ;$$

or, puisque $a(x, D)u = b$, on a, vu la formule de la dérivée $\left| D^{0,\infty} D_o^j \dots \right.$
$\left. \dots \right| \ll \left| D^{j,\infty} \dots \right|$,

$$\left| D^{0,\infty} D_o^{m+n-p+k} u, S_t, \rho \right| \ll \left| D^{n-p+k,\infty} \left[a(x, D) - D_o^m\right] u, S_t, \rho \right| + \left| D^{n-p+k,\infty} b, S_t, \rho \right|$$

où $a(x, D) - D_o^m$ a un premier coefficient nul, car a est normal ; donc, vu la formule du produit (4.1), qui s'applique car $n-p+k > \ell/2$, et la formule de la dérivée (4.2) :

$$\left| D^{n-p+k,\infty} \left[a(x,D) - D_0^m\right] u, S_t, \rho \right| \ll$$

$$\left\| D^{n-p+k,\infty}\, a, S_t, \rho \right\| \left(1 + \frac{\partial}{\partial \rho}\right) \left| D^{m+n-p+k-1,\infty}\, u, S_t, \rho \right| .$$

Les trois inégalités précédentes donnent

$$\left| D^{m+n-p+k,\infty}\, u, S_t, \rho \right| \ll$$

$$c'' \left[1 + \left\| D^{n-p+k,\infty} a, S_t, \rho \right\|\right] \left(1 + \frac{\partial}{\partial \rho}\right) \left| D^{m+n-p+k-1,\infty} u, S_t, \rho \right|$$

$$+ c'' \left| D^{n-p+k,\infty} b, S_t, \rho \right| .$$

D'où , par récurrence sur $k > 0$, la formule, évidente pour $k = 0$:

$$\left| D^{m+n-p+k,\infty} u, S_t, \rho \right| \ll \left[1 + \left\| D^{n-p+k,\infty} a, S_t, \rho \right\|\right]^k \left(1 + \frac{\partial}{\partial \rho}\right)^k \left| D^{m+n-p,\infty} u, S_t, \rho \right| \quad ;$$

$$+ c'' \sum_{j=1}^{k} \left[1 + \left\| D^{n-p+k,\infty} s, S_t, \rho \right\| \right]^{k-j} \left(1 + \frac{\partial}{\partial \rho}\right)^{k-j} \left| D^{n-p+j,\infty} b, S_t, \rho \right| ;$$

la valeur de c'' a été modifiée ; la formule de la dérivée (4.3) a été appliquée à $\| \ldots \|$.

Pour tirer $(7.5)_k$ de l'inégalité précédente, il suffit évidemment, vu $(7.5)_0$, de prouver ceci :

(7.7) $$\left| D^{n-p+j,\infty} b, S_t, \rho \right| \ll \left(\frac{\partial}{\partial t}\right)^j \Phi(t, \rho) \quad \text{pour} \quad j = 1, \ldots, p.$$

<u>Preuve de</u> (7.7). - Puisque $D^{n-1} b \mid S_0 = 0$, nous avons

$$D^{\beta+\sigma} b(x) = \int_0^{x_0} \frac{(x - x')^{j-1}}{(j-1)!} D_0^j D^{\beta+\sigma} b(x')\, dx_0'$$

pour $x = (x_0, x_1', \ldots, x_\ell)$, $x' = (x_0', x_1, \ldots, x_\ell)$,

$$\sigma_0 = 0, \qquad 0 < j \quad , \qquad j + \beta_0 \leq n ;$$

d'où

$$\left| D^{\beta+\sigma} b, S_t \right|_2 \leqslant \int_0^t \frac{(t-t')^{j-1}}{(j-1)} \left| D_0^j D^{\beta+\sigma} b, S_{t'} \right|_2 dt'$$

et, en appliquant $\sum_s \frac{\rho^s}{s!} \sup_{\beta,\sigma} \ldots$, où $|\beta| \leqslant n-j$ et $\sigma_0 = 0$:

$$\left| D^{n-j,\infty} b, S_t, \rho \right| \ll \int_0^t \frac{(t-t')^{j-1}}{(j-1)!} \left| D^{n,\infty} b, S_{t'}, \rho \right| dt'$$

(7.8)
$$\ll \int_0^t \frac{(t-t')^{j-1}}{(j-1)!} B(t', \rho) dt', \quad \text{pour } 0 < j \leqslant n,$$

car

(7.9)
$$\left| D^{n,\infty} b, S_t, \rho \right| \ll B(t, \rho) .$$

Or le lemme 9.2 va déduire de l' hypothèse

$$\frac{\partial^j A(t,\rho)}{\partial t^j} \gg 0 \quad \text{pour} \quad j = 0, \ldots, p-1$$

que

(7.10)
$$B(t,\rho) \ll \frac{\partial^p \Phi(t,\rho)}{\partial t^p}, \quad \int_0^t \frac{(t-t')^{j-1}}{(j-1)} B(t',\rho)\, dt' \ll \frac{\partial^{p-j} \Phi(t,\rho)}{\partial t^{p-j}}$$

pour $0 < j \leqslant p$.

Les majorations (7.8) et (7.9) de b donnent donc:

$$\left| D^{n-j,\infty} b, S_t, \rho \right| \ll \frac{\partial^{p-j} \Phi(t,\rho)}{\partial t^{p-j}} \quad \text{pour} \quad 0 \leqslant j \leqslant p.$$

Voici prouvé (7.7) , donc le lemme 7.

§ 3. Problèmes de Cauchy formels.

L'emploi du lemme 7 va introduire des problèmes de Cauchy formels. Etudions leurs propriétés dont l'une (7.10) vient d'être appliquée.

8. L'INÉGALITÉ CLASSIQUE POUR L'ÉQUATION DIFFÉRENTIELLE DU PREMIER ORDRE. -

Lemme 8.- Soit $\Phi(t)$ la solution du problème de Cauchy

$$\left[\frac{d}{dt} - a(t)\right] \Phi(t) = b(t) \qquad \Phi(0) = 0 , \tag{8.1}$$

où a et b sont des fonctions sommables

$$a(t) \geqslant 0 \quad ; \qquad t \geqslant 0 .$$

Alors l'application

$$(a, b) \longrightarrow \Phi$$

est croissante en b et, si $b \geqslant 0$, on a, pour les relations d'ordre suivantes :

$$\left\{\begin{array}{lll} a < a^* & \text{signifie :} & a(t) < a^*(t) \ ; \\ b < b^* & \text{signifie :} & b(t) < b^*(t) \ ; \\ \Phi < \Phi^* & \text{signifie :} & \Phi(t) < \Phi^*(t) \quad \text{et} \quad \dfrac{d\Phi}{dt} \leqslant \dfrac{d\Phi^*}{dt} , \ \forall t \geqslant 0. \end{array}\right. \tag{8.2}$$

Preuve.- C'est évident, car

$$\Phi(t) = \int_0^t b(t') \exp\left[\int_{t'}^t a(t'')dt''\right] dt' \quad \text{et} \quad \frac{d\Phi}{dt} = a\Phi + b \tag{8.3}$$

9. EXTENSION DE CETTE INÉGALITÉ A UN PROBLÈME DE CAUCHY FORMEL.-

Donnons-nous une série formelle en ρ, fonction de $t \geqslant 0$, $A(t, \rho)$ telle que

$$A(t, 0) = 0 \ ;$$

notons[1] L l'opérateur

$$L(t, \rho, \frac{\partial}{\partial \rho}) = A(t, \rho)(1 + \frac{\partial}{\partial \rho}) \ ;$$

soit un entier $p > 0$. Etant donnée $B(t, \rho)$, série formelle en ρ, fonction de $t \geq 0$, nous en cherchons une autre, $\Phi(t, \rho)$, qui soit solution du problème de Cauchy formel

(9.1) $$\left[\frac{\partial}{\partial t} - L\right]^p \Phi(t, \rho) = B(t, \rho), \quad \frac{\partial^j \Phi}{\partial t^j}(0, \rho) = 0 \text{ pour } j=0, \dots, p-1.$$

<u>Lemme</u> 9.1. - Ce problème (9.1) possède une solution unique ; elle s'obtient par quadratures.

<u>Lemme</u> 9.2. - Supposons

(9.2) $$\frac{\partial^j A(t, \rho)}{\partial t^j} \gg 0 \quad \text{pour} \quad j = 0, \dots, p-1.$$

Alors l'application $(A, B) \to \Phi$ est croissante en B et, si $B \gg 0$, en A, pour les relations d'ordre suivantes :

$A(t, \rho) \prec A^*(t, \rho)$ signifie : $(\frac{\partial}{\partial t})^j A \ll (\frac{\partial}{\partial t})^j A^*$ pour $j=0, \dots, p-1$

$B(t, \rho) \prec B^*(t, \rho)$ signifie : $B \ll B^*$;

$\Phi(t, \rho) \prec \Phi^*(t, \rho)$ signifie $(\frac{\partial}{\partial t})^j \Phi \ll (\frac{\partial}{\partial t})^j \Phi^*$ pour $j=0, \dots, p$.

---

[1] Ce qui suit est plus généralement vrai pour

$$L(t, \rho, \frac{\partial}{\partial \rho}) = A'(t, \rho) + A(t, \rho)\frac{\partial}{\partial \rho}$$

$A'(t, \rho)$, $A(t, \rho)$ étant des sèries formelles en ρ, fonctions de t, vérifiant : $A(t, 0) = 0$; on complète (9.2) par

$$\frac{\partial^j A'(t, \rho)}{\partial t^j} \gg 0.$$

D'où, en particulier, puisque $0 \prec A$, les inégalités (7.10) :

Si $B(t, \rho) \gg 0$, alors

$$(9.3)\quad \begin{cases} 0 \ll B(t, \rho) \ll \dfrac{\partial^p \Phi}{\partial t^p}(t, \rho), \\ 0 \ll \displaystyle\int_0^t \frac{(t-t')^{j-1}}{(j-1)} B(t', \rho)\, dt' \ll \dfrac{\partial^{p-j} \Phi(t, \rho)}{\partial t^{p-j}} . \end{cases}$$

Preuve du lemme 9.1.- Notons

$$\Phi_j = \left[\frac{\partial}{\partial t} - L\right]^{p-j} \Phi \; ;$$

le problème (9.1) se décompose en les p problèmes d'ordre 1 :

$$(9.4)_j \qquad \left[\frac{\partial}{\partial t} - L\right] \Phi_j(t, \rho) = \Phi_{j-1}(t, \rho), \quad \Phi_j(0, \rho) = 0$$

où $j = 1, \ldots, p$, $\Phi_0 = B$ et $\Phi_p = \Phi$.

Supposons $\Phi_{j-1}(t, \rho)$ calculé ; il s'agit de résoudre (9.4) ; les coefficients $\varphi_s(t)$ de

$$\Phi_j(t, \rho) = \sum_{s=0}^{\infty} \frac{\rho^s}{s!} \varphi_s(t)$$

se calculent successivement pour $s = 0, 1, 2, \ldots$ en résolvant des problèmes de Cauchy du type (8.1) :

$$(9.5) \qquad \left[\frac{\partial}{\partial t} - s\, a_0(t)\right] \varphi_s(t) = \text{donnée}, \qquad \varphi_s(0) = 0$$

où

$$a_0(t) = \frac{\partial A}{\partial \rho}(t, 0).$$

Preuve du lemme 9.2 pour $p = 1$.- Les coefficients $\varphi_s(t)$ de $\Phi(t, \rho)$ se calculent par (9.5), où le second membre donné est une combinaison linéaire, à coefficients positifs, des coefficients de B

et des coefficients $\varphi_0, \dots, \varphi_{s-1}$ de Φ. Il suffit donc d'appliquer le lemme 8.

Preuve du lemme 9.2 pour $p > 1$. - Puisque le lemme vaut pour $p = 1$, $(9.4)_1$ prouve que Φ_1 et $\frac{\partial \Phi_1}{\partial t}$ sont croissants(1) et, si $B \gg 0$, qu'ils sont $\gg 0$. Puisque le lemme vaut pour $p = 1$, $(9.4)_2$ prouve donc que Φ_2 et $\frac{\partial \Phi_2}{\partial t}$ sont croissants (1) et, si $B \gg 0$, qu'ils sont $\gg 0$, d'où, en appliquant $\frac{\partial}{\partial t}$ à $(9.4)_2$ et en employant l'hypothèse $\frac{\partial A}{\partial t} \gg 0$:

$\frac{\partial^2 \Phi_2}{\partial t^2}$ est croissant (1) et, si $B \gg 0$, et $\gg 0$.

Le raisonnement se poursuit de façon évidente.

Voici un lemme analogue au précédent :

Lemme 9.3. - Soit $\Phi(t, \rho)$ la série formelle que définit le problème de Cauchy (9.1). Supposons

$$\frac{\partial^j A}{\partial t^j}(0, \rho) \gg 0 \qquad \text{pour } j = 0, \dots, p+k-1$$

$$\frac{\partial^j B}{\partial t^j}(0, \rho) \gg 0 \qquad \text{pour } j = 0, \dots, k$$

Alors

$$\frac{\partial^j \Phi}{\partial t^j}(0, \rho) \gg 0 \qquad \text{pour } j = 0, \dots, p+k .$$

---

(1) La croissance de $\left(\frac{\partial}{\partial t}\right)^i \Phi_j$ signifie la croissance de l'application

$$(A, B) \rightarrow \left(\frac{\partial}{\partial t}\right)^i \Phi_j$$

pour la relation d'ordre suivante :

$$\left(\frac{\partial}{\partial t}\right)^i \Phi_j \prec \left(\frac{\partial}{\partial t}\right)^i \psi_j \quad \text{signifie} \quad \left(\frac{\partial}{\partial t}\right)^i \Phi_j(t, \rho) \ll \left(\frac{\partial}{\partial t}\right)^i \psi_j(t, \rho).$$

<u>Preuve pour</u> $p = 1$. - On applique $(\frac{\partial}{\partial t})^j$ $(j = 0, \ldots, k)$ à l'équation $(\frac{\partial \Phi}{\partial t}) = L\,\Phi + B$, puis l'on fait $t = 0$.

<u>Preuve pour</u> $p > 1$. - Puisque le lemme vaut pour $p = 1$,

$(9.4)_1$ donne $\frac{\partial^j \Phi_1}{\partial t^j}(0, \rho) \gg 0$ pour $j = 0, \ldots, k+1$;

$(9.4)_2$ donne $\frac{\partial^j \Phi_2}{\partial t^j}(0, \rho) \gg 0$ pour $j = 0, \ldots, k+2$;

le raisonnement se poursuit de façon évidente.

10. ÉNONCÉ D'UN PROBLÈME DE CAUCHY FORMEL NON-LINÉAIRE. -

<u>Notations</u>. - Etant donnée $\Phi(t, \rho)$, série formelle en ρ, fonction de $t \geq 0$, nous notons $D^q\,\Phi(t, \rho)$ l'ensemble de ses dérivées $\frac{\partial^{i+j}}{\partial t^i\, \partial \rho^j}\,\Phi(t, \rho)$ d'ordre $i+j \leq q$; leur nombre est $\frac{(q+1)(q+2)}{2}$.

Notons : τ un vecteur variable ayant pour composantes $\frac{(q+1)(q+2)}{2}$ variables numériques ≥ 0 ; Θ un vecteur ayant pour composantes $\frac{(q+1)(q+2)}{2}$ variables formelles commutant entre elles et avec ρ ; $F_q[\tau, \rho, \Theta]$ une série formelle en (ρ, Θ) à coefficients fonctions de τ ; $F_q \gg 0$ signifie que ces coefficients sont ≥ 0. Notons

$$F_q(D^q\,\Theta) = F_q\left[D^q\,\Phi(t, 0),\ \rho\ , D^q\,\Phi(t, \rho) - D^q\,\Phi(t, 0)\right] ;$$

c'est une série formelle en ρ, s'annulant avec ρ si $F_q[\tau, 0, 0] = 0$

Etant donné deux entiers $p \geq q$ et deux séries formelles, F_0 et F_q, nous considérons <u>le problème de Cauchy formel</u> suivant, (il servira à majorer le problème qu'énonce le n. 1) : trouver pour $0 \leq t \leq T$ (T petit) une série formelle $\Phi(t, \rho)$ vérifiant

(10.1) $$\left[\frac{\partial}{\partial t} - F_o(\Phi)\left(1 + \frac{\partial}{\partial \rho}\right)\right]^p \Phi = F_q(D^q \Phi), \quad \frac{\partial^j \Phi}{\partial t^j}(0,\rho) = 0$$

pour $j = 0, \ldots, p-1$

et telle que

(10.2) $$\frac{\partial^j \Phi(t,\rho)}{\partial t^j} \gg 0 \quad \text{pour } j = 0, \ldots, p ;$$

nous supposons ceci :

(10.3) $$\begin{cases} F_q(\tau, \rho, \theta] \gg 0 \\ F_o[\tau, 0, 0] = 0 ; \quad \frac{\partial^j}{\partial \tau^j} F_o[\tau, \rho, \theta] \gg 0 \text{ pour } |j| = 0, \ldots, p ; \end{cases}$$

si $p = q$, alors $\frac{\partial^p \Phi}{\partial t^p}$ ne figure pas dans $F_p(D^p \Phi)$.

11. LE THÉORÈME DE CAUCHY-KOWALESKI permet de résoudre le problème (10.1) sous les hypothèses suivantes : $F_o[\tau, \rho, \theta]$ et $F_p[\tau, \rho, \theta]$ sont des <u>fonctions holomorphes au point</u> (0, 0, 0) ; p = q.

En effet (10.1) est du type Cauchy-Kowalewski à un détail près : dans l'équation figure non seulement

$$\frac{\partial^{i+j}\Phi}{\partial t^i \, \partial \rho^j}(t, \rho),$$

mais aussi

$$\frac{\partial^{i+j}\Phi}{\partial t^i \, \partial \rho^j}(t, 0) ;$$

mais ce détail n'altère ni l'énoncé ni la preuve du théorème de Cauchy-Kowalewski.

Le problème (10.1) possède donc une solution $\Phi(t, \rho)$ qui est une série de Taylor en ρ ; ses coefficients sont des fonctions de t holomorphes pour $0 \leq |t| \leq T$; T est un nombre > 0, dépendant des données.

Prouvons que Φ vérifie (10.2) si <u>tous les coefficients de Taylor des fonctions holomorphes</u> $F_0(\tau, \rho, \theta)$ <u>et</u> $F_p(\tau, \rho, \theta)$ <u>sont</u> $\geqslant 0$. Notons

$$A(t, \rho) = F_0(\Phi), \qquad B(t, \rho) = F_p(D^p \Phi) \quad ;$$

vu $(10.3)_2$, nous avons :

$$A(t, 0) = 0 .$$

Supposons prouvé que :

$$(11.1)_{k-1} \qquad \frac{\partial^j \Phi}{\partial t^j}(0, \rho) \gg 0 \text{ pour } j = 0, \ldots, p+k-1 \quad (k \geqslant 0),$$

ce qui a lieu, d'après (10.1), pour $k = 0$. Vu (10.3), nous avons alors :

$$\frac{\partial^j A}{\partial t^j}(0, \rho) \gg 0 \qquad \text{pour} \quad j = 0, \ldots, p+k-1,$$

$$\frac{\partial^j B}{\partial t^j}(0, \rho) \gg 0 \qquad \text{pour} \quad j = 0, \ldots, k ;$$

d'où $(11.1)_k$, vu le lemme 9.3.

Donc $(11.1)_k$ a lieu pour tout k ; les coefficients de $\Phi(t, \rho)$, développée en série de puissances de ρ, sont donc des fonctions de t, holomorphes à l'origine, dont tous les coefficients de Taylor sont $\geqslant 0$; ces fonctions et toutes leurs dérivées sont donc $\geqslant 0$ pour $0 \leqslant t \leqslant T$; d'où, en particulier (10.2) .

En résumé :

<u>Lemme</u> 11. - Adjoignons aux hypothèses (10.3) les suivantes :

$p = q$;

$F_0[\tau, \rho, \theta]$ et $F_p[\tau, \rho, \theta]$ sont des fonctions holomorphes au point $(0, 0, 0)$; leurs coefficientes de Taylor en ce point sont tous $\geqslant 0$.

Alors le problème de Cauchy formel (10.1) possède pour

$$0 \leq t \leq T \qquad (T \text{ petit}, \quad T>0)$$

au moins une solution vérifiant (10.2).

12. OPÉRATEURS SUR LES SÉRIES FORMELLES. - Etant donné un nombre $\alpha \geq 1$, nommons λ l'opérateur qui transforme comme suit les séries formelles :

si $\Phi(t, \rho) = \sum_{s=0}^{\infty} \frac{\rho^s}{s!} \Phi_s(t)$, alors $\lambda_{\Phi}(t, \rho) = \sum_s \frac{\rho^s}{(s!)^\alpha} \Phi_s(t)$;

si $F(\tau, \rho, \theta) = \sum_{s,\gamma} \frac{\rho^s}{s!} \frac{\Theta^\gamma}{\gamma!} F_{s\gamma}(\tau)$,

où $\gamma = (\gamma_1, \gamma_2, \dots)$, $\Theta = (\Theta_1, \Theta_2, \dots)$, $\Theta^\gamma = \Theta_1^{\gamma_1} \Theta_2^{\gamma_2} \dots$

$\dots, \gamma! = \gamma_1! \, \gamma_2! \dots$

alors

$$\lambda F(\tau, \rho, \Theta) = \sum_{s,\gamma} \frac{1}{\left[(s+|\gamma|)!\right]^{\alpha-1}} \frac{\rho^s}{s!} \frac{\Theta^\gamma}{\gamma!} F_{s\gamma}(\tau),$$

où $|\gamma| = \gamma_1 + \gamma_2 + \dots$

L'opérateur λ a les propriétés suivantes, faciles à vérifier (voir [10], n.19 et [11], n.6 et 9) :

Formule du produit. -

$$(12.1) \qquad \lambda(\Phi \cdot \psi) \ll (\lambda \Phi).(\lambda \psi).$$

Formules de la dérivée. -

$$(12.2)\begin{cases} \lambda(\Phi \cdot \frac{\partial \psi}{\partial \rho}) \ll (\lambda \Phi). \frac{\partial}{\partial \rho}(\lambda \psi), & \text{si } \Phi(t,0) = 0. \\ \lambda(\frac{\partial}{\partial \rho})^j \Phi \ll (\frac{\partial}{\partial \rho})^j (1 + \rho \frac{\partial}{\partial \rho})^r \lambda \Phi, & \text{si } j \leq q, \ \alpha \leq \frac{q+r}{q}. \end{cases}$$

Formule de composition. - (que [6] note : $\lambda(F_0 \Phi) \ll (\lambda F)_0$

$\circ\,(\lambda\,\bar{\Phi}))$:

(12.3) $\lambda\,F(\bar{\Phi}) \ll f(\lambda\,\bar{\Phi})$, si $\lambda\,F = f$.

Appliquons ces formules au problème de Cauchy linéaire, formel (9.1).

Lemme 12. - Considérons le problème (9.1) et le problème du même type

$$\left[\frac{\partial}{\partial t} - a(t,\rho)\left(1+\frac{\partial}{\partial\rho}\right)\right]^p \varphi(t,\rho) = b(t,\ \ ), \quad \frac{\partial^j\varphi}{\partial t^j}(0,\rho) = 0$$

pour $j = 0, \ldots, p-1$,

où

$$a(t,0) = 0 .$$

Supposons :

$$0 \ll \left(\frac{\partial}{\partial t}\right)^j \lambda\,A(t,\rho) \ll \left(\frac{\partial}{\partial t}\right)^j a(t,\rho) \qquad \text{pour } j = 0, \ldots, p-1 ;$$

$$0 \ll \lambda\,B(t,\rho) \ll b(t,\rho) .$$

Alors

$$\left(\frac{\partial}{\partial t}\right)^j \lambda\,\bar{\Phi}(t,\rho) \ll \left(\frac{\partial}{\partial t}\right)^j \varphi(t,\rho) \qquad \text{pour } j = 0, \ldots, p.$$

Preuve pour $p = 1$. - Les formule du produit ed de la dérivée donnent

(12.4) $\lambda\left[A(t,\rho)\left(1+\frac{\partial}{\partial\rho}\right)\bar{\Phi}(t,\rho)\right] \ll a(t,\rho)\left(1+\frac{\partial}{\partial\rho}\right)\lambda\,\bar{\Phi}(t,\rho)$.

Donc

$$\left[\frac{\partial}{\partial t} - a(t,\rho)\left(1+\frac{\partial}{\partial\rho}\right)\right]\lambda\,\bar{\Phi}(t,\rho) \ll \lambda\,B(t,\rho) \ll b(t,\rho) ;$$

donc, vu le lemme 9.2 (croissance) :

$$\lambda\,\bar{\Phi}(t,\rho) \ll \varphi(t,\rho), \qquad \frac{\partial}{\partial t}\lambda\,\bar{\Phi} \ll \frac{\partial\varphi}{\partial t} .$$

Preuve pour $p > 1$. - Notons

$$\varphi_j = \left[\frac{\partial}{\partial t} - a(t,\rho)(1+\frac{\partial}{\partial \rho})\right]^{p-j} \varphi, \quad \varphi_o = b, \quad \varphi_p = \varphi \quad ;$$

nous avons les formules analogues à $(9.4)_j$:

$$(12.5)_j \quad \left[\frac{\partial}{\partial t} - a(t,\rho)(1+\frac{\partial}{\partial \rho})\right] \varphi_j(t,\rho) = \varphi_{j-1}(t,\rho), \quad \varphi_j(0,\rho) = 0.$$

Puisque le lemme vaut pour $p = 1$, $(9.4)_1$ et $(12.5)_1$ donnent

$$\lambda \Phi_1 \ll \varphi, \quad \frac{\partial}{\partial t} \lambda \Phi_1 \ll \frac{\partial}{\partial t} \varphi_1 \quad ;$$

$(9.4)_2$ et $(12.5)_2$ donnent alors :

$$\lambda \Phi_2 \ll \varphi_2, \quad \frac{\partial}{\partial t} \lambda \Phi_2 \ll \frac{\partial}{\partial t} \varphi_2 \quad ;$$

d'où, en appliquant $\frac{\partial}{\partial t}\lambda$, puis (12.4), à $(9.4)_2$

$$\frac{\partial^2}{\partial t^2} \lambda \Phi_2 \ll \frac{\partial^2}{\partial t^2} \varphi_2 .$$

Le raisonnement se poursuit de façon évidente et donne

$$\left(\frac{\partial}{\partial t}\right)^j \lambda \Phi_i \ll \left(\frac{\partial}{\partial t}\right)^j \varphi_i \quad \text{pour} \quad 0 \leq j \leq i \leq p \quad ;$$

en particulier, puisque $\Phi = \Phi_p$ et $\varphi_p = \varphi$, on a les inégalités énoncées.

13. CLASSES DE GEVREY FORMELLES. - Definition. - Etant donné un entier $p \geq 0$ et un nombre $\alpha \geq 1$, nous nommons classe de Gevrey formelle $\Gamma^{p,(\alpha)}$ l'ensemble des séries formelles

$$\Phi(t,\rho) = \sum_{s=0}^{\infty} \frac{\rho^s}{s!} \Phi_s(t), \quad F[\tau,\rho,\Theta] = \sum_{s,\gamma} \frac{\rho^s}{s!} \frac{\Theta^\gamma}{\gamma!} F_{s\gamma}(\tau)$$

vérifiant la condition suivante pour t ou τ petits :

$$\left(\frac{\partial}{\partial t}\right)^j \lambda \Phi(t,\rho) = \sum_s \frac{\rho^s}{(s!)^\alpha} \frac{\partial^j \Phi_s}{\partial t^j} ,$$

$$\left(\frac{\partial}{\partial \tau}\right)^j \lambda \;F\,[\tau, \rho, \theta] = \sum_{s,\gamma} \frac{1}{[(s+|\gamma|)!]^{\alpha-1}} \frac{\rho^s}{s!} \frac{\theta^\gamma}{\gamma!} F_{s\gamma}(\tau)$$

$$(|j| \leq p)$$

sont des fonctions de ρ ou de (ρ, θ) holomorphes à l'origine, uniformément par rapport à t ou τ ; c'est-à-dire: il existe un voisinage de l'origine, indépendant de t ou τ, où elles ont une borne, indépendante de t ou τ.

Cette condition peut s'énoncer :

$$\sup_{s,t} \frac{1}{[1+s]^\alpha} \left| \frac{d^j \Phi_s}{dt^j} \right|^{\frac{1}{1+s}} < \infty$$

où

$$\sup_{s,\gamma,\tau} \frac{1}{[1+s+|\gamma|]^\alpha} \left| \frac{\partial^j F_{s\gamma}(\tau)}{\partial \tau^j} \right|^{\frac{1}{1+s+|\gamma|}} < \infty$$

Propriétés. - Les propriétés de λ montrent que l'addition, le produit, la dérivation en ρ et la composition transforment des éléments de $\Gamma^{p,(\alpha)}$ en éléments de $\Gamma^{p,(\alpha)}$.

Note. - Si $\Phi(t, \rho)$ et $\psi(t, \rho)$ sont des séries formelles en ρ, alors la série formelle composée $\psi(t, \Phi(t, \rho))$ est définie quand $\Phi(t, 0) = 0$ et seulement dans ce cas (à moins que $\Phi(t, \rho)$ ne soit fonction holomorphe de ρ).

14. RÉSOLUTION DU PROBLÈME DE CAUCHY (10.1) . - L'Opérateur λ permet déduire du lemme 11 la propriété suivante, qu'emploiera le § 4.

THÉORÈME D'EXISTENCE, POUR LE PROBLÈME DE CAUCHY FORMEL, NON LINÉAIRE. -

Complétons les hypothèses (10.3) par les suivantes :

(14.1) $\qquad F_o \in \Gamma^{p,(\alpha)} \quad , \quad F_q \in \Gamma^{0,(\alpha)}, \quad$ où $1 \leqslant \alpha \leqslant \frac{p}{q}$.

Alors le problème de Cauchy formel (10.1) possède, pour

$$0 \leqslant t \leqslant T \qquad (T \text{ petit}, \quad T > 0)$$

au moins une solution $\quad \Phi(t, \rho)$ vérifiant (10.2) et

(14.2) $\qquad \Phi \in \Gamma^{p,(\alpha)}$

Cette solution Φ va être construite par approximations successives.

Définition d'approximations successives $\Phi_K(t, \rho)$ $(K = 0, 1, \ldots)$.-

$$\Phi_o(t, \rho) = 0 ;$$

quand la série formelle en ρ, fonction de $t \geqslant 0$, $\Phi_k(t, \rho)$ a été définie, $\quad \Phi_{k+1}(t, \rho)$ l'est par le problème de Cauchy suivant :

$(14.3)_K \quad \left[\frac{\partial}{\partial t} - F(\Phi_K)\left(1 + \frac{\partial}{\partial \rho}\right)\right]^p \Phi_{K+1} = F_q(D^q \Phi_K), \quad \frac{\partial^j \Phi_{K+1}}{\partial t^j}(0, \rho) = 0$

$(j = 0, \ldots, p-1)$.

Rappelons que ce problème $(14.3)_K$ s'intègre par quadratures (lemme 9.1).

Positivité des approximations successives. - Prouvons l'inégalité évidente pour $K = 0$:

$(14.4)_K \qquad 0 \ll \left(\frac{\partial}{\partial t}\right)^j \Phi_K(t, \rho) \qquad$ pour $\quad j = 0, \ldots, p$.

Puisque F_o et $F_q \gg 0$, $(14.4)_K$, $(14.3)_K$ et (9.3) impliquent $(14.4)_{K+1}$.

Croissance des approximations successives. - Prouvons

l'inégalité , évidente d'après la précédente quand $K = 0$:

$$(14.5)_K \qquad (\frac{\partial}{\partial t})^j \, \Phi_K(t, \rho) \ll (\frac{\partial}{\partial t})^j \, \Phi_{K+1}(t, \rho) \text{ pour } j = 0, \dots, p.$$

En appliquant le lemme de croissance 9.2 aux problèmes de Cauchy $(14.3)_K$ et $(14.3)_{K+1}$, on voit que $(14.5)_K$ implique $(14.5)_{K+1}$.

Définition d'une série formelle $\varphi(t, \rho)$, qui servira à majorer les approximations successives. - Les hypothèses (14.1) signifient ceci : il existe des fonctions $f_o(\tau, \rho, \theta)$ et $f_q(\tau, \rho, \theta)$, holomorphes au point $(0, 0, 0)$ et à coefficients de Taylor $\geqslant 0$, telles que :

$$(\frac{\partial}{\partial \tau})^j \, \lambda F_o \ll (\frac{\partial}{\partial \tau})^j \, f \qquad \text{pour} \quad j = 0, \dots, p, |\tau| \leqslant T_o$$

$$\lambda F_q \ll f_q \qquad \text{pour} \quad |\tau| \leqslant T_q ,$$

quand τ est à composantes $\geqslant 0$. Comme (10.3) le permet, nous chosissons

$$f_o(\tau, 0, 0) = 0.$$

Considérons le problème de Cauchy

$$(14.6) \quad \begin{cases} \left[\frac{\partial}{\partial t} - f_o(\varphi)(1 + \frac{\partial}{\partial \rho})\right]^p \varphi = f_q(D^q(1 + \rho \frac{\partial}{\partial \rho})^{p-q} \varphi) \\ \frac{\partial^j \varphi}{\partial t^j}(0, \rho) = 0 \quad \text{pour} \quad j = 0, \dots, p-1. \end{cases}$$

D'après le lemme 11, ce problème (14.6) possède une solution $\varphi(t, \rho)$, définie pour

$$0 \leqslant t \leqslant T \quad \text{pour} \quad (T \text{ petit} , T > 0)$$

telle que

$$(\frac{\partial}{\partial t})^j \, \varphi(t, \rho) \gg 0 \quad \text{pour} \quad j = 0, \dots, p-1.$$

Nous choisissons T assez petit pour que

$$\varphi(t, 0) \leq T_0 \quad ; \quad \left| D^q (1 + \rho \frac{\partial}{\partial \rho})^{p-q} \varphi \right| \leq T_q .$$

Majoration des approximations successives. - Prouvons l'inégalité, évidente pour $K = 0$:

$$(14.7)_K \quad (\frac{\partial}{\partial t})^j \lambda \bar{\Phi}_K \ll (\frac{\partial}{\partial t})^j \varphi \quad \text{pour} \quad j = 0, \dots, p, \ 0 \leq t \leq T .$$

Vu les propriétés de λ (n° 12), $(14.7)_K$ implique

$$(\frac{\partial}{\partial t})^j \ \lambda \ F_0(\Phi_K) \ll (\frac{\partial}{\partial t})^j \ f_0(\lambda \ \Phi_K) \ll (\frac{\partial}{\partial t})^j \ f_0(\varphi)$$

$$\lambda F_q(D^q \ \Phi_K) \ll f_q(\lambda D^q \Phi_K) \ll f_q(D^q(1 + \rho \frac{\partial}{\partial \rho})^{p-q} \lambda \bar{\Phi}_K) \ll f_q(D^q(1 + \rho \frac{\partial}{\partial \rho})^{p-q} \varphi),$$

car $\alpha \leq \frac{p}{q}$. D'où $(14.5)_{K+1}$, en appliquant le lemme 12 aux problèmes de Cauchy $(14.3)_{K+1}$ et (14.6) .

Fin de la preuve du théorème. - Pour $0 \leq t \leq T$, la suite

$$\frac{\partial^j \Phi_0}{\partial t^j}, \dots, \frac{\partial^j \Phi_K}{\partial t^j}, \dots \qquad (0 \leq j \leq p)$$

est croissante d'après (14.5) et bornée d'après (14.7) ; elle possède donc une limite $\Phi(t, \rho)$, qui vérifie (10.1) d'après (14.3), (10.2) d'après (14.4) et appartient à $\Gamma^{p,(\alpha)}$ d'après (14.7) .

C.Q.F.D.

Nous aurons besoin du résultat suivant, que fournit la démonstration précédente :

THÉORÈME DE CONVERGENCE. - Donnons-nous deux séries formelles en ρ, fonctions de t $(0 \leq t \leq T)$: $A(t, \rho)$ et $B(t, \rho)$

telles que

$$A(t,0) = 0, \quad \left(\frac{\partial}{\partial t}\right)^j A(t,\rho) \gg 0 \quad (j = 0,\ldots,p), \quad A \in \Gamma^{p,(\alpha)}$$

$$B(t,\rho) \gg 0, \quad B \in \Gamma^{0,(\alpha)}.$$

Donnons-nous un opérateur différentiel, d'ordre $q \leq p$, ne contenant pas $\left(\frac{\partial}{\partial t}\right)^p$ si $q = p$:

$$L_q\left(\rho, \frac{\partial}{\partial t}, \frac{\partial}{\partial \rho}\right),$$

ayant pour coefficients des séries formelles en ρ, fonction de t, appartenant à $\Gamma^{0,(\alpha)}$ et $\gg 0$.

Supposons

$$1 \leq \alpha \leq p/q .$$

Définissons, pour $0 \leq t \leq T$; des séries formelles en ρ, fonctions de t, $\varphi_K(t,\rho)$, $(K = 1, 2, \ldots)$ par les problèmes de Cauchy suivants :

$$\left[\frac{\partial}{\partial t} - A(t,\rho)\left(1 + \frac{\partial}{\partial \rho}\right)\right]^p \varphi_1(t,\rho) = B(t,\rho), \quad \frac{\partial^j \varphi_1}{\partial t^j}(0,\rho) = 0$$

$$(j = 0,\ldots,p-1)$$

$$\left[\frac{\partial}{\partial t} - A(t,\rho)\left(1 + \frac{\partial}{\partial \rho}\right)\right]^p \varphi_{K+1}(t,\rho) = L_q\left(\rho, \frac{\partial}{\partial t}, \frac{\partial}{\partial \rho}\right) \varphi_K(t,\rho),$$

$$\frac{\partial^j \varphi_{K+1}}{\partial t^j}(0,\rho) = 0, \quad (j = 0,\ldots,p-1)$$

(Rappelons que ces problèmes s'intègrent par quadratures). Alors

$$(\frac{\partial}{\partial t})^j \varphi_K(t, \rho) \gg 0, \quad \varphi_K \in \Gamma^{p,(\alpha)}, \quad \sum_K (\frac{\partial}{\partial t})^j \varphi_K(t, \rho) \text{ \underline{converge}}$$

$$(j = 0, \ldots, p),$$

$$\sum_K \varphi_K \in \Gamma^{p,(\alpha)}, \text{ pour } 0 \leq t \leq T' \quad (\text{où } 0 < T' \leq T).$$

Preuve. - Les approximations successives Φ_K qu'emploie la preuve du théorème précédent ont pour expression :

$$\Phi_0 = 0, \quad \Phi_K = \varphi_1 + \ldots + \varphi_K \quad \text{si} \quad K > 0.$$

Or nous avons vu que $(\frac{\partial}{\partial t})^j \Phi_K$ $(j = 0, \ldots, p)$ est $\gg 0$, croît avec K et tend vers une série formelle dont chaque coefficient est une fonction bornée de t.

Note. - [10] prouve (§ 4) et emploie (§ 5 et § 6) un résultat plus précis : on peut prendre $T' = T$ si $\alpha < \frac{p}{q}$.

§ 4. Etude d'une application non-linéaire : $v \to u$.

Cette étude permettra au § 5 de résoudre l'équation non linéaire par approximations successives .

15. CLASSES DE GEVREY . - Définitions. - Soit une fonction $f : X \to \underline{\underline{C}}$; nous disons que

$$f \in \gamma_2^{n,(\alpha)}(X) \quad \text{si} \quad \left| D^{n,\infty} f, S_t, \rho \right| \in \Gamma^{0,(\alpha)} \quad \text{pour} \quad 0 \leq t \leq |X| ;$$

c'est-à-dire si

$$\sup_{\beta,\sigma,t} \frac{1}{[1+|\sigma|]^{\alpha}} \left[\left| D_x^{\beta+\sigma} f, S_t \right|\right]^{\frac{1}{1+|\sigma|}} < \infty, \text{pour } |\beta| \leq n, \ \sigma_0 = 0, \ 0 \leq t \ X.$$

De même, soit une fonction $F : X \times Y \to \underline{\underline{C}}$; nous disons que

$$F \in \gamma_2^{n,(\alpha)}(X \times Y) \quad \text{si} \quad \left| D^{n,\infty} F, \ S_t \times Y, \ \rho, \ \eta, \ \nu \right| \in \Gamma^{0,(\alpha)} \text{pour } 0 \leq t \leq |X| ;$$

c'est-à-dire si

$$\sup_{\beta,\sigma,\tau,t} \frac{1}{[1+|\sigma|+|\tau|]^{\alpha}} \left[\left| D_x^{\beta+\sigma} D_y^{\tau} \ F, \ S_t \times Y, \nu \right|\right]^{\frac{1}{1+|\sigma|+|\tau|}} < \infty$$

$$\text{pour } |\beta| \leq n, \quad \sigma_0 = 0, \quad 0 \leq t \leq |X| ;$$

ν est fixe et son choix n'altère pas la condition ci-dessus.

En remplaçant $|\ldots|$ par $\|\ldots\|$ dans les définitions précédentes, on obtient celles de $\gamma_{[2]}^{n,\alpha}$.

Propriétés. - Les propriétés des quasi-normes formelles (n° 4) et de $\Gamma^{0,(\alpha)}$ (n. 13) ont pour conséquence évidente ceci

$$D_x^{\beta} : \gamma_{[2]}^{n,(\alpha)}(X) \to \gamma_{[2]}^{n-\beta_0,(\ )}(X), \quad \text{si} \quad \beta_0 \leq n ;$$

si $n > \frac{\ell}{2}$,

alors $\gamma_{[2]}^{n,(\alpha)}(X)$ est une algèbre ;

si $n > \frac{\ell}{2} + 1$, $f = (f_1, f_2, \ldots) : X \to Y$, $f_j \in \gamma_2^{n,(\alpha)}$ et $F \in \gamma_{[2]}^{n,(\alpha)}(X \times Y)$, alors $F(x, f(x)) \in \gamma_{[2]}^{n,(\alpha)}(X)$.

Dans toutes ces propriétés, [2] peut être remplacé par 2.

Note. - En particulier, si $n > \frac{\ell}{2} + 1$, si $f \in \gamma_{[2]}^{n,(\alpha)}(X)$ et si $1/f$ est borné, alors

$$1/f \in \gamma_{[2]}^{n,(\alpha)}(X) \quad .$$

Cette propriété permet, si $n > \frac{\ell}{2} + 1$, de diviser chaque opérateur différentiel $\in \gamma_{[2]}^{n,(\alpha)}(X)$ par son premier terme, sans qu'il cesse d'être dans $\gamma_{[2]}^{n,(\alpha)}(X)$; autrement dit : l'hypothèse, faite ci-dessus, que ces opérateurs sont normaux devient superflue.

16. DÉFINITION D'UNE APPLICATION $v \to u$. - Etant donnée fonction

$$v : \quad X \to \underline{\underline{C}} \quad \text{telle que} \quad D_0^j \, v \big| S_0 = 0 \text{ pour } j < m ,$$

nous définirons une fonction

$$u : X' \to \underline{\underline{C}} \;, \quad \text{où} \quad X' : 0 \leqslant x_0 \leqslant |X'| \; (X' \subset X) ,$$

par le problème de Cauchy ;

$$(16.1) \quad \begin{cases} a(x, D^{m-1} v, D)u = b(x, D^m v) , \\ D_0^j \, u \big| S_0 = 0 \text{ pour } j < m. \end{cases}$$

Nous supposons que $a(x, y, D)$ et $b(x, y)$ ont les propriétés qu'énonce le n. 20 : (20.2)...(20.7) ; les dérivées de v qu'on substitue aux composantes de y s'annulent donc sur S_0 ; Y est donc un voisinage de l'origine.

Nous supposons en outre

$$(16.2) \qquad v \in \gamma_2^{m+n,(\alpha)}(X), \qquad D_0^j \, v \big| S_0 = 0 \qquad \text{pour} \qquad j < m+n ,$$

(16.3) $$D_0^j \; b(x,0) \mid S_0 = 0 \quad \text{pour} \quad j < n.$$

Enfin , χ sera le caractère de régularité de l'ensemble des a_j.

Nous allons voir que, sous ces hypothèses, (16.1) définit une application $v \to u$; nous allons la majorer et majorer son module de continuité ; il suffira d'appliquer la formule de composition (4.4.) et le lemme 7.

17. EXISTENCE ET MAJORATION DE L'APPLICATION $v \to u$. - D'après l'hypothèse (16.2) , il existe des séries formelles en ρ , fonctions de t $(0 \leq t \leq |X|)$, $\psi_k(t, \rho)$ telles que :

$$|D^{m+n-p+k, \infty} v, S_t, \rho| \ll \psi_k(t, \rho) \qquad (k = 0, \dots, p) ;$$

(17.1) $$\psi_k \in \Gamma^{0,(\alpha)}; \quad \psi_0 \in \Gamma^{p,(\alpha)}; \quad \left(\frac{\partial}{\partial t}\right)^j \psi_0(t, \rho) \gg 0 \text{ pour } j \leq p,$$
$$0 \leq t \leq |X| ;$$
$$\psi_0(0,0) = 0.$$

Notons

(17.2) $$\psi(t) = \psi_0(t,0) , \quad \text{ce qui implique} \quad \psi(0) = 0.$$

La formule de composition (4.4) et les hypothèses (20.2) ...

(20.7) permettent de construire, à partir de

$$\| D^{m_j+n-j, \infty} \; a_{j+1}(x,y,D), \; S_t \times Y, \; \rho , \eta , \nu \|$$

$$\| D^{n, \infty} \; a(x,y,D) , S_t \times Y , \rho , \eta , \nu \|$$

$$| D^{n, \infty} \; b(x,y), \; S_t \times Y, \; \rho , \eta , \nu |$$

des séries formelles en deux variables (ρ , θ) , à coefficients fonctions de τ :

$$C[\tau, \rho , \theta] \in \Gamma^{p,(\alpha)} , \quad C_j[\tau, \rho , \theta] \in \Gamma^{0,(\alpha)} , \quad B[\tau, \rho , \theta] \in \Gamma^{0,(\alpha)}$$

telles que[1] :

$$\left\| D^{m_j+n-j,\infty} a_{j+1}(x, D^{m-m_j-p+j} v, D), S_t, \rho \right\| \ll C(\psi_0),$$

$$\left\| D^{n-p+k,\infty} a(x, D^{m-1} v, D), S_t, \rho \right\| \ll C_k(\psi_{k-1}) \quad (k = 1, \ldots, p),$$

$$\left| D^{n,\infty} b(x, D^m v), S_t, \rho \right| \ll B(\psi_q),$$

$$\ll B(\psi_{p-1} + \frac{\partial}{\partial \rho} \psi_{p-1}) \text{ ai } q = p;$$

$C(\psi_0)$, $C_k(\psi_{k-1})$, $B(\psi_q)$ sont des séries formelles en ρ, fonctions de t ; ces séries $\in \Gamma^{0(\alpha)}$. Leur définition exige $D^m v \in Y$; pour réaliser cette condition, il suffit (Sobolev) de prendre $\psi(t)$ suffisamment petit ; donc de prendre :

$$0 \leq t \leq T(\psi)$$

où $T(\psi)$ est une fonctionelle de ψ, dont la définition est évidente et qui vérifie :

$$0 < T(\psi) \leq |X| .$$

Nous choisissons $C[\tau, \rho, \Theta]$ tel que

$$\frac{\partial^j}{\partial \tau^j} C[\tau, \rho, \Theta] \gg 0 \quad \text{pour} \quad j \leq p.$$

Comme au n° 7, nous considérons la fonction de t

$$A_0(\psi) = c(\ell, m, \chi, C[\psi(t), 0, 0]), \tag{17.3}$$

la série formelle en ρ, fonction de t, définie pour $0 \leq t \leq T(\psi)$

$$A(\psi, \psi_0) = A_0(\psi) \left\{ C[\psi(t), \rho, \psi_0(t, \rho) - \psi(t)] - C[\psi(t), 0, 0] \right. \tag{17.4}$$

(1) Rappelons que $C(\psi)$ désigne la série formelle en ρ, fonction de t :

$$C[\psi(t, 0), \rho, \psi(t, \rho) - \psi(t, 0)] .$$

enfin la série formelle en ρ , fonction de t, $\Phi(t, \rho)$ que définit le problème de Cauchy formel

$$(17.5)\begin{cases}\left[\frac{\partial}{\partial t} - A(\psi, \psi_0)(1+\frac{\partial}{\partial \rho})\right]^p \Phi(t, \rho) = B(\psi_q) \quad \text{si } q < p, \\ \qquad\qquad\qquad\qquad = B((1+\frac{\partial}{\partial \rho})\psi_{p-1}) \quad \text{si } q = p ; \\ \frac{\partial^j \Phi}{\partial t^j}(0, \rho) = 0 \quad \text{pour} \quad j < p.\end{cases}$$

$A, B \in \Gamma^{0,(\alpha)}$; vu le théorème du n. 14 et l'unicité de la solution du problème (17.5) ,

$$\Phi \in \Gamma^{p,(\alpha)} \quad ;$$

Φ est défini pour $0 \leq t \leq T(\psi)$.

Le lemme 7 montre ceci :

<u>La solution</u> u(x) <u>du problème de Cauchy (16.1) existe et est unique sur la bande</u>

$$X_\psi : 0 \leq x_0 \leq T(\psi) \quad ;$$
$$u \in \gamma_2^{m+n,(\alpha)}(X_\psi) \quad ;$$

<u>plus precisément on a</u>

$$(17.6) \quad \left| D^{m+n-p+k,\infty} u, S_t, \rho \right| \ll \Phi_k(t, \rho) \qquad (k = 0, \ldots, p)$$

où

$$(17.7)\begin{cases}\Phi_0 = A(\psi)\Phi \\ \Phi_k = c''_k \; A_0(\psi)\left[1 + C_k(\psi_{k-1})\right]^k (1 + \frac{\partial}{\partial t} + \frac{\partial}{\partial \rho})^k \Phi \; (k=1, \ldots, p)\end{cases}$$

<u>Notons que</u>

$$D^j u | S_0 = 0 \quad \text{pour} \quad j < m+n \quad ;$$

en effet

$$D^j\, b(x, D^{m-p+q}\; v(x))\,|\, S_o = 0 \quad \text{pour } j < n.$$

Ces résultats vont servir à prouver le lemme que voici :

18. UN SOUS-ENSEMBLE DE $\gamma_2^{m+n,(\alpha)}(X')$ QUE L'APPLICATION $v \to u$ APPLIQUE EN LUI-MÊME . -

Lemme 18. - Il existe une bande

$$X' : 0 \leq x_o \leq |X'|$$

et des séries formelles en ρ , fonctions de t $(0 \leq t \leq |X'|)$

$$\Phi_k(t, \rho) \in \Gamma^{0,\alpha} \qquad (k = 0, \ldots, p)$$

telles que si

$$\left|D^{m+n-p+k,\infty}\, v, S_t, \rho\right| \ll \Phi_k(t, \rho)\,, \quad D_o^j\, v\,|\,S_o = 0$$

sous les hypothéses

$$0 \leq t \leq |X'|, \quad k \leq p, \quad j < m+n\,,$$

alors on a, sous ces mêmes hypothèses :

$$\left|D^{m+n-p+k,\infty} u, S_t, \rho\right| \ll \bar{\Phi}_k(t, \rho)\,, \quad D_o^j\; u\,|\,S_o = 0\,.$$

Preuve. - Il suffit de choisir au n. 18 les ψ_k $(k = 0, \ldots, p)$ tels que

$$\psi_k(t, \rho) = \Phi_k(t, \rho)\,,$$

c'est-à-dire, vu (18.7), tels que

$$(18.1)\quad \begin{cases} \psi_o = A_o(\psi)\,\Phi \\ \psi_k = c''_k\, A_o\,(\psi)\left[1 + C_k(\psi_{k-1})\right]^k \left(1 + \dfrac{\partial}{\partial t} + \dfrac{\partial}{\partial \rho}\right)^k \Phi \quad (k=1, \ldots \end{cases}$$

Notons

$$\varphi(t) = \Phi(t, 0)\;;$$

la définition (17.2) de $\psi(t)$ s'écrit donc :

$$(18.2)\quad \begin{cases} \psi = A_o(\psi)\varphi , \\ \text{où } A_o(\psi) \text{ est une fonction de } \psi \text{ que définit (17.3) ; elle vérifie} \\ A_o(0) > 0 , \quad \dfrac{d^j A_o(\psi)}{d\psi^j} \geqslant 0 \text{ pour } \psi \geqslant 0,\ j = 0, \dots, p. \end{cases}$$

Nous en déduirons (fin de ce n. 18) que, pour ψ petit, (18.2) équivaut à une relation

$$(18.3)\quad \begin{cases} \psi = f(\varphi) \quad (\varphi \text{ petit}) \\ \text{où } f \text{ est une fonction vérifiant} \\ f(0) = 0, \quad \dfrac{d^j f}{d\varphi^j} \geqslant 0 \text{ pour } \varphi \text{ petit} \geqslant 0 , \quad j = 0, \dots, p. \end{cases}$$

Les relations (18.3) et (18.1) permettent d'exprimer ψ et ψ_k $(k = 0, \dots, p)$ en fonction des dérivées de Φ d'ordres $\leq k$; on peut donc éliminer ψ, ψ_o et ψ_q (ou ψ_{p-1}) de (17.5), qui s'écrit **avec les notations du n. 10 :**

$$(18.4)\quad \begin{cases} \left[\dfrac{\partial}{\partial t} - F_o(\Phi)\left(1 + \dfrac{\partial}{\partial \rho}\right)\right]^p \Phi = F_q(D^q \Phi) \\ \dfrac{\partial^j \Phi}{\partial t^j}(0, \rho) = 0 \qquad \text{pour} \qquad j < p ; \end{cases}$$

(18.4) est un problème de Cauchy formel d'inconnue Φ ; $F_o[\tau, \rho, \theta]$ et $F_q[\tau, \rho, \theta]$ sont des séries formelles en (ρ, θ), fonctions de τ, vérifiant :

$$F_o \in \Gamma^{p,(\alpha)} , \quad F_q \in \Gamma^{0,(\alpha)} ,$$

$$F_o[\tau, 0, 0] = 0, \qquad \frac{\partial^j F_o[\tau, \rho, \theta]}{\partial \tau^j} >> 0 \text{ pour } j \leq p, \quad F_q[\tau, \rho, \theta] >> 0 ;$$

si $q = p$, alors $\dfrac{\partial^p \Phi}{\partial t^p}$ ne figure pas dans $F_q(D^p \Phi)$.

Pour satisfaire (17.1), il suffit qu'on ait

(18.5) $\Phi \in \Gamma^{p,(\alpha)}$, $\dfrac{\partial^j \Phi(t,\rho)}{\partial t^j} \gg 0$ pour $j \leqslant p$.

D'après le théorème d'existence du n. 14, le problème de Cauchy formel (18.4) possède une solution Φ vérifiant (18.5.). La preuve du lemme est achevée.

Preuve de (18.3). - Faison croître ψ de 0 à un nombre $\tilde{\psi}$ suffisamment petit pour que $\psi / A_0(\psi)$ soit croissant, c'est-à-dire pour que

(18.6) $$\frac{\psi}{A_0} \frac{dA_0}{d\psi} < 1 .$$

Alors φ croît de 0 à $\tilde{\varphi}$ et la relation $\psi = A_0(\psi)\varphi$ équivaut à une relation

$$\psi = f(\varphi) \qquad (0 \leqslant \varphi \leqslant \tilde{\varphi}),$$

où f est une fonction croissante telle que $f(0) = 0$, $f(\varphi) > 0$. Supposons prouvé que

$$f, \dots, \frac{d^{j-1} f}{d\varphi^{j-1}} \geqslant 0 \qquad (j \leqslant p) .$$

Alors l'application de $\dfrac{d^j}{d\varphi^j}$ à la relation $f(\varphi) = A_0(f(\varphi))\varphi$ donne

$$\left[1 - \varphi \frac{dA_0}{d\psi}\right] \frac{d^j f}{d\varphi^j} \geqslant 0 ,$$

c'est-à-dire

$$\left[1 - \frac{\psi}{A_0} \frac{dA_0}{d\psi}\right] \frac{d^j f}{d\varphi^j} \geqslant 0$$

et, vu (18.6) :

$$\frac{d^j f}{d\varphi^j} \geqslant 0.$$

Voici prouvé (18.3).

19. MODULE DE CONTINUITÉ DE L'APPLICATION $v \to u$. - Notons $\Gamma^{(\alpha)}$ l'ensemble des séries formelles en ρ, indépendantes de t, appartenant à $\Gamma^{0,(\alpha)}$.

<u>Lemme</u> 19. - Supposons qu'on ait sur X, pour h = 0, 1 :

$$(19.1)\quad \begin{cases} a(x, D^{m-1} v_h, D)\, u_h = b(x, D^m v_h) \\ D^j u_h \big| S_0 = 0 \text{ pour } j < m \end{cases}$$

$$\left| D^{m+n,\infty} v_h, S_t, \rho \right| \ll \theta(\rho), \quad \left| D^{m+n,\infty} u_h, S_t, \rho \right| \ll \theta(\rho), \; \theta \in \Gamma^{(\alpha)}$$

$$D^j v_h \big| S_0 = 0 \text{ pour } j < m+n, \quad \text{donc } D^j u_h \big| S_0 = 0 \text{ pour } j < m+n.$$

Il existe alors des séries formelles en ρ, appartenant à $\Gamma^{(\alpha)}$, dépendant de a, b, θ, mais indépendantes de u_h et v_h ;

$$A(\rho)\ , \quad B(\rho)$$

vérifiant :

$$A(\rho) \gg 0, \quad A(0) = 0\ , \quad B(\rho) \gg 0,$$

telles qu'on ait, pour k = 0, ..., p :

$$\left| D^{m+n-p+k,\infty}(u_1 - u_0)\, , S_t, \rho \right| \ll C(\rho)\left(1 + \frac{\partial}{\partial t} + \frac{\partial}{\partial \rho}\right)^k \varphi(t, \rho)\, ,$$

si l'on a, pour k = 0, ..., p :

$$\left| D^{m+n-k,\infty}(v_1 - v_0)\, , S_t, \rho \right| \ll C(\rho)\left(1 + \frac{\partial}{\partial t} + \frac{\partial}{\partial \rho}\right)^k \psi(t, \rho)$$

si $C(\rho) \gg 0$, $C \in \Gamma^{(\alpha)}$

et si $\varphi(t, \rho)$ est la solution du problème de Cauchy formel

$$\begin{cases} \left[\frac{\partial}{\partial t} - A(\rho)(1+\frac{\partial}{\partial \rho})\right]^p \varphi(t,\rho) = B(\rho)C(\rho)(1+\frac{\partial}{\partial t}+\frac{\partial}{\partial \rho})^p \psi(t,\rho) & \text{quand } q < p, \\ \qquad = B(\rho)C(\rho)(1+\frac{\partial}{\partial t}+\frac{\partial}{\partial \rho})^{p-1}\frac{\partial \psi}{\partial \rho} & \text{quand } q = p, \\ \frac{\partial^j \varphi}{\partial t^j}(0,\rho) = 0 \text{ pour } j < p. \end{cases}$$

Preuve. - Nous avons

$$a(x, D^{m-1}v_0, D)(u_0 - u_1) = b(x, D^m v_0) - b(x, D^m v_1) - [a(x, D^{m-1}v_0, D) - a(x, D^{m-1}v_1, D)]\, u_1 ,$$

autrement dit, en notant

$v_h = (1-h)\, v_0 + h\, v_1$, h variant maintenant de 0 à 1,

nous avons

$$a(x, D^{m-1}v_0, D)(u_0 - u_1) = \sum_\beta D^\beta(v_0 - v_1) \cdot \int_0^1 b_\beta(x, D^m v_h)\, dh$$

(19.2)
$$- \sum_\beta D^\beta(v_0 - v_1) \cdot \int_0^1 a_\beta(x, D^{m-1}v_h, D)u_1\, dh$$

où

$$|\beta| \leq m - p + q , \qquad D^\beta \neq D_0^m \quad \text{si } p = q ,$$

$$b_\beta(x,y) = \frac{\partial b(x,y)}{\partial y_\beta} \quad \text{et } a_\beta(x,y,\xi) = \frac{\partial a(x,y,\xi)}{\partial y_\beta} .$$

Or, par hypothèse :

$$\left| D^{m+n,\infty} v_h, S_t, \rho \right| \ll \theta(\rho) \qquad \text{pour } 0 \leq h \leq 1.$$

Donc , vu la formule de composition (4.4) on peut construire, en fonction de θ et des normes formelles de a et b, une série formelle $B(\rho)$, indépendante de v_h et u_h, telle que

$$\left| D^{n,\infty} b_\beta(x, D^m v_h), S_t, \rho \right| + \left\| D^{n,\infty} a_\beta(x, D^{m-1}v_h, D)u_1, S_t, \rho \right\| \ll B(\rho) ;$$

vu les propriétés des classes de Gevrey formelles, on peut choisir

$$B \in \Gamma^{(\alpha)} .$$

Donc (19.2) donne, vu la formule du produit (4.1) et la formule de la dérivée

$$(4.2) \left| D^{n,\infty} a(x, D^{m-p+q} v_0, D)(u_0 - u_1), S_t, \rho \right| \ll B(\rho) \left| D^{m+n-p+q}(v_0 - v_1), S_t, \rho \right| \quad \text{quand } q < p,$$

$$\ll B(\rho)\left(1 + \frac{\partial}{\partial \rho}\right) \left| D^{m+n-1}(v_0 - v_1), S_t, \rho \right| \quad \text{quand } q = p.$$

Il suffit d'appliquer le lemme 7 à cette inégalité pour obtenir le lemme 19.

§ 5. L'équation quasi-linéaire

20. ÉNONCÉ DES RÉSULTATS. - Donnons-nous sur une bande de $\underline{\underline{R}}^{\ell+1}$

$$X : 0 \leq x_0 < |X| \ , \text{ de bord } S_0 : x_0 = 0 ,$$

le problème de Cauchy

$$(20.1) \quad \begin{cases} a(x, D^{m-1} u, D) u = b(x, D^m u) \\ D_c^j u|S_0 \quad \text{donné} \in \gamma^{(\alpha)}(S_0) \quad (j < m) ; \end{cases}$$

son inconnue est la fonction numérique complexe $u(x)$.

Nous faisons les hypothèses suivantes :

$$(20.2) \quad a(x, y, D) \in \gamma_{[2]}^{n,(\alpha)}(X \times Y) \quad \text{et} \quad b(x, y) \in \gamma_2^{n,(\alpha)}(X \times Y)$$

sont respectivement un opérateur différentiel d'ordre m et une fonction, donnés sur X, dépendant d'un paramètre $y \in Y$; Y est un ouvert de l'espace vectoriel complexe de dimension égale au nombre des dérivées de u d'ordre $\leq m$; Y contient l'adhérence des valeurs prises par les données de Cauchy $D_0^j u|S_0$; quand on substitue à y, dans $a(x, y, D)$ et $b(x, y)$, les dérivées d'une fonction $v(x)$, on obtient $a(x, D^{m-1} v, D)$ qui ne dépend que des dérivées de v d'ordres $m-1$, et $b(x, D^m v)$, que nous supposons indépendant de $D_0^m v$; nous supposons

$$(20.3) \quad a(x, D^{m-1} v, D) = a_1, \ldots, a_{j+1}(x, D^{m-m_j-p+j} v, D) \ldots a_p ,$$

où

$$(20.4) \quad a_{j+1}(x, y, D) \in \gamma_{[2]}^{m_j+n-j,(\alpha)}(X \times Y)$$

est un opérateur régulièrement hyperbolique sur $X \times Y$, $\forall_j$; on a noté

$$(20.5) \quad m_j = \text{ordre } (a_1) + \ldots + \text{ordre } (a_j) , \quad m_p = m, \quad m_0 = 0.$$

Soit q le plus petit entier tel que

$$(20.6)\quad \begin{cases} 0 \leq q \leq p \\ a(x, D^{m-1} v, D) = a(x, D^{m-p+q} v, D) \\ b(x, D^m v) = b(x, D^{m-p+q}) ; \end{cases}$$

le sens de cette dernière relation est , bien entendu, le suivant : $b(x, D^m v)$ ne dépend que des dérivées de v d'ordres $\leq$ m-p+q .

Nous supposons enfin

$$(20.7)\qquad 1 \leq \alpha \leq \frac{p}{q} \quad , \quad \frac{\ell}{2} + p < n.$$

Voici les théorèmes que nous allons prouver :

THÉORÈMES D'EXISTENCE ET D'UNICITÉ . - Il existe une bande

$$X' \; : \; 0 \leq x_0 < |X'| \qquad (X' \subset X)$$

sur laquelle le problème de Cauchy (21.1) possède une solution

$$u \in \gamma_2^{m+n, (\alpha)}(X') .$$

Sur aucune bande plus petite

$$X'' : 0 \leq x_0 < |X''| \qquad (X'' \subset X)$$

il ne possède de solution $\in \gamma_{[2]}^{m+n, (\alpha)}(X'')$ autre que u.

Note. - Si q = 0 , on peut prendre $\alpha = \infty$, c'est-à-dire employer comme dans [3] des espaces de Sobolev au lieu de classes de Gevrey on est dans le cas strictement hyperbolique . voir P. Dionne [3] .

Note. - Un exemple de Giorgi [6] montre que ces théorèmes d'existence et d'unicité sont faux si $\frac{p}{q} < \alpha$.

THÉORÈME LOCAL D'UNICITÉ (domaine d'influence). - Supposons

$$1 \leq \alpha < p/q .$$

Soient deux fonctions $u_h \in \gamma_2^{m+n,(\alpha)}(X')$ $(h = 0, 1)$ qui, sur un domaine D' de X', soient solution du problème de Cauchy (20.1). Supposons que D' possède la propriété suivante, relativement au cône caractéristique de l'opérateur

$$a(x, D^{m-1} u_o, D) :$$

l'émission rétrograde[1] dans X' de tout point de D' appartient à $D' \cup S$.

Alors

$$u_0 = u_1 \quad \text{sur } D' .$$

Note. - il suffirati de supposer $u_h \in \gamma_2^{m+n,(\alpha)}(D')$, moyennant diverses complications, dont la première serait de définir $\gamma_2^{m+n,(\alpha)}(D')$.

Prouvons d'abord le théorème d'existence.

21. RÉDUCTION A DES DONNÉES DE CAUCHY NULLES. - Il est aisé de déduire de (20.1) les valeurs que doit avoir $D_o^j u|S_o$ pour $j = m, \ldots, m+n-1$; ces valeurs $\in \gamma_2^{(\alpha)}(S_o)$. Construisons sur X une fonction $w \in \gamma_2^{m+n,(\alpha)}(X)$ telle que $D_o^j w|S_o$ $(j \leq m+n-1)$ ait ces valeurs ; prenons pour nouvelle inconnue $u-w$.

Nous voici ramenés au cas suivant : les données de Cauchy sont nulles, c'est-à-dire :

$$D^{m-1} u|S_o = 0 \tag{21.1}$$

---

(1) L'émission rétrograde d'un point x de X' est la réunion des arcs de X' d'extrémité x, à tangente dans le cône caractéristique (cône convexe) de l'opérateur linéaire $a(x, D^{m-p+q} u_o, D)$; ces arcs sont orientés dans le sens où x_0 croît.

de plus le problème (20.1) implique

$$D^{m+n-1}\, u|S_o = 0 .$$

D'où, en appliquant D^{n-1} à $a\,u = b$:

$$D^{n-1}\, b(x, D^m u)\,|S_o = 0 ;$$

c'est-à-dire :

(21.2) $$D_o^j\, b(x, 0)\,|\, S_o = 0 \qquad \text{pour} \quad j < n$$

Voici donc réalisées les hypothèses (16.3) qu'emploient les lemmes 18 et 19 .

22. DÉFINITION D'APPROXIMATIONS SUCCESSIVES. - Notons u_K (K = 0, 1, ...) ces approximations successives de u. Nous choisissons

$$u_o = 0 ;$$

nous définissons u_{K+1} à partir de u_K par le problème de Cauchy

(22.1) $$\begin{cases} a(x, D^{m-p+q}\, u_K, D)u_{K+1} = b(x, D^{m-p+q}\, u_K) , \\ D_o^j\, u_{K+1}\,|\, S_o = 0 \ \text{pour} \quad j < m . \end{cases}$$

23. MAJORATION DES APPROXIMATIONS SUCCESSIVES. - Le lemme 18, où l'on remplace les $\Phi_k(t, \rho)$ par une série formelle, $\Theta(\rho)$, qui les majore et est indépendante de t, a pour conséquence immédiate ceci : il existe une série formelle en ρ , indépendante de K , $\Theta \in \Gamma^{(\alpha)}$, et une bande indépendante de K :

$$X' \ : \ 0 \leq x_o \leq |X'|$$

sur laquelle tous les $u_K(x)$ sont définis et vérifient

(23.1) $$\left| D^{m+n,\infty} u_K, S_t, \rho \right| \ll \Theta(\rho).$$

24. CONVERGENCE DES APPROXIMATIONS SUCCESSIVES. - Le lemme 19 a pour conséquence évidente ceci : il existe des séries formelles en ρ, indépendantes de K $A(\rho)$, $B(\rho)$ appartenant à $\Gamma^{(\alpha)}$ et vérifiant

$$A(\rho) \gg 0, \quad A(0) = 0, \quad B(\rho) \gg 0$$

telles qu'on ait pour $0 \leq t \leq |X'|$ et pour $k = 0, \dots, p$:

(24.1) $$\left| D^{m+n-p+k,\infty}(u_{K+1} - u_K), S_t, \rho \right| \ll C(\rho)\left(1 + \frac{\partial}{\partial t} + \frac{\partial}{\partial \rho}\right)^k \varphi_{K+1}(t, \rho),$$

quand on choisit $C \in \Gamma^{(\alpha)}$ tel qu'on ait (24.1) pour $K = 0$ et quand φ_{K+1} est défini, pour $K > 0$, par le problème de Cauchy formel

(24.2) $$\begin{cases} \left[\frac{\partial}{\partial t} - A(\rho)\left(1 + \frac{\partial}{\partial \rho}\right)\right]^p \varphi_{K+1}(t, \rho) = B(\rho)C(\rho)\left(1 + \frac{\partial}{\partial t} + \frac{\partial}{\partial \rho}\right)^q \varphi_K(t, \rho) & \text{quand } q < p, \\ \qquad = B(\rho)C(\rho)\left(1 + \frac{\partial}{\partial t} + \frac{\partial}{\partial \rho}\right)^{p-1} \frac{\partial \varphi_K}{\partial \rho} & \text{quand } p = p, \\ \frac{\partial^j \varphi}{\partial t^j}(0, \rho) = 0 \quad \text{pour } j < p. \end{cases}$$

D'après le théorème de convergence du n. 14, la série

$$\sum_K \left(\frac{\partial}{\partial t}\right)^j \varphi_K(t, \rho) \qquad (j < p)$$

converge pour $0 \leq t < |X''|$; donc

$$\lim_{K \to \infty} \left(\frac{\partial}{\partial t}\right)^j \varphi_K(t, \rho) = 0 \quad \text{pour} \quad 0 \leq t < |X''|.$$

Par suite u_K converge vers une limite u sur la bande

$$X'' : 0 \leq x_0 < |X''| .$$

Plus précisément, vu (24.1), $D^{m+n} u_K$ converge vers $D^{m+n} u$ sur X'' ;

$$u \in \gamma_2^{m+n,(\alpha)}(X'') .$$

Les théorèmes de Sobolev permettent de préciser que $D^m u_K$ converge uniformément ; vu (22.1), u est donc solution du problème (20.1).

Voici prouvé le théorème d'existence qu'énonce le n. 20 .

25. PREUVE DU PREMIER THÉORÈME D'UNICITÉ, (énoncé n. 20). - Supposons que

$$(25.1) \qquad u_h \in \gamma_2^{m+n,(\alpha)}(X) \qquad (h = 0, 1)$$

soient deux solutions distinctes du même problème de Cauchy (20.1). Notons

$$X^* : 0 \leq x_0 < |X|^*$$

la plus grande bande semi-ouverte où elles sont identiques. En remplaçant X par $X - X^*$, nous obtenons deux solutions u_1, u_2 d'un même problème de Cauchy (20.1), qui sont distinctes sur toute bande

$$X' : 0 \leq x_0 < |X'| .$$

Montrons que c'est incompatible avec l'hypothèse (25.1).

Réalisons les conditions (21.1) et (21.2) ; appliquons le lemme 19, en y faisant $u_h = v_h$; nous obtenons ceci : l'inégalité

$$(25.2)_K \quad \left| D^{m+n-p+k,\infty}(u_1 - u), S_t, \rho \right| << C(\rho)\left(1 + \frac{\partial}{\partial t} + \frac{\partial}{\partial \rho}\right)^k \varphi_K(t, \varphi)$$

$$(k = 0, \ldots, p)$$

implique l'inégalité $(25.2)_{K+1}$, si φ_{K+1} est défini par le problème de Cauchy formel :

$$\begin{cases} \left[\frac{\partial}{\partial t} - A(\rho)(1+\frac{\partial}{\partial \rho})\right]^p \varphi_{K+1}(t,\rho) = B(\rho)C(\rho)(1+\frac{\partial}{\partial t}+\frac{\partial}{\partial \rho})^q \varphi_K(t,\rho) & \text{quand } q < p, \\ \qquad = B(\rho)C(\rho)(1+\frac{\partial}{\partial t}+\frac{\partial}{\partial \rho})^{q-1} \frac{\partial \varphi_K}{\partial \rho} & \text{quand } q = p, \\ \frac{\partial^j \varphi_{K+1}}{\partial t^j}(0,\rho) = 0 \quad \text{pour} \quad j < p ; \end{cases}$$

ce problème est indépendant de K ; $A(0) = 0$.

Choisissons, ce qui est possible par hypothèse, φ_1 tel que $(25.2)_1$ soit vrai et que

$$\varphi_1 \in \Gamma^{p,(\alpha)} , \quad \frac{\partial^j \varphi_1}{\partial t^j}(t,\rho) \gg 0 \qquad \text{pour } j \leq p.$$

D'après le théorème de convergence du n. 14,

$$\sum_K \left(\frac{\partial}{\partial t}\right)^j \varphi_K(t,\rho) \qquad (j \leq p)$$

converge sur un intervalle $0 \leq t < |X'|$; donc

$$\lim_{K \to \infty} \left(\frac{\partial}{\partial t}\right)^j \varphi_K(t,\rho) = 0 \qquad \text{pour} \qquad 0 \leq t < |X'|, j \leq p ;$$

donc

$$u_0 = u_1 \text{ sur la bande } X' : 0 \leq x_0 < |X'| ;$$

cette conclusion contredit les hypothèses.

Voici prouvé le premier théorème d'unicité. Son seul intérêt est de ne pas exiger $\alpha < \frac{p}{q}$, ce que va supposer le théorème d'unicité lecale, dont les conclusions sont plus fortes.

26. PREUVE DU THÉORÈME D'UNICITÉ LOCALE (énoncé n. 20). - Soient deux fonctions

$$u_h \in \gamma_2^{m+n,(\alpha)}(X') \qquad (h = 0, 1),$$

solutions sur D' du problème de Cauchy (20.1). Sur D', nous avons donc (19.1), avec $v_h = u_h$; Donc $u_0 - u_1$ vérifie une équations hyperbolique non stricte, linéaire et homogène ; ses coefficients vérifient les hypothèses qu'énonce le n. 23 de [10] ; $D^{m-1}(u_0-u_1)|S_0 = 0$. D'après le théorème d'unicité qu'énonce le n. 24 de [10] et la note qui suit ce théorème, nous avons donc

$$u_0 = u_1 \quad \text{sur} \quad D' \quad ;$$

le théorème est prouvé.

§.6. Systèmes quasi-linéaires diagonaux.

L'extension des théorèmes du n. 20 aux systèmes quasi-linéaires diagonaux est aisée ; nous ne donnerons pas le détail des preuves ; mais nous expliciterons les résultats, que A. Lichnerowicz [12] et Mme Y. Choquet-Bruhat [2] appliquent à la magnéto-hydrodynamique relativiste.

27. ÉNONCÉ DES RÉSULTATS. - Donnons-nous sur une bande de $\underline{\underline{R}}^{\ell+1}$

$$X : 0 \leq x_0 < |X|, \quad \text{de bord } S_0 : x_0 = 0$$

le problème de Cauchy(1) :

$$(27.1) \quad \begin{cases} a^\nu(x, D^{m^\mu - n^\nu - 1} u^\mu, D) u^\nu = b(x, D^{m^\mu - n^\nu} u^\mu), \\ D_0^j u^\nu | S_0 \quad \text{donné} \in \gamma^{(\alpha)}(S_0) \quad (j < m^\nu - n^\nu), \end{cases}$$

où μ, ν valent $1, \ldots, N$; les inconnues sont les N fonctions numériques complexes $u^\nu(x)$.

Nous faisons les hypothèses suivante :

$$(27.2) \quad a^\nu(x, y, D) \in \gamma_{[2]}^{n^\nu, (\alpha)}(X \times Y) \quad \text{et} \quad b^\nu(x, y) \in \gamma_2^{n^\nu, (\alpha)}(X \times Y)$$

sont respectivement N operateurs différentiels d'ordres $m^\mu - n^\nu$ et N fonctions, donnés sur X, dépendant d'un paramètre $y \in Y$. Y est un ouvert de l'espace vectoriel complexe de dimension égal au nombre des dérivées des u^ν ($\nu = 1, \ldots, N$) d'ordres $\leq \sup_\mu m^\mu - n^\nu$; Y contient l'adhérence des valeurs prises par les données de Cauchy

---

(1) Bien entendu, si $m^\mu < n^\nu$, alors ni u^μ ni aucune de ses dérivées ne figure dans $b^\nu(x, D^{m^\mu - n^\nu} u^\mu)$.

$D_0^j u | S_0$; quand on substitue dans $a^\nu(x,y,D)$ et $b^\nu(x,y)$ à y les dérivées de fonctions $v^\mu(x)$, on obtient

$$a^\nu(x, D^{m^\mu - n^\nu - 1} v^\mu, D) \text{ et } b^\nu(x, D^{m^\mu - n^\nu} v^\mu),$$

que nous supposons indépendant des $D_0^{m^\mu - n^\nu} v^\mu$; nous supposons

(27; 3) $a^\nu(x, D^{m^\mu - n^\nu - 1} v^\mu, D) = a_1^\nu \dots a_{j+1}^\nu(x, D^{m^\mu - m_j^\nu - p^\mu + j} v^\mu, D) \dots a_{p^\nu}^\nu$

où

(27.4) $$a_{j+1}^\nu(x,y,D) \in \gamma_{[2]}^{m_j^\nu - j, (\alpha)}(X \times Y)$$

est un opérateur <u>régulièrement hyperbolique</u> sur $X \times Y$; on a noté

(27.5) $m_j^\nu = n^\nu + \text{ordre}(a_1^\nu) + \dots + \text{ordre}(a_j^\nu)$, $m_{p^\nu}^\nu = m^\nu$, $m_0^\nu = n^\nu$.

Soient q^μ <u>les plus petits entiers</u> tels que

$$0 \leq q^\mu \leq p^\mu$$

(27.6) $$\begin{cases} a^\nu(x, D^{m^\mu - n^\nu - 1} v^\mu, D) = a^\nu(x, D^{m^\mu - n^\nu - p^\mu + q^\mu} v^\mu, D) \\ b^\nu(x, D^{m^\mu - n^\nu} v^\mu) = b^\nu(x, D^{m^\mu - n^\nu - p^\mu + q^\mu} v^\mu) . \end{cases}$$

Nous supposons enfin

(27.7) $$1 \leq \alpha \leq \frac{p^\nu}{q^\nu} \quad ; \quad \frac{\ell}{2} + p^\nu < n^\nu \quad , \forall \nu .$$

THÉORÈMES D'EXISTENCE ET D'UNICITÉ. - <u>Il existe une bande</u>

$$X' : 0 \leq x_0 < |X'| \qquad (X' \subset X)$$

<u>sur laquelle le problème de Cauchy</u> (27.1) <u>possède une solution</u>

$$u^\nu \in \gamma_2^{m^\nu, (\alpha)}(X') .$$

Sur aucune bande plus petite X'' il ne possède de solution $\in \gamma_2^{m^\nu,(\alpha)}(X'')$, autre que u^ν .

Note. - Si $q^\nu = 0, \forall_\nu$, on peut prendre $\alpha = \infty$, c'est-à-dire employer des espaces de Sobolev au lieu de classes de Gevrey ; on est dans le cas strictement hyperbolique.

THÉORÈME LOCAL D'UNICITÉ (domaine d'influence). - Supposons

$$1 \leq \alpha < p_\nu / q_\nu \ , \ \forall \nu \ .$$

Soient , sur un domaine D' de X' , deux solutions

$$u_h^\nu \in \gamma_2^{m^\nu,(\alpha)}(X') \qquad (h = 0, 1)$$

du problème de Cauchy (27.1). Supposons que D' possède la propriété suivante, relativement au cône caractéristique de l'opérateur $\prod_\nu a^\nu(x, D^{m^\mu - n^\nu - 1} u_0^\mu, D)$: l'émission rétrograde dans X' de tout point de D' appartient à $D' \cup S$.

Alors

$$u_0^\nu = u_1^\nu \quad \text{sur} \quad D' \ .$$

28. PREUVE SOMMAIRE. - On opère, comme au § 5, par approximations successives , après s'être ramené au cas :

$$D_0^j \ u^\nu|_{S_0} = 0 \ \text{ pour } j < m^\nu - n^\nu ; \ D_0^j \ b^\nu(x, 0)|_{S_0} = 0 \ \text{ pour } \ j < n^\nu .$$

Il faut d'abord avoir étudié, comme au § 4, l'application $v \to u$ qui définit le problème de Cauchy

$$(28.1) \quad \begin{cases} a^\nu (x, D^{m^\mu - n^\nu - 1} v^\mu, D)u^\nu = b(x, D^{m^\mu - n^\nu} v^\mu) \\ D_0^j \ u^\nu|_{S_0} = 0 \ \text{ pour } \ j < m^\nu - n^\nu . \end{cases}$$

Majoration de l'application $v \longrightarrow u$.- Supposons, comme au n. 17,

$$\left| D^{m^\mu - p^\mu + k, \infty} v^\mu , S_t, \rho \right| \ll \psi_k^\mu(t, \rho), \quad (k = 0, \dots, p^\mu)$$

les ψ vérifiant (17.1) ; on pose

$$\psi(t) = \sum_\mu \psi_0^\mu(t, 0) \; ; \tag{28.2}$$

on obtient, sur une bande X_ψ :

$$\left| D^{m^\nu - p^\nu + k, \infty} u^\nu , S_t, \rho \right| \ll \bar{\Phi}_k^\nu(t, \rho) \qquad (k = 0, \dots, p^\nu) ,$$

en posant

$$\begin{cases} \bar{\Phi}_0^\nu = A(\psi)\, \Phi^\nu \\ \Phi_{p^\nu - j}^\nu = c'' \; A_0(\psi) \left[1 + C(\psi_{r_j^\mu}^\mu) \right]^{p^\nu - j} \left(1 + \frac{\partial}{\partial t} + \frac{\partial}{\partial \rho} \right)^{p^\nu - j} \Phi^\nu , \end{cases} \tag{28.3}$$

où

$$o \leq j \leq p^\nu , \quad r_j^\mu = \inf(p^\mu - j - 1, q^\mu - j), \; \psi_r^\mu = \psi_0^\mu \quad \text{pour } r \leq 0 ,$$

et en définissant les Φ^ν par le système de Cauchy formel :

$$\begin{cases} \left[\frac{\partial}{\partial t} - A(\psi , \sum_\mu \psi_0^\mu)(1 + \frac{\partial}{\partial \rho}) \right]^{p^\nu} \Phi^\nu(t, \rho) = B^\nu(\psi_{q^\mu}^\mu) \\ \frac{\partial^j \Phi^\nu}{\partial t^j}(0, \rho) = 0 \quad \text{pour } j < p^\nu \; ; \end{cases} \tag{28.4}$$

dans B^ν, on remplace $\psi_{q^\mu}^\mu$ par $(1 + \frac{\partial}{\partial \rho})\psi_{p^\mu - 1}^\mu$, quand $q^\mu = p^\mu$

Un sous-ensemble de $\sum_\nu \gamma_2^{m^\nu , (\alpha)}(X')$ que $\{v^\nu\} \longrightarrow \{u^\nu\}$ applique en lui-même s'obtient alors, comme au n. 18 , en montrant qu'on peut choisir

$$\psi_k^\nu = \bar{\Phi}_k^\nu \; . \tag{28.5}$$

On note

$$\varphi(t) = \sum_{\nu} \Phi^{\nu}(t,0) \quad ;$$

la définition (28.2) de ψ s'écrit donc

$$\psi = A_o(\psi)\varphi \; ;$$

on met, comme au n. 18 , cette relation sous la forme

$$\varphi = f(\psi) \; . \tag{28.6}$$

En éliminant les Φ^{ν}_{k} entre (28.5) et (28.3), on obtient

$$\text{(28.7)} \quad \begin{cases} \psi^{\nu}_{o} = A_o(\psi)\Phi^{\nu} \\ \psi^{\nu}_{p^{\nu}-j} = c'' \; A_o(\psi)\left[1 + C(\psi^{\mu}_{r^{\mu}_{j}})\right]^{p^{\nu}-j}\left(1+\frac{\partial}{\partial t}+\frac{\partial}{\partial \rho}\right)^{p^{\nu}-j}\Phi^{\nu}. \end{cases}$$

Puisque $r^{\mu}_{j} = p^{\mu} - i$, où $i > j$, les équations (28.7) résolvent par un nombre fini d'itérations ; on obtient, en employant une généralisation évidente de la notation du n. 10 :

$$\psi^{\nu}_{p^{\nu}-j} = G^{\nu}_{j}(\psi, D^{p^{\nu}-j}\Phi^{\nu}, D^{r^{\mu}_{i}}\Phi^{\mu}), \quad \text{où} \quad i \geqslant j \; .$$

Prenons $j > 0$, ce qui implique $i > 0$, donc $r^{\mu}_{i} < q^{\mu}$; il vient :

$$\psi^{\nu}_{p^{\nu}-j} = G^{\nu}_{j}(\psi, D^{p^{\nu}-j}\Phi^{\nu}, D^{q^{\mu}-1}\Phi^{\mu}) \text{ pour } j > 0 \; ;$$

d'où , en faisant $j = p^{\nu} - q^{\nu}$ quand $q^{\nu} < p^{\nu}$, puis $j = 1$ quand $q^{\nu} = p^{\nu}$:

$$\text{(28.8)} \begin{cases} \psi^{\nu}_{q^{\nu}} = G^{\nu}(\psi, D^{q^{\nu}}\Phi^{\nu}, D^{q^{\mu}-1}\Phi^{\mu}) \text{ pour } q^{\nu} \neq p^{\nu} \; , \\ \psi^{\nu}_{p^{\nu}-1} = G^{\nu}(\psi, D^{q^{\mu}-1}\Phi^{\mu}) \quad \text{pour} \quad q^{\nu} = p^{\nu} \; . \end{cases}$$

En portant (28.8) dans (28.4) , nous voyons que $\{\Phi^{\nu}\}$ doit être une solution du problème de Cauchy formel

$$(28.9)\quad \begin{cases} \left[\dfrac{\partial}{\partial t} - F_o^\nu(\Phi^\mu)(1+\dfrac{\partial}{\partial \rho})\right]^{p^\nu} \bar{\Phi}^\nu = F^\nu(D^{q^\mu}\bar{\Phi}^\mu) \\ \dfrac{\partial^j \Phi^\nu}{\partial t^j}(0, \rho) = \text{pour} \quad j < p^\nu \ ; \end{cases}$$

ce problème a des propriétés analogues à celles du problème (18.4) ; par exemple :

$$\frac{\partial^{p^\nu} \Phi^\nu}{\partial t^{p^\nu}} \text{ ne figure pas dans } F^\nu(D^{q^\mu}\bar{\Phi}^\mu) .$$

Il s'agit de trouver une solution du problème (28.9) telle que

$$(28.10)\qquad \bar{\Phi}^\nu \in \Gamma^{p^\nu,(\alpha)} , \quad \frac{\partial^j \bar{\Phi}^\nu}{\partial t^j}(t, \rho) \gg 0 \quad \text{pour} \quad j \leq p^\nu .$$

Une telle solution existe, car le théorème d'existence du n. 14 **s'étend aisément à des systèmes formels du type (28.9) .**

Voici achevée la construction de l'ensemble que l'application $v \to u$ applique en lui-même .

La majoration des approximations successives en résulte, comme au n. 23.

Le module de continuité de l'application

$v \to u$ est donné par un lemme analogue au lemme 19 : on suppose

$$\left| D^{m^\mu,\infty} v_h^\mu , S_t, \rho \right| \ll \theta(\rho), \left| D^{m^\mu,\infty} u_h^\mu , S_t, \rho \right| \ll \theta(\rho), \quad \text{où } \theta \in \Gamma^{(\alpha)}, \ h=0, 1$$

on a

$$(28.11)\left| D^{m^\mu - p^\mu + k, \infty}(u_1^\mu - u_o^\mu), S_t, \rho \right| \ll C(\rho)(1+\frac{\partial}{\partial t}+\frac{\partial}{\partial \rho})^k \varphi^\mu(t, \rho)$$

$$(k = 0, \ldots, p^\mu)$$

si l'on a

$$(28.12)\quad \left| D^{m^\mu - p^\mu + k, \infty}(v_1^\mu - v_0^\mu), S_t, \rho \right| \ll C(\rho)\left(1 + \frac{\partial}{\partial t} + \frac{\partial}{\partial \rho}\right)^k \psi^\mu(t, \rho)$$

$$(k = 0, \dots, p^\mu)$$

et si les φ^μ sont la solution du problème de Cauchy formel :

$$(28.13)\quad \begin{cases} \left[\frac{\partial}{\partial t} - A(\rho)\left(1 + \frac{\partial}{\partial \rho}\right)\right]^{p^\nu} \varphi^\nu = \sum_\mu B_\mu^\nu(\rho) C(\rho)\left(1 + \frac{\partial}{\partial t} + \frac{\partial}{\partial \rho}\right)^{q^\mu} \psi^\mu \\ \frac{\partial^j \varphi_\nu}{\partial t^j}(0, \rho) = 0 \quad \text{pour } j < p^\nu ; \end{cases}$$

dans (28.13), $\left(1 + \frac{\partial}{\partial t} + \frac{\partial}{\partial \rho}\right)^{q^\mu} \psi^\mu$ est remplacé par $\left(1 + \frac{\partial}{\partial t} + \frac{\partial}{\partial \rho}\right)^{p^\mu - 1} \frac{\partial \psi^\mu}{\partial \rho}$ quand $q^\mu = p^\mu$; A, B_μ^ν dépendant de a^ν, b^ν, θ, sans dépendre de u_h^μ ni de v_h^μ ; $A(0) = 0$; A, B_μ^ν sont $\gg 0$ et $\in \Gamma^{(\alpha)}$.

La convergence des approximations successives en résulte, comme au n. 24 en employant une extension facile, aux systèmes formels, du théorème de convergence du n. 14.

Les théorèmes d'unicité se prouvent, comme aux n. 25 et 26.

§ 7. Systèmes quasi-linéaires ou non-linéaires.

29. Un tel système se transforme aisément en un système à partie principale diagonale, c'est-à-dire du type qui vient d'être étudié au § 6 : il suffit d'appliquer à chacune de ses équations le mineur qui lui correspond dans la matrice constituée par les opérateurs différentiels linéaires tangents aux premiers membres de ces équations. Dans le cas d'une seule équation non-linéaire, voir P. Dionne [3.] .

On transforme ainsi un problème de Cauchy en un problème de Cauchy équivalent, auquel on appliquera les théorèmes du n. 27 .

BIBLIOGRAPHIE

[1] S.S. CHERN et Hans LEWY, Plongement d'une multiplicité riemannienne dans un espace euclidien, (en préparation).

[2] Y. CHOQUET-BRUHAT , Fluides relativistes de conductivité finie (en préparation).

[3] P. DIONNE, Sur les problèmes de Cauchy hyperboliques bien posés. Jour. d'Analyse Math ., t.10 (1962) pp. 1-90.

[4] L. GÅRDING, Cauchy's problem for hyperbolic equations, Lecture Notes, University of Chicago, 1957;
-- Energy inequalities for hyperbolic systems, Colloque international de Bombay, 1964.

[5] M. GEVREY, Sur la nature analytique des solutions des équations aux dérivées partielles, Annales Ecole Norm. Sup., t. 35 (1917), pp. 129-189.

[6] E. DE GIORGI, Un teorema di unicità per il problema di Cauchy relativo ad equazioni differenziali lineari a derivate parziali di tipo parabolico, Annali di Mat., t.40, (1955) p. 371-377.
-- Un esempio di non-unicità della soluzione del problema di Cauchy ; Università di Roma, Rendiconti di Matematica, t.14, 1955, pp. 382-387.
J. LERAY, Equations hyperboliques non strictes : contre-exemples du type de Giorgi, aux théorèmes d'existence et d'unicité, (Séminaire du Collège de France, 1965).

[7] L. HÖRMANDER , Linear partial differential operators, Springer (1963).

[8] N.A. LEDNEV, Nouvelle méthode pour résoudre les équations aux dérivées partielles, Mat. Sb. t. 22 (1948) (en russe).

[9] J. LERAY, Hyperbolic differential equations, Institute for adv. study, Princeton, 1953.
-- La théorie de Gårding des équations hyperboliques linéaires, C.I.ME., Varenna ,1956.

[10] J. LERAY et Y. OHYA, Systèmes linéaires, hyperboliques non stricts, Colloque de Liège, 1964, C.N.R.B.

[11] J. LERAY et L. WAELBROECK , Normes des fonctions composées, Colloque de Liège, 1964, C.N.R.B.

[12] A. LICHNEROWICZ , Etude mathématique des équations de la magnétodhydrodynamique relativiste, C.R. Acad. Sciences, t. 260 (1965) pp. 4.449-4.453.

[13] Y. OHYA, le problème de Cauchy pour les équations hyperboliques à caractéristiques multiples, Jour. Math. Soc. Japan, t. 16 (1964) pp. 268-286.

[14] C. PUCCI, Nuove ricerche sul problema di Cauchy, Mem. Acc. Sci. Torino, 1955.

[15] G. TALENTI, Sur le problème de Cauchy les équations aux dérivées partielles, C.R. Acad Sc., t. 259 (1964) pp. 1932-1933.

CENTRO INTERNAZIONALE MATEMATICO ESTIVO

(C.I.M.E.)

J. MOSER

SOME ASPECTS OF NON-LINEAR DIFFERENTIAL EQUATIONS

Corso tenuto a Varenna (Como) dal 31 agosto-8 settembre

1964

SOME ASPECTS OF NON-LINEAR DIFFERENTIAL EQUATIONS

by

Jurgen Moser

(New York University - New York)

Introduction :

In the following lectures we shall discuss a number of problems connected with nonlinear differential equations, and the construction of their solutions. There are several methods available to cope with the difficulties encountered in the theory of nonlinear functional analysis, we mention iteration methods, on the contraction principle which can be viewed as a generalization of the "regula falsi" to Banach spaces, and fixed point methods, as they were initiated by Leray and Schauder and their fixed point theorems. Schauder applied his method to the study of quasi linear hyperbolic differential equations and established the existence of the solutions "in the small". [1]

In Schauder's work careful a priori estimates for the solutions of some linear partial differential equations are basic for the applicability of the method. We shall not describe them here but mention only that these are square integral estimates which are also fundamental if one wants to establish the existence of weak solutions of hyperbolic equations. [2].

For a long time problems were known which could not be attacked with these methods.

As a first example we mention the embedding problem : Given an abstract compact Riemannian manifold which possesses an infinitely ferentiable structure can one realize it as a submanifold of a finite-dimensional Euclidean space? It is understood that the metric should agree with the metric which is induced by the natural metric of the

Euclidean space. This question of "isometric embedding" has been answered by J.Nash using ingenious methods. [3] One can easily put this problem into the form of a system of partial differential equations, which indeed were unaccessible to the methods known before . In particular, these differential equations cannot be classified as hyperbolic, elliptic or as equations of a definite type, for which the theory has been developed to some extent. On the contrary the system is highly degenerate and the solution is not unique. The method of J. Nash was put into the form of an abstract implicit function theorem by J. Schwartz [4] . We also refer to [4'] , [4"] and an application of the ideas in [4"] .

A second example which we want to mention is connected with the stability problem of celestial mechanics, or more specifically, the problem to find some almost periodic solutions for the three or n body problems.

This question has been known for centuries and is related to the so called difficulty of the small divisors. The first steps towards surmounting this difficulty were made by C.L. Siegel. [5] , [5'] . However, his results could not be adapted so as to give definite results for the differential equations of celestial mechanics. In 1954 Kolmogorov [6] [7] announced some new theorems for Halmitonian systems of differential equations and in subsequent years V.I. Arnold supplied proofs [10] and gave striking applications of his results to the n body problems. [9].

Again the relevant problem can be transformed into nonlinear partial differential equations which were not tractible previously, in spite of many serious attempts .

It would be difficult to give an account and the back ground for either of the two problems.

It turns out, however, that both results can be derived by essentially the same method (although the original approach by Nash seems to be different). Therefore we intend to present the ideas of this method removed from these particular problems and apply it rather to some simpler problems, namely the nonlinear theory of positive symmetric systems, as they were introduced by K.O. Friedrichs in the linear case. [11] .

It is conceivable that these equations are amenable to a different approach but we use them to illustrate our method. The result obtained will be applied to the study of invariant manifolds of vector fields as they where studied by Bogolioubov and Mitropolsky [12] and Diliberto [13], Kyner [14] .(*)

The last chapter contains a discussion of the results of Kolmogorov and Arnold which are relevant in celestial mechanics . The proofs are given for a simplified problem only.

(*) A recent study by Kupka [15] on invariant surfaces in a very general context will appear in the near future.

J. Moser

Chap. I - Approximate Solutions.

In this section we intend to show how one can construct the solutions of a nonlinear problem by an iteration process where at each step an approximate solution of a linear equation is required. Several methods for finding such approximate solutions of the linear equations will be explained in a later section.

We want to emphasise that for the convergence of the process it is of advantage to work with approximate, rather than with exact solutions of the linearized equations. It is more advantageous to retain a high degree of smoothness of the approximation at the expense of the accuracy. In fact the natural iteration process may lead to divergence if one solves the linear equations exactely at each step.

The purpose of this section is to make these ideas precise, give definitions of approximate solutions of the linear and nonlinear problems.

Although these concepts are applicable in a much wider setting we will restrict ourselves here to vector functions on a torus and square integral norms which permit a particulary simple discussion.

1 Approximation of functions by smoother ones.

a) We consider real functions $v(x)$ of n variables $x_1, \ldots, x_n$ of period $\alpha\pi$ in each of these variables. With the help of the Laplacean operator.

$$\Delta = \sum_{\nu=1}^{n} \left(\frac{\partial}{\partial x_\nu}\right)^2$$

we introduce the inner product.

$$(1.1) \qquad (v, w)_\rho = \int v \, (-\Delta)^\rho \, w dx \quad \text{for } \rho = 0, 1, \ldots, r.$$

where the integration is taken over $0 \leq x_\nu \leq 2\pi$ and dx abbreviates the volume element $dx_1, \ldots dx_n$.
The nórm $\| v \|_\rho = (v, v)_\rho^{1/2}$ vanishes for constant functions if $\rho > 0$ but

$$\left(\| v \|_0^2 + \| v \|_\rho^2 \right)^{\frac{1}{2}}$$

represents a proper norm. The closure of all C^∞ functions (of period 2π) under this norm form a Hilbert space which we denote by V^ρ (Sobolev space).

Using the Fourier expansion

$$v = \sum_k v_k \, e^{i(k, x)} \quad , \; k = (k_1, \ldots, k_n) \; (k \text{ integers})$$

one can introduce the spaces V^ρ for non-integral values. We define

$$(1.2) \qquad \| v \|_\rho^2 = 2\pi \sum_k |k|^{2\rho} \, |v_k|^2$$

where $|k|^2 = k_1^2 + \ldots + k_n^2$. The closure of the trigonometrical polynomials in the norm (1.2) with $\|v\|_\rho$ just defined for real ρ will be called V^ρ. For integer $\rho > 0$ this definition agrees with the previous one.

b) The norms $\|v\|_0$, $\|v\|_\rho$, $\|v\|_r$ are related by several inequalities. We list the properties which will be needed later on.

It is well-known that for a given $v \in V^\rho$ the expression $\log \|v\|_\rho = \varphi(\rho)$ is a convex function of ρ in $(0,r)$ provided $0 < \|v\|_r < \infty$. This can be seen from the fact, that (1.2) defines $\varphi(\rho)$ as an analytic function even for complex values of ρ in the strip $0 \leq \operatorname{Re} \rho \leq r$ and

$$\max_{\operatorname{Re} z = \rho} |\varphi(z)| = \varphi(\rho)$$

We assume here that v has no constant term.

Therefore, Hadamard's three line theorem ensures the convexity of $\varphi(\rho)$ in $0 \leq \rho \leq r$. Hence

$$\|v\|_\rho \leq \|v\|_{\rho_1}^{\alpha} \|v\|_{\rho_2}^{\beta} \quad \text{for } \rho = \alpha\rho_1 + \beta\rho_2 \tag{1.3}$$

where α, β are non negative numbers with $\alpha + \beta = 1$.

In particular,

$$\|v\|_\rho \leq \|v\|_0^{1-\rho/r} \|v\|_r^{\rho/r} \quad \text{for } 0 < \rho < r \tag{1.3'}$$

We note that $V_\rho \supset V_{\rho'}$ if $0 \leq \rho \leq \rho' \leq r$.

The latter inequalities have been proved, if v has no constant terms.

But adding a constant to v does not affect the left and does not decrease the right hand side. Thus (1.3) and (1.3') hold in general.

c) Secondly we investigate how well one can approximate a function $v \in V^{\rho}$ by functions of V^{r}.

Lemma 1 : For $v \in V^{\rho}$ $(0 < \rho < r)$ and $Q > 1$ there exists a $w \in V^{r}$ such that

$$(1.4) \qquad \begin{cases} \| v - w \|_{o} \leq K Q^{-\mu} \\ \| w \|_{r} \leq K Q \end{cases}$$

where $K = \| v \|_{\rho}$ and

$$(1.5) \qquad \mu = \frac{\rho}{r - \rho} \quad \text{or} \quad \frac{\rho}{r} = \frac{\mu}{\mu + 1}$$

Proof : We just have to choose for w the truncated Fourier series

$$w = \sum_{|k| \leq N} v_k \; e^{i(k, x)}$$

with an appropriate integer $N \geq 1$.

If we denote $v - w = z$ we have obviously

$$\begin{cases} \| w \|_{r} \leq N^{r-\rho} \| w \|_{\rho} \\ \| z \|_{\rho} \geq N^{\rho} \| z \|_{0} \end{cases}$$

and therefore - using the orthogonality of the $e^{i(k,x)}$ with respect to all inner products $(v, w)_{\rho}$:

$$(1.6)\qquad \begin{cases} \| v - w \|_0 \leq N^{-\rho} \| z \|_\rho \leq K N^{-\rho} \\ \| w \|_r \leq N^{r-\rho} \| w \|_\rho \leq K N^{r-\rho} \end{cases}$$

Choosing $N = Q^{\frac{1}{r-\rho}}$ and $\mu = \frac{\rho}{r-\rho}$ the lemma follows.

Conversely, we have

Lemma 2 : If $v \in V^0$ has the property that for every $Q > 1$ there exists a $w \in V^r$ such that

$$\| v - w \|_0 \leq K Q^{-\mu} , \qquad (\mu > 0),$$

$$\| w \|_r \leq K Q$$

then $v \in V^\rho$ for every ρ satisfying

$$(1.7)\qquad \frac{\rho}{r} < \frac{\mu}{\mu + 1}$$

and $\| v \|_\rho \leq c K$ if $\| v \|_0 \leq K$, where c depends on ρ, r and n.

Proof : Choosing $Q' = 2Q$ and denoting the corresponding approximation by w' we find

$$\| w - w' \|_0 \leq K(Q^{-\mu} + Q'^{-\mu}) \leq 2KQ^{-\mu}$$

$$\| w - w' \|_r \leq K(Q + Q') \leq 3KQ$$

and by (1.3') we have

$$\| w - w' \|_\rho \quad 3KQ^{-q} \quad \text{with} \quad q = \mu\left(1 - \frac{\rho}{r}\right) - \frac{\rho}{r} .$$

The assumption (1.7) ensures that $q > 0$. Hence if we set $Q = Q_n = 2^n Q_0$ and call the corresponding approximations w_n then

$$\| w_n - w_{n+1} \|_\rho \leq 3K\, Q_0^{-q}\, 2^{-nq}$$

Thus w_n converges in V^ρ to a limit w_∞.

If w_∞ is interpreted as element in V^o then the assumption

$$\| v - w_n \|_o \leq K Q_n^{-\mu}$$

shows that $v = w_\infty$. Thus $v \in V^\rho$.

Moreover, we obtain an estimate for $\| v \|_\rho$ from

$$\| v - w_o \|_\rho \leq \sum_{n=o}^{\infty} \| w_n - w_{n+1} \|_\rho \leq K Q_o^{-q} c$$

where $c = 3 \sum 2^{-nq}$. Using

$$\| w_o \|_r \leq K Q_o \ ; \ \| w_o \|_o \leq \| v \|_o + K Q^{-\mu} \leq 2K$$

we have

$$\| v \|_\rho \leq \| w_o \|_\rho + Q_o^{-q} c K$$
$$\leq K (2 Q_o^{\rho/r} + c Q_o^{-q})$$

For $Q_o = 1$ we get the desired estimate with $c+2$ as constant.

These lemmata show that the function spaces V^ρ can nearly be characterized by their approximation properties by functions V^r.

The loss in ρ is unavoidable in the present set up as a simple example shows :

$$v = \sum_{|k| > o} |k|^{-(\sigma + \frac{n}{2})} e^{i(k,x)} \quad , \ o < \sigma < r,$$

admits an approximation in the sense of lemma 2 with

$$\mu = \frac{\sigma}{r - \sigma} ,$$

provided by the truncated Fourier series. However, v does not belong to V^{σ} but only to V^{ρ} with $\rho < \sigma$.

But in the following these crude estimates will be sufficient.

§ 2 Composition of functions.

a) In the preceding section we proved for the "Sobolev" spaces the inequalities (1.3') and the approximation properties expressed by Lemma 1 and 2.

There are several other families of spaces V^{ρ} $(o \leq \rho \leq r)$ satisfying these properties which we list again.

The V^{ρ} $(o \leq \rho \leq r)$ are assumed to be Banach spaces in the order $V \supset V^{\rho} \supset V^{r}$, satisfying :

α) In V^{ρ} a norm $(\|v\|_o^2 + \|v\|_{\rho}^2)^{1/2}$ is defined where

$$(2.1) \qquad \|v\|_{\rho} \leq c \quad \|v\|_o^{1-\frac{\rho}{r}} \; \|v\|_r^{\frac{\rho}{r}}$$

and c depends on ρ, r, n only. V^{ρ} are assumed to be Banach spaces only

β) If $v \in V^{\rho}$ and $\|v\|_{\rho} \leq K$ then for $Q > 1$ there exists a $w \in V^r$ such that

$$(2.2) \qquad \begin{cases} \|v - w\|_o \leq CKQ^{-\mu} \\ \|w\|_r \leq KQ \end{cases}$$

with c depending on r, ρ, n only and $\mu = \dfrac{\rho}{r-\rho}$.

Conversely if $v \in V^o$ satisfies (2.2) with some $K \geq \|v\|_o$ then $v \in V^{\rho'}$ where

$$\frac{\rho'}{r} < \frac{\mu}{\mu+1}$$

b) Clearly the vector valued functions $v = (v_1, \ldots, v_m)$ with

$$\|v\|_{\rho}^2 = \sum_{\mu=1}^{m} \|v_{\mu}\|_{\rho}^2$$

and $\|v_\mu\|_\rho$ defined as in (1.2) satisfy all the hypotheses.

A more interesting example is provided by the pair of norms

$$|v|_0 = \max_x \sqrt{\sum_{\mu=1}^{m} |v_\mu|^2}$$

$$\|v\|_r^2 = \int v \, (-\Delta)^r \, v dx$$

Let but V^0 consist of all continuous functions with norm $|v|_0$ and V^r defined with the norm $\|v\|_r + |v|_0$.

How to define V^ρ and the intermediate norms ? We shall give these only for integer ρ in $0 < \rho < r$.

These norms are given by the left side of the inequality

$$(2.3) \qquad \left\{\sup \int | D_x^\rho v_\mu |^{2\frac{r}{\rho}} dx\right\}^{\frac{\rho}{2r}} \leq C |v|_0^{1-\rho/r} \, \|v\|_r^{\rho/v}$$

where the supremum is taken over all derivatives D^ρ of order ρ and all components v_μ. The constant c depends on r, ρ, n again.

This inequality - which provides the requirement (2.1) - is contained as a special case of a much more general theorem by L. Nirenberg [16], see also [17].

c) The inequality (2.3) allows the estimate for the composition of two functions : Let $\varphi = \varphi(x, y)$ be defined for $y = (y_1, \ldots, y_m)$ in $|y|^2 = \sum y_\mu^2 < 1$ and all $x = (x_1, \ldots, x_n)$, being of period 2 in the latter variables.

Assume that φ possesses continuous derivatives up to order r which are bounded by B. Then we have for

$$\varphi \circ v = \varphi(x, v(x))$$

the estimate

(2.4) $$\| \varphi \circ v \|_r \leq C\,B\,(\|v\|_r + 1)$$

provided $v \in V^r$ and $\max_x |v| = |v|_0 < 1$.

This estimate shows that $\|\varphi \circ v\|_r$ grows at most linearly with $\|v\|_r$ which seems not quite obvious at first.

Proof: It suffices to prove (2.4) for scalar C^∞- functions v(x).

Denoting by D^ρ any derivative with respect to $x_1, \ldots, x_n$ of order ρ we can write the "chain-rule" symbolically as

(2.5) $$D_x^r(\varphi \circ v) = \sum_{\rho+\sigma \leq r} \left(D_x^\sigma \frac{\partial^\rho \varphi}{\partial y^\rho}\right) \sum_\alpha C_{\sigma\rho\alpha} (Dv)^{\alpha_1} (D^2 v)^{\alpha_2} \ldots (D_v^r)^{\alpha_r}$$

with constants $C_{\sigma\rho\alpha}$ and non negative integers satisfying

(2.6) $$\alpha_1 + \ldots + \alpha_r = \sigma$$
$$1\alpha_1 + 2\alpha_2 + \ldots + r\alpha_r + \sigma = r$$

These relations can be read off by counting the order of differentiation with respect to y and x.

To estimate the square integrals of the product in (2.5) we use Holder's inequality for a multiple product :

Setting $$v_0 = D_x^\sigma \frac{\partial^\rho \varphi}{\partial y^\rho} \quad ; \quad v_\lambda = D^\lambda v \quad (\lambda = 1, \ldots, r)$$

and

$$p_0 = \frac{r}{\sigma} \quad ; \quad \alpha_0 = 1 \quad ; \quad p_\lambda = \frac{r}{\lambda \alpha_\lambda}$$

we have by (2.6) $$\sum_{\lambda=0}^{r} \frac{1}{p_\lambda} = 1$$

Note that $p_\lambda = \infty$ will be admitted. Hölder's inequality can now be written as

$$\int \prod_{\lambda=0}^{r} v_\lambda^{2\alpha_\lambda} dx \leq \prod_{\lambda=0}^{r} \left(\int |v_\lambda|^{2\alpha_\lambda p_\lambda} dx \right)^{\frac{1}{p_\lambda}}$$

$$= \left(\int |v_o|^{2\frac{r}{\sigma}} dx \right)^{\frac{\sigma}{r}} \left(\prod_{\lambda=1}^{r} \int |D_\lambda v|^{\frac{2r}{\lambda}} dx \right)^{\frac{\lambda\alpha_\lambda}{r}}$$

This first factor will be estimated by B^2 and the second by (2.3) with the result :

$$\int \prod_{\lambda=0}^{r} v_\lambda^{2\alpha_\lambda} dx \leq B^2 C^r \prod_{r=0}^{\lambda} |v|_o^{(1-\frac{\lambda}{r})2\alpha_\lambda} \|v\|_r^{\frac{2\lambda\alpha_\lambda}{r}}$$

This expression simplifies because of $|v_o| < 1$ and

$$\sum \frac{\lambda\alpha_\lambda}{r} = 1 - \frac{\sigma}{r} \leq 1$$

so that the right hand side is less than

$$B^2 C^r \|v\|_r^2 \quad \text{or} \quad B^2 C^r .$$

This estimate is valid for each term in the sum (2.5) hence

$$\|\varphi \circ v\|_r^2 \leq B^2 C^r (1 + \|v\|_r^2)$$

This proves (2.4) (with a different constant c).

For later purposes we list a similar estimate :

Let $\varphi(x, y, p)$ be a function of $x_1, \ldots x_n$ of period 2π, of $y_1, \ldots y_m$, and $p_{\mu\nu}$, $\mu = 1, \ldots, m$, $\nu = 1, \ldots, n$ in

$$|y_\mu| < 1 ; \qquad |p_{\mu\nu}| < 1.$$

Moreover, let φ admit $r - 1$ continuous derivatives with respect to all variables, bounded by B.

Consider the function $\varphi(x, v, v_x)$ which is obtained by substituting $y_\mu = v_\mu$; $p_{\mu\nu} = \frac{\partial v_\mu}{\partial x_\nu}$ where v is a function in V^r with

(2.7) $$|v_\mu| < 1 \quad ; \quad |v_{\mu x_\nu}| < 1$$

Then

(2.8) $$\| \varphi(x, v, v_x) \|_{r-1} \leq B(1 + \|v\|_r)$$

The proof of this inequality can easily be reduced to (2.4) by considering v, v_x as independent functions.

§ 3 Approximate solutions of linear equations.

a) We consider two such family of spaces satisfying conditions α) and β) in § 2 : V^ρ ($0 \leq \rho \leq r$) with norms $\| v \|_\rho$ for $v \in V^\rho$ and G^σ ($0 \leq \sigma \leq s$) with norms $\| g \|_\sigma$ for $g \in G^\sigma$.

We denote by L a linear operator mapping V^r into G^s. Usually we shall be dealing with differential operators of first order and we could identify G^s with V^{r-1} and $s = r-1$. However, we wish to distinguish the domain V^r and range G^s by a different notation.

In the theory of elliptic differential equations, for example, the existence theory is based on the construction of spaces which are mapped one to one into each other (bijective). For the differential operator considered here this will not be the case. We give a simple example :

$$Lv = v_{x_1} + 2v_{x_2} + v$$

maps the space V^r into $V^{r-1} = G^{r-1}$. But an element $g \in G^{r-1}$ need not be the preimage of a $v \in V^r$. Namely for a given function g_o which depends on $2x_1 - x_2$ we have $v = g_o$ and $Lv = v$, hence $g_o \in G^{r-1}$ implies $v_o \in G^{r-1} = V^{r-1}$. In this particular case it is easy to discuss the solvability of the equation $Lv = g$ since the problem has constant coefficients.

To study such equations in a more general case we shall first construct approximate solutions : we speak of an approximate solution w_Q of $Lv = g$ if for every $Q > 1$ there exists a $w \in V^r$ such that

$$(3.1) \qquad \begin{cases} \| Lw - g \|_o \leq K \eta(Q) \\ \| w \|_r \leq KQ \end{cases}$$

if $\|g\|_o \leq 1$ $\|g\|_s \leq K$ and $\eta(Q) \longrightarrow 0$ as $Q \longrightarrow \infty$.

Usually we shall require

(3.1') $$\eta(Q) \leq C Q^{-\mu}$$

and call μ degree of the approximation.

For example, if L is the identity map from v V^r to V^s with $o<s<r$ Then the problem of solving $Lv = g$ approximately reduces to that of Lemma 1 and we can choose $\mu = \frac{s}{r-s}$.

b) **We remark : If L is an operator which admits an estimate,**

$$\|v\|_o \leq \|Lv\|_o \leq c\ \|v\|_\alpha$$

for $v \in V^r$ then the existence of an approximate solution for every $Q > 1$ with $\mu > \frac{\alpha}{r-\alpha}$ implies the existence of an exact solution, if $g \in G^s$.

The proof of this statement follows the same lines as Lemma 2 of § 1. Choose $Q = Q_n = 2^n$ and denote by w_n the corresponding approximate solution ; from (3.1) we have

$$\|w_n - w_{n+1}\|_o \leq \|L(w_n - w_{n+1})\|_o \leq c\ 2K\ Q_n^{-\mu}$$

and

$$\|w_n - w_{n+1}\|_r \leq 3\ K Q_n.$$

Hence

$$\|w_n - w_{n+1}\|_\rho \leq c\ K Q_n^{-q} \quad \text{with} \quad q = \mu(1 - \frac{\rho}{r}) - \frac{\rho}{r}.$$

If $q>o$ we conclude that w_n converges in V^ρ to an element $v \in V^\rho$. We take $\rho = \alpha$ so that $q = \mu \frac{r-\alpha}{r} - \frac{\alpha}{r} > o$ and Lw_n converges to Lv in G^o. Hence $Lv = g$ and v is the desired solution.

This shows that the requirement of an approximate solution for all $Q > 1$ is actually more stringent than the knowledge of an exact solution !

c) We shall describe now how one can construct approximate solutions for some linear operators which share some positivity properties with positive symmetric operators.

We shall assume that V^r are the Sobolev spaces of § 1 on which the inner product $(v, w)_r$ is defined. Similarly we use the same notation for G^s.

Let L be a linear operator which maps C^∞ into C^∞ and satisfies the estimates.

$$(3.2)\qquad \begin{cases} \| v \|_o^2 \leq (L v, v)_o \\ \| v \|_s^2 \leq c(L v, v)_s + K_1^2 \| v \|_o^2) \end{cases}$$

for $s = r-1$ and all $v \in V^r$.

Here K_1 is a number greater than 1 wich depends on L. Moreover, let

$$(3.3)\qquad \| L v \|_s \leq c \| v \|_r \ .$$

For the construction of approximate solutions of $L v - g = 0$ various methods are available. Here we reduce the problem to an elliptic problem by adding to L an "artificial viscosity term". This trick is well known in numerical analysis (P.D. Lax) and has been used by L. Nirenberg in other connections [18]. It has to be mentioned, however, that for particular problems one can usually reduce the problem of finding approximate solutions to a finite one and the present approach is more complicated than necessary.

The device is the following : In order to solve the equation $Lv \sim g$ approximately and retaining more smoothness we solve the modified equation.

$$L_h w = (h^{2\alpha}(-\Delta)^{\alpha} + L)\, w = g \tag{3.5}$$

exactly where h is a small parameter in $0<h<1$ and $2\alpha \leq s$. This equation is elliptic and satisfies the same inequalities like L. The question of existence and uniqueness for this elliptic equation is standard by the projection method, the argument of Lax - Milgram and others. If g and the coefficients of L are in C^{∞} so is the solution of (3.5) . As $h \to 0$ one may expect the solution to converge to the exact solution of $Lv = g$.

Yet we shall not set $h = 0$ but rather keep the parameter not too small in order to hold the size of the higher derivatives down.

We shall show now that the solution of (3.5) yields an approximate solution of $Lw = g$ with a degree of approximation

$$\mu = 2\alpha \tag{3.6}$$

provided

$$1 \leq \alpha \leq s/2 \tag{3.7}$$

For this purpose we make use of the estimates (3.2) to derive

$$h^{2\alpha} \| w \|_{\alpha}^{2} + \| w \|_{0}^{2} \leq (L_h w, w)_0 = (g, w)_0$$

$$\leq \frac{1}{2} (\| g \|_0^2 + \| w \|_0^2)$$

which yields

$$\| w \|_0 = c_0 \| g \|_0 .$$

Similarly , we find for higher derivatives

$$h^{2\alpha}\|w\|^2_{\alpha+s} + \|w\|^2_s \leq c\left\{(L_h w, w)_s + K_1^2\|w\|^2_o\right\}$$

$$\leq \frac{1}{2}(\|w\|^2_s + c^2\|g\|^2_s) + cK_1^2\|w\|^2_o$$

hence

$$h^{2\alpha}\|w\|^2_{\alpha+s} + \frac{1}{2}\|w\|^2_s \leq c^2(K^2 + K_1^2) \leq 2c^2K^2$$

for $K \geq K_1$. Thus we have

$$\|w\|_{\alpha+s} \leq c'h^{-\alpha} K \; ; \qquad \|w\|_s \leq c' K$$

and , since $r = s+1 \leq s+\alpha$ we have from (1 3)

$$\|w\|_r \leq c_1 h^{-1} K \tag{3.8}$$

By (3.7) $\|(-\Delta)^\alpha w\|_o = |w|_{2\alpha} \leq c_2 K.$

Hence(3.9) $\|Lw - g\|_o = h^{2\alpha}\|(-\Delta)^\alpha w\|_o \leq c_2 K h^{2\alpha}.$

The relations (3.8) , (3.9) verify that w is an approximate solution in the sense of (3.1) : With $Q = \frac{c_1}{h}$ one has

$$\eta(Q) = c_2 c_1^{2\alpha} Q^{-2\alpha}$$

This proves (3.6) .

If one chooses s as an even number the strongest approximation is obtained for $\alpha = s/2$ in which case we have $\mu = s$. For old s we have $\mu = s-1$ for $2\alpha = s-1$.

d) For later applications we shall discuss the situation where the additive term $K_1^2\|v\|^2_o$ in (3.2) is replaced by $K_1^2|v|^2_o$ (where $|v|_o = \sup_x |v|$), i.e. we replace (3.2) by

(3.10)
$$\begin{cases} \|v\|_o^2 \leq (Lv, v)_o \\ \|v\|_s^2 \leq c((Lv, v)_s + K_1^2 |v|_o^2). \end{cases}$$

We shall show that also in this case we can produce an approximate solution of the linear equation $Lv = g$ satisfying the same inequalities (3.1) provided that

(3.11)
$$\|g\|_o \leq K^{-\frac{n}{2s-n}} \quad ; \|g\|_s \leq K ; \quad s > \frac{n}{2}$$

To prove this remark we construct w again as solution of

$$L_h w = g$$

It remains to be shown that w satisfies (3.1). This follows precisely as before if we can show that the additional term $K_1^2 |w|_o^2$ can be estimated by K^2. Therefore we shall prove now that indeed

(3.12)
$$K_1 |w|_o \leq K \qquad \text{for } K > c K_1$$

holds as a consequence of (3.11).

For this purpose we derive the a priori estimates

$$\|w\|_o \leq c_o \|g\|_o$$

$$\|w\|_s^2 \leq c((L_h w, w)_s + K_1^2 |w|_o^2)$$

$$\leq \frac{1}{2}(\|w\|_s^2 + c^2 \|g\|_s^2) + c K_1^2 |w|_o^2$$

Hence

(3.13)
$$\|w\|_s \leq c_1 (\|g\|_s + K_1 |w|_o) .$$

We combine these estimates with the general Sobolev inequality

$$|w|_0 \leq c_2 \|w\|_0^{1-\frac{n}{2s}} \|w\|_s^{\frac{n}{2s}} \quad \text{for} \quad s > \frac{n}{2}$$

Therefore we have

$$|w|_0 \leq c_2 (c_0 \|g\|_0)^{1-\frac{n}{2s}} \|w\|_s^{\frac{n}{2s}}$$

and with (3.11), (3.13)

$$|w|_0 \leq c_2 c_0^{1-\frac{n}{2s}} (K^{-1} \|w\|_s)^{\frac{n}{2s}} \leq \left\{ c_3 (1 + \frac{K_1}{K} |w|_0) \right\}^{\frac{n}{2s}}$$

with another constant $c_3 > 1$.

Assuming that (3.12) would not hold we would have

$$|w|_0 < (2 c_3 \frac{K_1}{K} |w|_0)^{\frac{n}{2s}} < (\frac{1}{2} |w|_0)^{\frac{n}{2s}} \quad \text{for} \quad K > 2c_3 K_1$$

which is a contradiction and (3.12) is established with $c = 2c_3$.

§ 4 Galerkin Method

a) Here we want to describe a second method for construction of approximate solutions, the so called Galerkin method. It has the advantage to reduce the problem to a finite dimensional one. In fact, it amounts to solving the linear equation $Lu = f$ projected into a finite dimensional space.

To introduce these finite dimensional spaces we assume that the set

$$\|v\|_r \leq 1$$

is compact with respect to the norm $\|v\|_0$. (This assumption is certainly fulfilled for functions on a torus with the norms introduced). We can represent $(v, w)_0$ in the form

$$(v, w)_0 = (v, Rw)_r$$

where R is a symmetric and compact operator.(*)

For any number $N \geq 1$ let H_N be the eigen space of R corresponding to the part of the spectrum where $|\lambda| > N^{-r}$. Then H_N is a finite dimensional space in which

$$\|v\|_0 \geq N^{-r} \|v\|_r \quad \text{for} \quad v \in H_N$$

and in the orthogonal complement :

$$\|v\|_0 \leq N^{-r} \|v\|_r$$

(*) In order to avoid any difficulty with the elements for which $|v|_r = 0$ (as the constants on the torus) we restrict ourselves to the orthogonal complement of these elements.

If P_N denotes the projection of V^o into H_N we have then for $P = P_N$

$$\begin{cases} \| P v \|_r \leq N^{-r} \| P v \|_o \\ \| (I - P) v \|_o \leq N^{-r} \| (I - P) v \|_r \leq N^{-r} \| v \|_r \, . \end{cases}$$

More generally, since the P_N commute with the differentation

(4.1') $$\| P v \|_r \leq N^{r-s} \| P v \|_s$$

$$\| (I - P) v \|_o \leq N^{-s} \| (I - P) v \|_s$$

and the P_N are a family of commuting self adjoint projections satisfying $P_N P_{N'} = P_N$ for $N' > N$.

In the case discussed in the previous section the P_N projects functions into trigonometrical polynomials. Clearly, one can introduce a similar projection of functions on a sphere into spherical harmonics, or any closed manifold into the eigen functions of the Beltrami Laplace equations.

b) We come to the construction of an approximate solution for a linear equation $L v = g$. Let us note that for the identity of $L = I$ the approximate solution of $v \sim g$ can be given by

$$v = P_N g,$$

as we saw in the previous section.

Similarly, we construct an approximate solution of $L v = g$, assuming that

(4.2) $$\begin{cases} \| v \|_o^2 \leq (v, L v)_o \\ \| v \|_s^2 \leq c \left\{ (v, L v)_s + K_1^2 \| v \|_o^2 \right\} \end{cases}$$

and

(4.3) $$\| L v \|_s \leq c \| v \|_r$$

Let $\|g\|_s \leq K, \|g\|_o \leq 1$ and find $v = v_N$ as a solution of the linear equations

(4.4) $$P_N(l v - g) = 0 \; ; \; P_N v = v \; .$$

Since the range of P_N is finite dimensional, (4.4) constitutes finitely many equations in equally many unknowns . The solvability is guarenteed if the determinant does not vanish, i.e. it suffices to prove uniqueness of the homogeneous equation.

We prove more by the following estimate :

From (4.2) we have

$$\| v \|_o^2 \leq (v, L v) = (Pv, Lv)_o = (v, g)_o$$

and hence

(4.5) $$\| v \|_o \leq \| g \|_o$$

To estimate the degree of approximation we find from (4.1')and (4.2)

$$\| v \|_r^2 \leq (N^{r-s} \| v \|_s)^2 \leq N^{2(r-s)} c((v, g)_s + K_1^2 \| v \|_o^2 \; .$$

Estimating the right hand side by Schwarz inequality we arrive at

(4.6) $$\| v \|_r \leq c_1 \quad N^{r-s} K \quad \text{for} \quad K \geq K_1$$

It remains to estimate $\| Lv - g \|_o$.

For this purpose we note that $Lv - g$ is orthogonal to H_N and hence by (4.1') admits the estimate

$$\| Lv - g \|_o \leq N^{-s} \| Lv - g \|_s \leq N^{-s} (\| L v \|_s + \| g \|_s)$$

Using (4.3) and (4.6) we have

$$(4.7) \qquad \| Lv - g\|_o \leq N^{-s} (c\, c_1 \, N^{r-s} K + K) \leq c_2 \, K \, N^{r-2s}$$

if $s < r < 2s$ and $N > 1$. Thus the degree of approximation, which is implied by (4.7), is

$$(4.8). \qquad \mu = \frac{2s - r}{r - s} \quad \text{if} \quad s < r < 2s.$$

For example, for $r = s+1$ we have $\mu = s-1$.

The result shows that the construction of an approximate solution leads to a finite dimensional problem, whenever $\| v \|_r \leqslant 1$ is a compact set in V^o; for example on closed manifolds.

§ 5 The Nonlinear Case.

a) We shall show now how the concept of an approximate solution can be used for the construction of exact solutions of non linear problems.

We consider a functional $\mathfrak{F}(u)$ which is defined in a neighborhood of an element u_o.

The result will be applied mainly to partial differential equations of positive type, but we shall formulate the results more generally.

One result is of the tipe of the inverse function theorem, and establishes the existence of a solution u near u_o of $\mathfrak{F}(u) = f$ if f is close to $\mathfrak{F}(u_o) = f_o$. For this purpose we shall require that the linearized equations

$$\lim_{t \to 0} \frac{\mathfrak{F}(u + tv) - \mathfrak{F}(u)}{t} = \mathfrak{F}'(u)\, v = g$$

admits approximate solutions . This is required not only for the linearization at $u = u_o$ but for <u>every u near u_o</u>.

We formulate the conditions more precisely :

Let V^r, V^o denote the function spaces defined in Section 1 and let $u \in V^r$.

We shall denote the domain

$$\text{(5.1)} \qquad \| u - u_o \|_o < 1 \text{ (*)}$$

$$\| g \|_o \leq 1 \text{ **)}$$

(*) In later applications we replace (5.1) by $\|u - u_o\|_\rho + \|u - u_o\|_o < 1$ with some $\rho > o$.

**) This condition may by relaxed to $\| g \|_o < K^{-\lambda}$ with a positive λ introduced below.

If $g \in G^s$ and $\|g\|_s \leq K$ and $\|u\|_r < K$ we require for every $Q > 1$ the existence of a $v = v \in V^r$ satisfying.

by $\mathfrak{U}$. In this domain $\mathfrak{F}(u)$ is defined, mapping u into an element f in

(5.2) $\quad \|f - f_o\|_o < M \quad ; \quad f_o = \mathfrak{F}(u_o) \in G$

$\qquad \|f - f_o\|_s < \infty \qquad (o<s<r)$

and for every $K > 1$ and $u \in \mathfrak{U}$

(5.3) $\quad \|\mathfrak{F}(u)\|_s \leq MK \qquad \|u\|_r < K \; , \; u \in \mathfrak{U}$

The derivative operator $\mathfrak{F}'(u)$ defined by

$$\mathfrak{F}'(u)\, v = \lim_{t \to 0} \frac{1}{t} \left(\mathfrak{F}(u + t\,v) - \mathfrak{F}(u)\right)$$

is assumed to exist with values in G^s for $u \in \mathfrak{U}$ and $v \in V^r$. Moreover, the linearized equation $\mathfrak{F}(u)\, v \sim g$ is supposed to admit an approximate solution $v \in V^r$ in the following sense :

(5.4) $\quad \begin{cases} \|\mathfrak{F}'(u)\, v - g\|_o \leq K\, Q^{-\mu} \\ \qquad \|v\|_r \leq K\, Q \end{cases}$

and

(5.5) $\quad \|\mathfrak{F}'(u)\; v\|_o \geq \|v\|_o \; .$ (*) (**)

(*) This does not imply the uniqueness of a solution of $\mathfrak{F}'(u)v = g$ since this estimate is only required for the approximate solution constructed which may lie in a smaller subspace. We normalized the coefficient on the right hand sicle to 1 since this can always be achieved .

(**) If for some reason the linearising operator $\mathfrak{F}'(\hat{u}) = L_\infty$ on the unknown solution u is known, it suffices to impose the above requirements on L_∞.

Finally we require that the quadratic part

$$\mathcal{G}(u, v) = \mathcal{F}(u + v) - \mathcal{F}(u) - \mathcal{F}'(u)v$$

admits the estimate

(5.6) $$\|\mathcal{G}(u, v)\|_0 \leq M \|v\|_0^{2-\beta} \|v\|_r^{\beta} \quad (0 \leq \beta \leq 1)$$

for $u \in \mathcal{U}$ and $v \in V^r$, if $\|v\|_0 < \|v\|_r$.

b) Under the above conditions we propose to solve $\mathcal{F}(u) = f$ for u if f is close to $f_0 = \mathcal{F}(u_0)$. Like in the linear case we shall speak of an approximate solution to this problem if for every $K > 1$ there is a $u = u_k \in \mathcal{U}$ satisfying.

(5.7) $\|\mathcal{F}(u) - f\|_0 < K^{-\lambda}$; $\|u\|_r < K$ and call λ the degree of approximation.

The purpose of the following theorem is to show that the construction of an approximate solution of degree μ can be used to construct approximations to the nonlinear equations of degree λ. We shall have to assume here that

(5.8) $$0 < \lambda + 1 < \frac{1}{2}(\mu + 1)$$

and

(5.9) $$0 < \beta < \frac{\lambda}{\lambda + 1} \frac{\mu}{\mu + 1}\left(1 - 2\frac{\lambda + 1}{\mu + 1}\right)$$

Where β is defined in (5.6).

Theorem : We assume that $\mathcal{F}(u)$ has the properties listed in (5.1) to (5.6). Then we claim that there exists a constant $K_0(M, \beta, \mu, \lambda) > 1$ such that if u_0 and $\mathcal{F}(u_0) = f_0$ satisfy :

(5.10) $$\|f - f_0\|_0 < K_0^{-\lambda} ; \|u_0\|_r < K_0 \text{ and } \|f\|_s \leq M K_0$$

then we shall construct a sequence of approximations $u_n \in \mathcal{U}$ such that

(5.11) $$\| \mathcal{F}(u_n) - f \|_o < K_n^{-\lambda} \; ; \|u_n\|_r < K_n$$

where $K_n \to \infty$, u_n converges to a solution $\hat{u}$ in the norm

$$\| \hat{u} - u_n \|_{\rho'} \longrightarrow 0 \text{ for } n \longrightarrow \infty$$

if

(5.11') $$\frac{\rho'}{r} < \frac{\lambda}{\lambda + 1} .$$

Assuming that $\mathcal{F}(u)$ maps. $V^{\rho'}$ continuously into $\mathcal{G}^{\circ}$ it follows that $\mathcal{F}(\hat{u}) = f$.

Remark: The convergence of the constructed sequence is faster than linear, since we shall prove the above inequalities with

$$K_{n+1} = K_n^k$$

where

(5.12) $$K > (1 - \frac{\lambda + 1}{\mu + 1})^{-1} > 1 .$$

It is useful to observe that it suffices to have estimates for only $\rho < r$ derivatives for u_o.

For example, if $\mathcal{F}(u)$ is represented by a first order system of partial differential equations, admitting an estimate

$$\| \mathcal{F}(u) - \mathcal{F}(v) \|_o \leq c' \| u - v \|_1,$$

then it will suffice to assume

(5.13) $$\| f - f_o \|_o \leq K^{-\lambda} \; ; \; \| u_o \|_\rho < 1$$

for some ρ satisfying $\lambda < \frac{\rho - 1}{r - \rho}$, and a sufficiently large K. Namely, approximating u_o by a $\tilde{u} \in V^r$ satisfying

$$\| \tilde{u} - u_o \|_1 < c \, h^{\rho - 1}$$

$$\| \tilde{u} \|_r < ch^{\rho - r}$$

with $h < 1$ determined by $c'ch^{\rho-1} = K^{-\lambda}$ we find $\| f - \mathcal{F}(\tilde{u})\|_o \lesssim 2K^{-\lambda}$, $\|\tilde{u}\|_r\, c''\, K^{\alpha}$ with $\alpha > 1$.

Choosing K sufficiently large we see that (5.10) is verified for $\tilde{u}$, $\tilde{f} = \mathcal{F}(\tilde{u})$ in place of u_o, f_o.

Proof : We proceed by induction and shall construct a sequence u_n verifying the inequalities .

$$(5.14)\quad \begin{cases} \|\mathcal{F}(u_n) - f\|_o < K_n^{-\lambda} \\ \|u_n - u_{n-1}\|_o < 2K_{n-1}^{-\lambda} \\ \|u_n - u_{n-1}\|_r < \frac{1}{2} K_n \end{cases}$$

where $K_n = K_{n-1}^{K}$ with some exponent k in $1 < k < 2$.

The first of these inequalities is satisfied for $n = 0$ while the other two are empty since u_{-1} is not defined.

Assuming that the inequalities (5.14) have been proven for $u_o, u_1, \dots, u_n$ we shall establish them for u_{n+1}.

From the third inequality it follows that

$$\|u_n\|_r = \|u_o\|_r + \sum_{\nu=1}^{n} \|u_\nu - u_{\nu-1}\|_r = K_o + \frac{1}{2}\sum_{\nu=o}^{n} K_\nu < K_n$$

if K_o is chosen large enough. (*)

Therefore by (5.3)

$$\|\mathcal{F}(u_n)\|_s < M K_n .$$

The next approximation $u_{n+1} = u_n + v$ will be chosen by solving the linearized equation

$$\mathcal{F}'(u_n)\, v + \mathcal{F}(u_n) \sim f$$

(*) The choice of K_o depends on $k > 1$; k will be chosen as a function of μ, λ, β later on.

approximately . According to (5. 4) (applied to $g = f - \mathcal{F}(u_n)$, $u = u_n$ there exists a v satisfying (*)

(5.15) $$\| \mathcal{F}'(u_n)v + \mathcal{F}(u_n) - f \|_0 \leq 2MK_n Q^{-\mu}$$

(5.16) $$\|v\|_r \leq 2MK_n Q$$

and by (5.5) $$\|v\|_o \leq \|F'(u_n) v\|_o$$

The first and third of these relations give

$$\|v\|_o \leq \|\mathcal{F}(u_n) - f\|_o + 2MK_n Q^{-\mu} \leq$$
$$\leq K_n^{-\lambda} + 2MK_n Q^{-\mu}$$

We shall choose Q so large that

(5.17) $$2MK_n Q^{-\mu} < K_n^{-\lambda}$$

and therefore

$$\|u_{n+1} - u_n\|_o = \|v\|_o < 2K_n^{-\lambda}$$

which proves the second of the inequalities (5.14) . Also the last of those 3 inequalities follows immediately from (5.16) provided Q is chosen such that

(5.18) $$2MK_n Q < \frac{1}{2} K_{n+1}.$$

Finally we verify the first inequality of (5.14) : By (5.15) and (5.6)

(*) Here we used that $g = f - \mathcal{F}(u_n)$ satisfies

$$\|g\|_o \leq K^{-\lambda} \leq 1, \quad \|g\|_s \|\mathcal{F}(u_n)\|_s + \|f\|_s$$
$$\leq M(K_n + K_o) \leq 2MK_n.$$

by (5.3) and (5.10).

$$\| \mathcal{F}(u_{n+1}) - f \|_o = \| \mathcal{F}(u_n + v) - f \|_o$$

$$= \| \mathcal{F}(u_n) + \mathcal{F}'(u_n)v + \mathcal{Q}(u_n, v) - f \|_o$$

$$\leq c \left\{ K_n Q^{-\mu} + K_n^{-\lambda(2-\beta)} (K_n Q)^{\beta} \right\} .$$

where $c > M$ depends on M and the exponents only.

The theorem will be proven if we succeed to choose Q in such a way that (5.17), (5.18) and

$$c \left\{ K_n Q^{-\mu} + K_n^{-\lambda(2-\beta)} (K_n Q)^{\beta} \right\} < K_{n+1}^{-\lambda} .$$

Since $K_{n+1} > K_n$ one sees that the last inequality implies (5.17). It remains to find Q such that the 3 inequalities

(5.19)
$$c\, K_n Q < K_{n+1}$$
$$c (K_n Q)^{\beta} \quad K_n^{-\lambda(2-\beta)} < K_{n+1}^{-\lambda}$$
$$c\, K_n Q^{-\mu} < K_{n+1}^{-\lambda} .$$

hold. The first two inequalities are upper estimates for Q while the last yields a lower bound, for Q.

We use $K_{n+1} = K_n^k$, and express the inequalities in terms of powers of $K = K_n$, which will be chosen sufficiently large. Comparing the exponents one finds that Q can be found if

(5. 20)
$$\frac{2-k}{k} > \frac{\lambda+1}{\lambda}\,\frac{\mu+1}{\mu}\,\beta$$
$$\frac{k}{k-1} < \frac{\mu+1}{\lambda+1}\,. \quad (*)$$

Or

$$\frac{\lambda+1}{\lambda}\cdot\frac{\mu+1}{\mu}\beta < \frac{2}{K} - 1 < 2\,(1-\frac{\lambda+1}{\mu+1}) - 1 = 1 - 2\,\frac{\lambda+1}{\mu+1}.$$

This shows that under the assumptions (5.8), (5.9) one can find a number K satisfying (5.20) in

$$1 < (1-\frac{\lambda+1}{\mu+1})^{-1} < k < 2\ .$$

Hence (5.19) are compatible if K_o is chosen large enough ; K_o depends on M, β, μ, λ.

This completes the proof of (5.14). From it we derive that

$$\| u_{n+1} \|_r \leq \| u_o \|_r + \sum_{\nu=1}^{n+1} \| u_\nu - u_{\nu-1} \| \leq K_o + \sum_{\nu=1}^{n+1} \frac{1}{2} K < K_{n+1}$$

if K_o large enough , proving the second half of (5.11).

Finally from

$$\| v \|_{\rho'} \leq \| v \|_o^{1-\frac{\rho'}{r}} \, \| v \|_r^{\frac{\rho'}{r}}$$

(*) Computation leading to the inequalities (5. 20) :
Comparison of the exponents in (5. 19) gives first the inequalities

A) $K\,\lambda + 1 < \mu\,(K-1)$

B) $K\,\lambda + 1 < \mu\left\{ -1 + \lambda\frac{2-\beta}{\beta} - K\,\frac{\lambda}{\beta}\right\}$

Adding k-1 to both sides of A) gives the second inequality of (5.20)
We rewrite B) as
$$k\,\lambda + 1 < \mu\left\{-(1+\lambda) + (2-K)\,\frac{\lambda}{\beta}\right\}$$
Since K > 1 it is a stronger requirement if non satisfy
$$K(\lambda+1) < \mu\left\{-K(\lambda+1) + (2-K)\,\frac{\lambda}{\beta}\right\}$$
which is indeed equivalent to the first relation in (5.20).

we have

$$\| u_n - u_{n-1} \|_{\rho'} \leq c\, K_n^{-(1-\frac{\rho}{r})\lambda + \frac{\rho'}{r} k}$$

which has a negative exponent if

$$\frac{\rho'}{r} < \frac{\lambda}{\lambda + k}$$

Therefore u_n converges to an element $u \in V^{\rho'}$. (*)

If K_o is chosen large enough clearly

$$\| u - u_o \|_o \leq \sum_{m=1}^{\infty} \| u_m - u_{m-1} \|_o < 1$$

so that $\mathcal{F}(u)$ is defined. Since $\mathcal{F}(u)$ is continuous as a mapping from $V^{\rho'}$ to G^o we conclude from (5.14) $\mathcal{F}(u) = f$.

c) Finally we discuss again the construction of approximate solutions satisfying (5.4). A sufficient condition was described in Section 3. Here we want to recapitulate that statement for the operator L defined by

$$L\, v = \mathcal{F}'(u)\, v.$$

Clearly, L depends on the choice of u and so will the estimates (3.2). We shall require therefore that for

$$u \in \mathfrak{U} \text{ and } \| u \|_r \leq K_1$$

the estimates :

$$\| v \|_o^2 \leq (L\, v, v)_o$$

(5.21)
$$\| v \|_s^2 \leq c \left\{ (L\, v, v)_s + K_1^2 \| v \|_o^2 \right\}$$

(*) Therefore all approximations remain in

$$\| u - u_o \|_{\rho'} \leq \sum_{m=1}^{\infty} \| u_m - u_{m-1} \|_{\rho'} < 1$$

if K_o large enough, and we could have restricted $\mathfrak{U}$ in (5.1) to $\| u - u_o \|_{\rho'} < 1$; $\| u - u_o \|_r < \infty$.

hold, where c is independent of u. Then the argument of Section 3 ensures the existence of approximate solutions satisfying (5.4).

The above conditions (5.21) will be verified for some partial differential operators. Thus the condition (5.4) can be reduced to a priori estimates again.

We relax (5.21) to the a priori estimate

$$(5.22)\qquad \begin{cases} \| v\|_o^2 \leqslant (L\, v, v)_o \\ \| v\|_s^2 \leq c \left\{ (Lv, v)_s + K_1^2 \sup v^2 \right\} \end{cases}$$

and show that the previous derivations remain valid provided that

$$(5.23)\qquad \lambda > \frac{n}{2s - n} \quad ; \quad s > \frac{n}{2} \, .$$

Indeed, we showed at the end of § 3, that an approximate solution satisfying (5.4) can be found if (3.11) holds, in particular, if

$$\| g \|_o \leq K^{-\frac{n}{2s-n}}$$

holds. For $g = - \mathcal{F}(u_n) + f$ this relation is a consequence of (5.14) if (5.23) is satisfied. This remark will be useful in the application of the next chapter where only the a priori estimates (5.22) are available.

Chap. II. Positive symmetric systems.

§ 1 Linear Systems

We shall show how these methods can be used in the theory of partial differential equations by studying a class of so called positive symmetric systems which were introduced by Friedrichs [11] in order to handle problems in which the "type" of the equation changes, i - e. The systems may be of elliptic type in some region and of hyperbolic in another, as it occurs in transonic flow problems, for example. On the other hand the equations admit certain estimates which allow one to prove the existence of solutions.

It this Chapter we wish to investigate such systems in the non linear case applying the methods of the previous section. It will be the main point to circumvent the preliminary concept of a weak solution but rather to obtain a construction for the solution by approximations which converge pointwise with several derivatives.

In the linear case such positive symmetric systems are defined as follows : Let $x = (x_1, \ldots, x_n)$ be in a domain and $u = (u, \ldots, u_m)$ denote a vector and $a^{(\nu)}(x)$, $b(x)$ both m by m matrices. The general first order system has the form

$$Lu \equiv \sum_{\nu=1}^{n} a^{(\nu)} \frac{\partial}{\partial x_\nu} u + b\, u = \, = f(x).$$

Such a system will be called positive symmetric, if all the matrices $a^{(\nu)}(x)$ are symmetric and

$$(1.1) \qquad b + b^T = \sum_{\nu=1}^{n} a^{(\nu)}_{x_\nu} \,,$$

is positive definite. Actually one has to supply boundary conditions but we shall study a simple problem in which we require that a(x)

$b(x)$, $f(x)$ and the desired solution $u(x)$ have period, say 2π, in all variable $x_1, \ldots, x_n$.

That is to say, we consider the problem on the torus, which will be motivated later on.

To discuss the meaning of the positive symmetric character we note that the above assumptions imply that the quadratic form

$$(u, Lu) = \int \left\{ u(\sum_{\nu=1}^{n} a^{(i)} \frac{\partial}{\partial x_\nu} u) + u\, b\, u \right\} dx$$

is positive definite if the integration is taken over the torus $\Omega : 0 \leq x_\nu \leq 2\pi$. Namely, an integration by parts yields

$$(u, Lu) = \int_\Omega u(b - \frac{1}{2} \sum a_{x_\nu}^{(\nu)}) u \, dx$$

which by (1.1) is positive definite.

Introducing the matrix

$$b_o = b - \frac{1}{2} \sum_{\nu=1}^{n} a_{x_\nu}^{(\nu)} \tag{1.2}$$

one can write the system with Friedrichs in the form

$$\frac{1}{2} \sum_{\nu=1}^{n} (a^{(\nu)} \frac{\partial}{\partial x_\nu} u + \frac{\partial}{\partial x_\nu} a^{(\nu)} u) + b_o u = f$$

which shows that the first term is antisymmetric and therefore does not contribute to the quadratic form (u, Lu). Since the type of the equations is governed just by the matrices $a^{(\nu)}$ the positivity of the system i - e of b_o depends heavily on b and only on the first order derivatives of $a^{(\nu)}$.

For the following we shall derive some a priori estimates for the higher derivatives, that means lower estimates for

$$(Lu, u)_1$$

where l is a large integer. Special care will be taken on how these estimates depend on the high derivatives of the coefficients.

Lemma : If for $\xi = (\xi_1, \dots, \xi_n)$; $\eta = (\eta_1, \dots, \eta_m)$ on $|\xi| = 1, |\eta| = 1$ the inequality;

(1.3) $$\langle (l \sum a^{(\nu)}_{x_\mu} \xi_\nu \xi_\mu + b_o |\xi|^2) \eta, \eta \rangle > 2\gamma > o.$$

holds then one has for $v \in V^l$.

$$\| v \|_l^2 \leq \gamma (Lv, v)_l + c \, (1 + \| a \|_l + \| b \|_l)^2$$

with a constant C which depends on γ and on an upper bound for $(|a|_o + |a|_2 + |b|_o + |b|_1)$ (these are maximum norms of derivatives up to order 2 or 1 respectively) and $|v|_o$.

We shall postpone the proof to later (see § 5). Here we note that the condition (1.3) agrees with (1.1) for $l = 0$.

We shall abbreviate it in the symbolic form

(1.4) $$l \langle a_x \rangle + \langle b_o \rangle > 2\gamma$$

We note that for given matrices a, b on the torus this conditions sets an upper limit to l, except in the trivial case of constant coefficients $a^{(\nu)}$. For this porpose we show that the form

$$\langle \sum_\nu a^{(\nu)}_{x_\mu} \xi_\nu \xi_\mu \eta, \eta \rangle$$

takes on negative values. But integrating this expression (for fixed ξ, η) over the torus gives zero, hence for some x this form takes negative values, unless it is identically zero.

This remark shows that in the a priori estimates for v one can only admit finitely many derivatives. This is not only a short coming of the estimates but corresponds to the phenomenon that even for analytic coefficients of the system the solution may admit only finitely many derivatives.

A trivial example of this sort can be given for $n = 1$, $m = 1$ i. e an ordinary differential equation on the circle :

$$- \sin x \; u_x + b \, u = (\sin x)^b$$

for which the unique periodic solution is given explicitly by

$$u = - (\tan \frac{x}{2})^b \int_{\pi/2}^{x/2} \frac{(\cos t)^{2b-1}}{\sin t} \, dt, \quad \text{for} \quad o < x < 2\pi$$

This function behaves like

$$- c \, x^b \log x$$

at $x = o$ and so the derivative of order b is unbounded. The derivative of order $(b + \frac{1}{2})$ is not square integrable.

The above condition (1.4) requires

$$- |\cos x + (b + \frac{1}{2} \text{ as } x) > o \text{ for all } x,$$

which amounts to

$$1 < b + \frac{1}{2} .$$

This agrees with the expected number of square integrable derivatives.

§ 2 Nonlinear systems

In this Section we formulate an existence theorem concerning systems which are the generalizations to the nonlinear of positive symmetric system.

We restrict ourselves to differential equations on the torus. This means that the difficulties of boundary behavior disappear and are ignored.

The systems under consideration are of the form

$$(2.1) \qquad F_k(x, u, u_x) = o \quad \text{for} \quad k = 1, 2, \ldots, m$$

where F_k are of period 2π in $x, \ldots, x_n$ and admit sufficiently many derivatives in

$$|y| + |p| \leq 1 ;$$

where p has $n.m$ many components $p_{k\nu}$ corresponding to $\frac{\partial u_k}{\partial x_\nu}$.

We introduce the matrices

$$a_{kl}^{(\nu)}(x, y, p) = \frac{\partial F_k}{\partial p_{l\nu}} = \frac{\partial F_l}{\partial p_{k\nu}} \quad \text{for } k, l = 1, \ldots, m; \quad \nu = 1, \ldots, n$$

$$b_{kl}(x, y, p) = \frac{\partial F_k}{\partial u_l}$$

where we required that the $a_{kl}^{(\nu)}$ are symmetric matrices.

We assume that an approximate solution, say $u = o$, is known and ask for conditions which ensure that the given system has a solution. This is a perturbation problem and we can take

$$\max_x |F(x, o, o)|$$

as the smallness parameter.

Our result can be formulated as follows :

With some $l = l(n)$ we assume that all derivatives up to order l of F are bounded by a constant C for $|y| + |p| < 1$ and all x.

Theorem : Assume that with the number l above the contidion

$$l \langle a_x \rangle + \langle b_o \rangle > \gamma > o$$

(see (1.3)) are satisfied for $y = p = o$, then there exists a constant $\varepsilon = \varepsilon(n, C, \gamma)$ such that for

$$\sup_x |F(x, o, o)| < \varepsilon$$

there exists a periodic solution $u(x)$ of (2.1) which is twice continuously differentiable. The integer $l(n)$ can be chosen as any integer $> \frac{3n}{2} + 6,15$.

The proof of this result is an application of the general theorem of the previous Section.

We shall verify the main requirements of that theorem, which are listed in Chap. I. Section 5 ; (5.1) to (5.6).

First we shall show that the solution u of (2.1) can be found in a prescribed C' neighborhood of 0 if only ε is chosen small enough. For this reason the condition has to be imposed of $y = p = 0$ only. By a continuity argument one sees that this condition still holds in a neighborhood wich contains the solution.

We shall show that the solution can even be found in a prescribed C'' neighborhood: by a general inequality we have

$$|u_n - u_{n-1}|_2 \leq c \, \|u_n - u_{n-1}\|_o^{1-\alpha} \, \|u_n - u_{n-1}\|_r^{\alpha}$$

where $\alpha = \frac{n+4}{2r}$ if $r > \frac{n}{2} + 2$

and according to (5.14)

$$|u_n - u_{n-1}|_2 \leq c\, K_n^{-(1-\alpha)\lambda + \alpha}$$

Hence for

(2.3) $$\lambda > \frac{\alpha}{1-\alpha} = \frac{n+4}{2r-n-4}$$

the exponent is negative and one can ensure that

$$|u_n|_2 \leq \sum_{\nu=1}^{n} |u_\nu - u_{\nu-1}|_2 \leq c' K_0^{-(1-\alpha)\lambda + \alpha} = \delta$$

which can be made arbitrarily small. The same holds for $|u|_0$, $|u|_1$. We have to verify therefore the conditions only in this neighborhood :

$$|u|_0 + |u|_1 + |u|_2 < \delta < 1.$$

The next condition is (5.4), namely that the linearized equation can be solved approximately.

Here we make use of the construction described in Chap. I., Section 3, which required the a priori estimates (3.2), Chap. I.

For this purpose we have the lemma of Chap. II, Section 2 available. The condition (1.3) is satisfied for u_n with $|u_n|_0 + |u_n|_1$ sufficiently small. If, moreover,

$$|u_n|_r < K_n = K$$

then

$$\|a\|_1 + \|b\|_1 \leq c\,K \text{ for } 1 = r - 1$$

by Chap. I. § 2. This means the condition (3.2) is satisfied with $s = 1 = r - 1$ and therefore an approximate solution with degree of approximation

(2.4) $$\mu = r - 1$$

can be constructed.

Finally we estimate the expression of (5.6) :

The expression

$$\vartheta = F(u + v_1, p + q) - F(u, p) - F_u v - F_p v_x$$

can be estimated with the mean value theorem by

$$|\vartheta| \leq c(|v| + |v_x|)^2$$

where c depends on C. Note that $|u|$, $|u_x| < \delta < 1$.

Therefore the square integral can be estimated by

$$\|\vartheta\|_o \leq c(|v|_o + |v|_1)(\|v\|_o + \|v\|_1) .$$

Using Sobolev's inequalities

$$\|v\|_1 \leq c\|v\|_o^{1-\frac{1}{r}}\|v\|_r^{\frac{1}{r}}$$

$$|v|_1 \leq c\|v\|_o^{1-\alpha'}\|v\|_r^{\alpha'} \quad \alpha' = \frac{n+2}{2r}$$

we find

$$\|\vartheta\|_o \leq c\|v\|_o^{2-\beta}\|v\|_r^{\beta} .$$

with

(2.5) $$\beta = \frac{1}{r} + \frac{n+2}{2r} = \frac{n+4}{2r}$$

It remains to investigate whether the condition (2.3) - (2.4) are compatible with Chap. I : (5.8) , (5.9).

For $r > \frac{3}{2}n + 6$ we have $\beta < \frac{1}{3}$ by (2.5). Moreover, (2.3) is certainly verified with $\lambda = 1$. Therefore to check (5.9) we set $\lambda = 1$; $\mu = r-1$ and have $0 < \beta < \frac{1}{3} \leq \frac{\lambda}{\lambda+1} \frac{\mu}{\mu+1}(1 - 2\frac{\lambda+1}{\mu+1}) = \frac{1}{2}(1-\frac{1}{r})(1-\frac{4}{r})$ which is valid for $r \geq 15$. Therefore we assume

$$r > \frac{3}{2}n + 6 ; 15 .$$

We note that with this choice of λ and $r = s+1$ also (5.23) holds.

The second derivatives converge uniformly in the sequence on account of (2.3), which leads to continuous second derivatives of the solution u.

§ 3 The analytic Case

We mentioned above that in general the solution of the above equation can only be expected to have finitely many derivatives. In our criterion this corresponds to the fact that the form $\langle a_x \rangle$ can never be positive definite on a closed manifolds.

But we ask the question whether the solution may be analytic for analytic differential equation if $\langle a_x \rangle$ is positive on a domain with boundary. Let D be a domain in the real $(x, \ldots, x_n)$ space with a smooth boundary. In fact we shall assume at least 2 continuous derivatives for the bounding surface.

Let the form

$$\sum_{k,l,\nu,\mu} a^{(\nu)}_{klx_\mu} \xi_\nu \xi_\mu \eta_k \eta_l \geq \gamma_0 |\xi| \, |\eta| \tag{3.1}$$

with a positive constant γ_0. Moreover, we shall assume that the exterior normal $(N_1, \ldots, N_n)$ satisfies at each boundary point

$$\Big(\sum_\nu a^{(\nu)} N_\nu \eta, \eta\Big) \geq 0. \tag{3.2}$$

Then the differential equation possesses a real analytic solution in a subdomain of D provided the functions $F_u(x, u, p)$ are real analytic.

The surprising fact is that no boundary conditions are imposed and the solution is unique - but we shall not prove this here.

The reason for this strange phenomenon is that usually the conditions (3.1), (3.2) imply the presence of a singularity and a solution which remains smooth at the singularity is unique.

We shall discuss an example of this type in the following section.

For the proof of this statement we shall establish some a priori estimates in a complex neighborhood of D. Let D_ρ denote the set of all complex $z = (z_1 \dots, z_n)$ for which there is a $z_o \in D$ with

$$|z - z_o| < \rho$$

If ρ is smaller than the radius of curvature of ∂D every boundary point of D_ρ has an unique representation.

$$z = z_o + \rho N \tag{3.3}$$

where N is the (complex) normal.

We assume that all coefficients of L are real analytic and therefore can extend L to functions $u(z)$ which are analytic for $z = x+iy \in D_\rho$.

As inner product we introduce,

$$(u, v)_o = \iint_{D_\rho} \bar{u} \; v \; d\tau$$

where $d\tau = dx_1 \, dy_1 \dots, dx_n \; dy_n$ is real volume element in the 2n dimensional domain D_ρ.

We shall prove the following estimate for L.

Lemma : If the coefficients $a^{(\nu)}$ satisfy (3.1), (3.2) and if

$$\left[(\eta \, , \, b_o \eta) \geq 2 \gamma \eta^2 \quad \text{for} \quad x \in D\right]$$

holds then for ρ sufficiently small we have

$$\mathrm{Re}\,(u, Lu)_o \geq \gamma \, (u, u)_o$$

Proof : A difficulty in the proofs comes from the fact, that while $a^{(\nu)}$ are symmetric for real z, they need not be selfadjoint in the complex. Therefore we shall relate $a^{(\nu)}(z)$ to a symmetric matrix $a_o^{(\nu)}$ in the following manner :

If ρ is sufficiently small, every $z \in D_\rho$ can be written in an unique way in the form

$$z = z_o + r\,N \quad \text{where} \quad 0 \le r < \rho \quad \text{and} \quad z_o \in D_\rho .$$

Here N is a complex normal vector. For $r = o$ one obtains points of D_o and for $r = \rho$ the boundary points of D_ρ.

We define the matrices

$$a_o^{(\nu)}(z) = a^{(\nu)}(z_o)$$

which are symmetric since $z_o \in D_o$, hence real.

Moreover, by Taylor's theorem

$$a^{(\nu)}(z) = a_o^{(\nu)}(z) + r \sum_\mu A^{\nu\mu} N_\mu + 0(r^2) \tag{3.4}$$

where

$$A^{\nu\mu} = a^{(\nu)}_{x_\mu}(z_o)$$

and the estimate for $0(r^2)$ depends on the second derivatives of a.

To derive our estimate we use the complex Green's formula

$$\int_{D_\rho} \frac{\partial}{\partial z_\nu} \langle \bar{u}, a^{(\nu)} u \rangle \, d\tau = \frac{1}{2} \sum_\nu \int_{\partial D_\rho} N_\nu \langle \bar{u}, a^{(\nu)} u \rangle \, d\sigma \tag{3.5}$$

where $d\sigma$ is the $2n-1$ dimensional surface element on ∂D.

The factor on the right is justified by the formula

$$\frac{\partial}{\partial z} = \frac{1}{2} \left(\frac{\partial}{\partial x} - i \frac{\partial}{\partial y} \right) .$$

If we note that u is an analytic function, i.e. satisfies

$$\frac{\partial u}{\partial \bar{z}_\nu} = 0$$

we find

$$\frac{\partial}{\partial z_\nu} \langle \bar{u}, a^{(\nu)} u \rangle = \langle \bar{u}, a^{(\nu)} u_{z_\nu} \rangle + \langle \bar{u}, a^{(\nu)}_{z_\nu} u \rangle$$

and therefore the equation (3.5) gives

$$(u, L\,u)_o - (u, (b - \sum a^{(\nu)}_{z_\nu})\,u)_o = \frac{1}{2} \int_{\partial D\rho} \bar{N}_\nu \langle \bar{u}, a^{(\nu)} u \rangle \, d\sigma$$

Taking the real part of this identity and noting that $(u, a_o^{(\nu)} u)$ is real we have

$$\mathrm{Re}\left\{ (u, Lu)_o - (u, (b - \sum a^{(\nu)}_{z_\nu}) u)_o = \frac{1}{2}\int_{\partial D_\rho} \mathrm{Re} N_\nu \langle \bar{u}, a_o^{(\nu)} u \rangle d\sigma + \frac{\rho}{2} \int \bar{N}_\nu \langle \bar{u}, A^{\nu\mu} N_\mu u \rangle d\sigma + O(\rho^2) \right\}$$

Our assumptions guarantie that the two integrals on the right hand side are positive and, dominate the error term, hence

$$\mathrm{Re}\,(u, Lu)_o \geq \mathrm{Re}\,(u, (b - \sum a^{(\nu)}_{z_\nu}) u)_o .$$

Finally , since the right hand side contains

$$\frac{1}{2}(a^{(\nu)}_{z_\nu} + \bar{a}^{(\nu)}_{z_\nu}) = \frac{1}{2} a^{(\nu)}_{ox_\nu} + O(\rho)$$

we can replace, with a small error, $b - \sum a^{(\nu)}_{z_\nu}$ by b_o (defined in (1.2) and have

$$\mathrm{Re}\,(u, Lu)_o \geq \mathrm{Re}\,(u, b_o u)_o - c\rho(u, u)_o$$
$$\geq \gamma (u, u)_o$$

which proves the Lemma.

As a consequence of this Lemma we have

$$\| L u \|_o \geq \gamma \| u \|_o$$

and it is again standard to construct weak solutions for the equation

$$L u = f$$

if f is complex analytic in D_ρ . However, weak solutions in this case are simply complex analytic functions and therefore classical solutions, in D_ρ . In this sense this problem is much simpler than the previous one.

We show briefly how to establish the existence of analytic solutions for the nonlinear problem, which in this case is easier than in the previous cases :

Let

$$\mathcal{F}(u) = F(x, u, u_x)$$

and construct iteratively the solution of the linearized equation

$$\mathcal{F}'(u_s)\, v + \mathcal{F}(u_s) = 0 \ , \quad u_{s+1} = u_s + v$$

according to Newton's method. Assume that u_s is analytic in a complex neighborhood of radius ρ_s where

$$\rho_{s+1} = \rho_s - \delta_s$$

and δ_s will be chosen presently so that

$$\sum \delta_s < \rho/2 \, .$$

Assume that

$$\| \mathcal{F}(u_s) \|_0 < \varepsilon_s \, .$$

Using the a priori estimates for the linearized differential equation

$$\sum_\nu a^{(\nu)} u_{z_\nu} + b\, u = - F(x, u, u_x)$$

find

$$\| u_{s+1} - u_s \|_0 = \| v \|_0 \le \gamma^{-1} \varepsilon_s \, .$$

This allows one to estimate

$$\| \mathcal{F}(u_{s+1}) \|_0 = \| \mathcal{F}(u_s) + \mathcal{F}'(u_s) v + \mathcal{G}(u_s, v) \|_0$$

$$= \| \mathcal{G}(u_s, v) \|_0 \, .$$

However, the quadratic term involves derivatives of v. Estimating these analogously as before one gets

$$\| \mathcal{Q}(u_s, v) \|_o \leq c(\| v_x \|_o + \| v \|_o \max (|v_x| + |v|)$$

$$\leq \gamma^{-1} c \, \delta_s^{-(\frac{n}{2} - 2)} \varepsilon_s^2$$

if z is restricted to the complex neighborhood of radius $\rho_s - \delta_s$. Thus we find

$$\| F(u_{s+1}) \|_o \leq \varepsilon_{s+1}$$

if

$$\varepsilon_{s+1} \geq \gamma^{-1} c \, \delta_s^{-(\frac{n}{2} - 2)} \varepsilon_s^2$$

Setting, for example,

$$\delta_s = s^{-2} \frac{\rho}{4}$$

we have

$$\sum_{s=1}^{\infty} \delta_s \leq \frac{\rho}{2}$$

and

$$\varepsilon_{s+1} = c_1 \, s^{-n-4} \, \varepsilon_s^2$$

which - for sufficiently small ε_o - converges to zero. This proves the convergence of the procedure, in particular of

$$\| u_{s+p} - u_s \|_o \leq \gamma^{-1} \sum_{\nu=s}^{s+p-1} \varepsilon_\nu$$

for

$$|z - D| < \rho/2 < \rho - \sum \delta_s .$$

Thus the solution is analytic.

We summarize the result :

Theorem : If the functions $F_\nu(x, u, p)$ are real analytic in a complex neighborhood of $|u| + |p| \leq 1$ and if the matrices

$$a^{(\nu)}(x) = F_{p_\nu}(x, o, o) \; ; \qquad b = F_u(x, o, o)$$

satisfy the conditions (3.1) and (3.2) then for sufficiently small $\sup_x |F(x, o, o)|$ there esists a real analytic solution of the equation of $F(x, u, u_x) = o$.

§ 4 Invariant Surfaces for Ordinary Differential Equations.

a) We shall illustrate the above results with the perturbation of invariant manifolds for ordinary differential equations.

Let

$$z = \varphi(z)$$

be a vector field and let a closed manifold σ be called invariant, if the vector field is tangent at every point of σ. For example, a periodic solution is a one dimensional invariant manifold.
We shall, however, be interested in such a manifold for higher dimensions mainly.

This concept of an invariant manifold occurs naturally for slightly coupled oscillations, i.e. systems of the form

$$(4.1) \qquad \ddot{x}_\nu = f_\nu(x_\nu, \dot{x}_\nu) + \mu g_\nu(x, \dot{x}) \quad (\nu = 1, 2, \dots, n).$$

For $\mu = o$ these differential equations are decoupled and represent n second order differential equations.
Assume that they possess each a periodic solution which we write in the form,

$$(4.2) \qquad x_\nu = p_\nu(s_\nu) \ ; \quad x_\nu = q_\nu(s_\nu)$$

where

$$s_\nu = 1.$$

This way it is clear that the s_ν contain n arbitrary initial values, the phases. In the 2n dimensional phase space (4.2) represents an n dimensional torus which is invariant under (4.1) for $\mu = o$.

The problem arises whether such an invariant torus exists for the perturbed equation (4.1) if μ is sufficiently small. This perturbation problem of invariant surfaces has been initated by Diliberto [13], [13'], Bogolioubov and Mitropolski, [12] Kyner [14], Hale [14'] and others.

We shall show how our results on positive symmetric systems apply to this situation and give new results beyond the previous ones at the expense of high smoothness requirements.

b) We start with a known n dimensional invariant torus σ_o of a vector field, given by the unperturbed differential equations.

Introducing the variables $x, \ldots, x_n$ (mod 2π) in the torus and considering $y_1, y_2, \ldots, y_n$ as normal coordinates the differential equations can be written in the form

$$\dot{x} = a_o(x, y)$$
$$\dot{y} = - b_o(x, y)y$$

where we factored out y since $y = o$ is assumed to be an invariant surface.

A small perturbation of this differential equation gives raise to differential equations of the form

$$\dot{x} = a(x, y)$$
$$(4.3) \qquad \dot{y} = - b(x, y)y + c(x)$$

where $a - a_o$, $b - b_o$, c are small.

To seek an invariant torus σ in the form

$$y = u(x)$$

where u is a vector function of period 2π in x. In order that the vector field is tangential on this torus we require

$$\dot{y} = u_x \quad a = - b(x, u) u + c$$

or,

(4.4)
$$\sum_{\nu=1}^{n} a^{(\nu)} \frac{\partial}{\partial x_\nu} u + b(x, u)\, u = c(x)$$

If we compare these systems with those considered in the previous Section. one notices two simplifications :
The matrices $a^{(\nu)}$ are scalar multiples of the identity matrix. This reflects that the characteristic directions at each point is uniquely determined by (4.3) Thus the $a^{(\nu)}$ are trivially symmetric. Secondly the equations are quasi linear . Both these facts allow for simpler proofs, less stringent smoothness assumption in the exposition of the proof.

The main feature, however, is that the existence of σ will follow from the positive definiteness of b. This has a simple interpretation for (4.3). If $(\eta, b\eta) > 2\gamma|\eta|^2$ then, for the unperturbed equation the y component decays exponentially, like $c^{-2\gamma t}$. Thus γ measures how fast the surface is approached (along the normal). We shall speak of an asymptotically stable invariant manifold.

On the other hand the functions $a_o^{(\nu)}(x)$ describe the vector field in the torus σ_o.
In fact, our condition requires that

$$\langle (r \sum a^{(\nu)}_{x_\mu} \xi_\nu \xi_\mu + B|\xi|^2)\eta, \eta\rangle > 2\gamma|\xi|^2 |\eta|^2$$

where $B = b - \frac{1}{2}\sum a^{(\nu)}_{x_\nu}$.

In order that this condition is verified for <u>all</u> r we need that

$$a^{(\nu)}_{x_\mu} = o$$

i.e. that the $a^{(\nu)}$ are constants. This , indeed, is the case that has been predominantly discussed by the previous authors, except for the works by W. T. Kyner. [19] [20] .

We see then the number of square integrable derivatives which can be guaranted depends on the biggest eigen value α of

(4.5) $$\frac{1}{2}(a^{(\nu)}_{x_\mu} + a^{(\mu)}_{x_\nu}) > -\alpha$$

and the lowest eigen value β_o of $\frac{1}{2}(B + B^T)$

$$B = b - \frac{1}{2}\sum_{v=1}^{n} a^{(v)}_{x_\mu}$$

If β_o satisfies the condition

(4.6) $$r < \frac{\beta_o}{\alpha}$$

then the a priori estimates for $(L u, u)_r$ can be established. Our theorem required that $r > r = \frac{3n}{2} + 20$.

This means that β_o has to be sufficiently large compared to α in order that a twice continuously differentiable solution can be guaranteed.(*)

We want to interpret the quantity α . If on $y = o$ the flow is given by

$$\dot{x} = a(x)$$

then we find for the length element $(ds)^2 = \sum dx_\nu^2$

(4.7) $$\frac{d}{dt}(ds)^2 = (dx\,(a^{(\nu)}_{x_\mu} + a^{(\mu)}_{x_\nu})\,dx) \geq -\alpha\ (ds)^2$$

i.e. α measures how fast characterics approach each other.

(*) Actually the differentiability requirements can be much improved if one uses in place of the L_2 norm the maximum norm which is more appropriate for scalar $a^{(\nu)}$. This has been done in a doctoral dissertation of R. Sacker, [27] NYU, 1964.

c) We discuss some specific situations which illustrate also our results in the analytic case.

Let us assume that the differential equations are real analytic and that the invariant manifold is a 2 dimensional torus which is asymptotically stable. For unperturbed torus the flow

$$\dot{x}_1 = a^{(1)}(x_1, x_2)$$

$$\dot{x}_2 = a^{(2)}(x_1, x_2)$$

can be characterized by a rotation number,

$$\lim_{t \to \infty} \frac{x_2}{x_1} = \omega \qquad (\text{if } a^{(1)} > o)$$

(introduced by Poincarè, see Coddington, Levinson, Theory of Ordinary Differential Equations , Mc. Graw Hill). If ω is irrational every orbit is dense on the torus. But for rational $\omega = \frac{p}{q}$ there exist closed orbits for which x_2 increases by $2\pi p$ as x_1 increases by $2\pi q$.

Let us consider a situation where $\omega = \frac{2}{3}$ and the torus contains one asymptotically stable and unstable orbit (see figure 1).

fig. 1

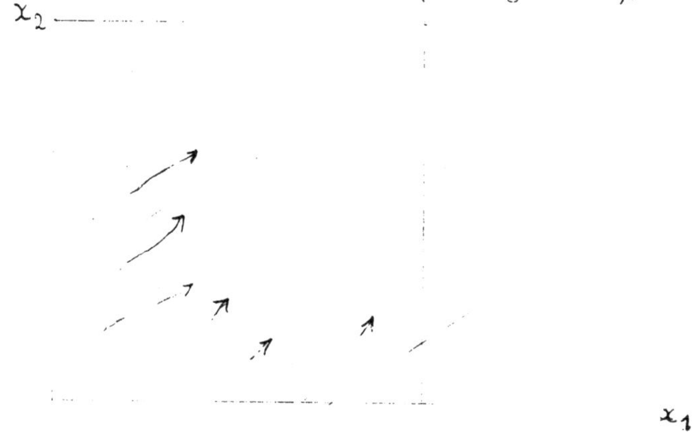

fig. 2

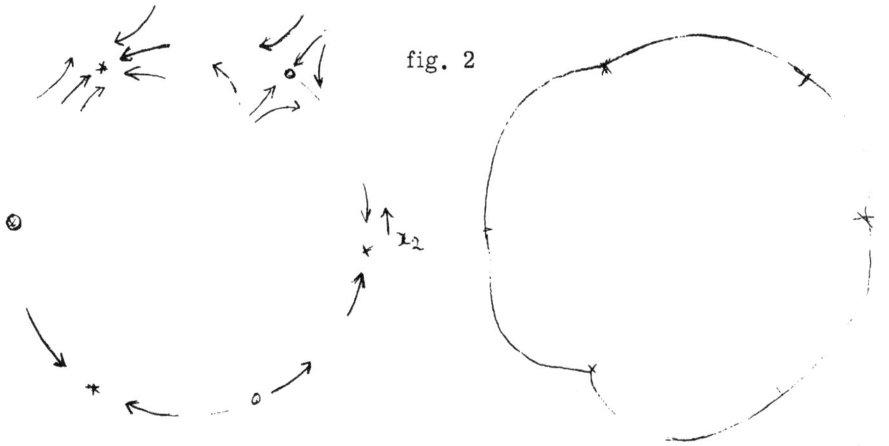

Then clearly the flow is <u>spreading</u> near the unstable orbit (marked by o in figure) and the matrix

$$a^{(\nu)}_{x_\mu} + a^{(\mu)}_{x_\nu}$$

will be positive definite there . Considering a neighbourhood where the characteristic exit at the boundary we can conclude that invariant torus remains analytic near the unstable (o) periodic solutions - after a small analytic perturbation is applied. By continuation it follows that the perturbed invariant torus is analytic except at the stable (x) periodic solutions. In fig. 2 we have drawn a cross section of the torus for $x_1 = o$ before and after perturbation. Thus the perturbed torus consists of different pieces which are analytic and the <u>discontinuities</u> of the derivatives can occur only at the periodic solutions at which the <u>characteristics</u> <u>converge</u>. This is indeed a similar phenomenon as that of shock wave formation when the characteristic form envelopes, except we speak only discontinuities of higher derivatives, and not of the function u itself. Thus our result allowed us to localize the possible position of the discontinuities of the derivatives. They will be usually asymptotically stable invariant submanifolds.

If one remembers that under parameter change the rotation number will change, in general , and take on rational and irrational numbers one sees the complexity of the phenomenon. However, if one is just interested in the invariant surface and not the smoothness of it, one sees that it will be continuously dependent on a parameter as long as β is large enough compared to α, i.e. the normal approach sufficiently strong compared to the tangential flow.

Another situation of interest is that of an invariant sphere where the flow streams from the norh pole to the south pole . After a small perturbation there

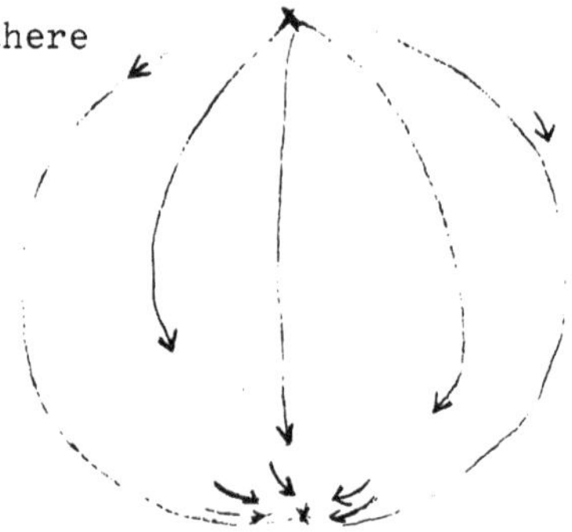

may develop a discontinuity of the higher derivatives at the south pole. This phenomenon reflects again that these problems in some sense are not well posed.
Note that the initial values of the characteristics are prescribed but it is required that they remain on a manifold. In this case the characteristics issuing at the norh pole are well determined.
Continuing these orbits it is by no means clear whether they shall fit at south pole, and indeed the higher derivatives need not fit together down there.

d)Finally we remark that one can also discuss equally well a perturbation theory for such invariant surfaces, as long as the eigenvalues of $\frac{1}{2}(b + b^T)$ remain in

$$|\mathrm{Re}\,\lambda| > \beta$$

for a sufficiently large β. Such a result was communicated to the author by Kupka who submitted a paper on this problem to the Publications Mathèmatiques, Institut des Hautes Etudes Scientifiques. [15]

We indicate how such a result can be derived with the methods presented here. We shall assume that there exists a matrix $\mathfrak{J}(x)$ such that

$$(\eta, \mathfrak{J}(x)\, b\, \eta) > \beta(\eta, \eta).$$

We assume that $\mathfrak{J}(x)$ varies smoothly over the surface. Then one can derive a priori estimates for

$$(v, \mathfrak{J}\, L\, v)_o \quad \text{and} \quad (v, \mathfrak{J}\, L\, v)_s$$

For example

$$\| v \|_o \leq c\, (v, \mathfrak{J}\, L\, v)_o$$

implies

$$\| v \|_o \leq c \| \mathfrak{J} L\, v \|_o \leq c_1 \| L\, v \|_o$$

and the previous arguments hold again . The same remark holds for symmetric systems for which $\mathfrak{J} b + b^T \mathfrak{J}^T$ is positive definite for some $\mathfrak{J}$.

§ 5 A priori estimates for the linear equations

a) We supply the proof of the estimates given in the Lemma of § 1. For $l = 0$ this inequality has been derived before and here we concentrate on the estimates for higher derivatives. We shall assume that the assumption (1.3) holds and that

$$|a|_0 + |a|_2 + |b|_0 + |b|_1 < c_0 \quad \text{and} \quad |v|_0 < c_0 . \tag{5.1}$$

The dependence of the estimates on $\|a\|_1, \|b\|_1$ we shall make explicit, however. The details are somewhat lengthy but standard. Similar ideas are explained and used in the book by L. Hörmander on Linear Partial Differential Operators, Springer 1963.

We shall restrict ourselves to even $l = 2k$ and write $(-\Delta)^k = P$, $(-\Delta)^k v = w$. The quantity to be estimated is

$$(v, Lv)_l = (v, (-\Delta)^l Lv)_0 = (Pv, PLv)_0$$

We form the divergence expression

$$\frac{1}{2} \sum_\nu \frac{\partial}{\partial x_\nu} \langle Pv, a^{(\nu)} Pv \rangle = \frac{1}{2} \langle Pv, a^{(\nu)}_{x_\nu} Pv \rangle + \sum_\nu \langle Pv, a^{(\nu)} \frac{\partial}{\partial x_\nu} Pv \rangle .$$

The integral of this expression vanishes. Therefore with $b_0 = b - \frac{1}{2} \sum_{\nu=1}^{n} a^{(\nu)}_{x_\nu}$

$$\begin{cases} (v, Lv)_l = \sum_\nu (w, P(a^{(\nu)} \frac{\partial}{\partial x_\nu} + b) v)_0 - \sum_\nu (w, a^{(\nu)} Pv_{x_\nu})_0 - \frac{1}{2} \sum (w, a^{(\nu)}_{x_\nu} Pv) \\ \quad = \sum_\nu (w, (P a^{(\nu)} - a^{(\nu)} P) v_{x_\nu})_0 + (w, (Pb - bP)v)_0 + (w, b_0 w)_0 . \end{cases}$$

To extract the principal terms we compute the terms of order l in $(Pa^{(\nu)} - a^{(\nu)} P) v_{x_\nu}$

One finds

$$a^{(\nu)}_{x_\mu} (-\Delta)^{k-1} - \frac{\partial^2}{\partial x_\nu \partial x_\mu} v + \dots$$

where the terms not written contain derivatives of order $< l$ in v. The term $(Pb - bP)v$ consists only of such terms and we have

$$(v, Lv) = E + (w, \phi)_o \tag{5.2}$$

where

$$E = (w, (b_o(-\Delta) - a^{(\nu)}_{x_\mu} \frac{\partial^2}{\partial x_\nu \partial x_\mu})(-\Delta)^{k-1} v)_o . \tag{5.3}$$

the expression ϕ contains only derivatives of order $< l$ of v.

b) Therefore we can estimate $\| \phi \|_o$ by $\| v \|_{l-1}$ but the constant will depend on the size of the high derivatives of a and b. To make this dependence explicit we study the terms in ϕ more carefully. We assumed (5.1) and $|v|_o < c_o$ for some c_o and the following constants will depend on c_o.

Consider the terms containing b in ϕ. They have the form

$$D^{l-\lambda} b D^\lambda v = D^\mu (Db) (D^\lambda v) ; \quad (\lambda = o, 1, \dots, l-1)$$

with $\lambda + \mu = l-1$ where D stands for any first order differential operator.

We use Hölder's estimate to get

$$\| D^\mu (Db)(D^\lambda v) \|_o \leq \left(\int | D^\mu (Db) |^{\frac{2(l-1)}{\mu}} dx \right)^{\frac{\mu}{2(l-1)}} \left(\int | D^\lambda v |^{\frac{2(l-1)}{\lambda}} dx \right)^{\frac{\lambda}{2l-2}} .$$

Using (2.3) from Chap. I and $|b|_1 \leq c_o$ we find

$$\| D^{\mu}(Db)\, D^{\lambda} v \|_o \leq c_1 \left(\| Db\|_{l-1}^{\frac{\lambda}{l-1}} \| v \|_{l-1}^{\frac{\mu}{l-1}} + 1 \right) \text{(*)}$$

$$\leq c_1 (\| Db \|_{l-1} + \| v \|_{l-1} + 1)$$

$$\leq c_1 (\| b \|_{l} + \| v \|_{l-1} + 1)$$

where c_1 depends on c_o. Similary the terms

$$D^{l-\lambda} a\, D^{\lambda} v_x = D^{\mu} (D^2 a)\, D^{\lambda} v_x, \quad \lambda = o, 1, \dots, l-2$$

with $\lambda + \mu = l-2$ can be estimated by

$$\| D^{\mu}(D^2 a)\, (D^{\lambda} v_x) \|_o \leq c_2 (\| D^2 a \|_{l-2} + \| v_x \|_{l-2} + 1)$$

$$\leq c_2 (\| a \|_l + \| v \|_{l-1} + 1)$$

where we used that $| a |_2 < c_o$.

Thus we find

$$\| \phi \|_o \leq c_3 \left\{ \| a \|_l + \| b \|_l + 1 + \| v \|_{l-1} \right\}$$

which makes the dependence of $\| \phi \|_o$ on the high derivatives explicit. Notice the linear dependence on $\| a \|_l$, $\| b \|_l$. Of course, $\| v \|_{l-1}$ can be replaced by

$$\| v \|_{l-1} \leq c_4 \left(1 + \| v \|_l^{1-\frac{1}{l}}\right)$$

which gives an exponent < 1. With

$$K = \| a \|_l + \| b \|_l + 1$$

(*) In (2.3) of Chap. I the right hand side can be estimated by $c \| v \|_r^{1-\rho/r}$ if $| v |_o < 1$.

we have the inequality

(5.4) $$(v, Lv) \geq E - c_5(k + \|v\|_1^{1-\frac{1}{l}})\|v\|_1 .$$

c) It remains to estimate E. If E had constant coefficients one could obtain the estimate

$$E \geq 2\gamma \|v\|_1^2$$

by Fourier transformation using the assumption (1.3).
Following a welknown trickof Garding(*) to apply the above inequality to ζ_j where ζ_j is a partition of unity one obtains

(5.5) $$E \geq \frac{3}{2}\gamma \|v\|_1^2 - c_6$$

since a, b are continuously differentiable.
The constant c_6 depends on c_o and γ. Combining (5.4), (5.5) we have

$$(v, Lv)_1 \geq \frac{3}{2}\gamma\|v\|_1^2 - c_6 - c_5\|v\|_1(K + \|v\|_1^{1-\frac{1}{l}})$$

If $\|v\|_1$ is very large, the first term dominates the last.
If $\|v\|_1$ is small then the last terms can be estimated by a constant c_1.
More precisely, one finds

$$(v, Lv)_1 \geq \gamma\|v\|_1^2 - c_7 K^2$$

which proves the Lemma of § 1.

(*) See, for example, Hörmander's book, p. 190.

§ 6 Quasilinear Differential equations

If the system of differential equations is quasilinear, i.e. $F_k(x, u, p)$ are linear functions of p then one can devise an iteration method where no loss of derivatives occurs, i.e. where the approximation remains in a fixed sphere.

$$\|u\|_1 < K$$

while in the previous construction the high derivatives could tend to infinity. This construction which we shall describe is abstracted from Schauder's paper on hyperbolic differential equations [1] . Actually he uses ultimately the celebrated fixed point theorem of Leray-Schauder where the above sphere is mapped into itself. However, his approach can be turned into an iteration procedure which we shall describe. Schauder applied his method to quasi linear differential equations and noted that the general nonlinear case was not accessible to his method. It seems that in this nonlinear case the results described are new. It would be desirable to apply these methods also to the hyperbolic equations which has not been carried out.

We assume then that

$$F(x, u, p) = a(x, u)p + b(x, u) \tag{6.1}$$

is linear in p. Let $u_o = o, u_1, \ldots, u_s = u$ be a known approximation and construct a better approximation

$$u_{s+1} = U = u + v$$

by solving the equation

$$F_p(x, u, p)\, v_x + F_u(x, o, o)v + F(x, u, p) = o \tag{6.2}$$

The first term corresponds to linearization at $u = u_s$ and the second to a linearization at $u_o = o$. It is a mixture of Picard's and Newton's method. In order to show that this construction avoids a loss of a derivatives we express (6.2) in terms of $U = u+v$. We use that in the quasilinear case the expression

$$F(x, u, p) - F_p(x, u, p)u_x - F_u(x, o, o)u$$

$$= b(x, u) - b_u(x, o, o)u = g(x, u)$$

is independent of u_x. Adding this identity to (6.2) we find

(6.3) $$F_p(x, u, p)\, U_x + F_u(x, o, o)\, U + g(x, u) = o\, .$$

From this equation one reeds off : if u has 1 square integrable derivatives, the à priori estimates which we postulated will give 1 square integrable derivatives. In fact, if K is chosen large enough one can establish from (6.3) for $\mathfrak{U} = u_{s+1}$ an inequality

$$\| U \|_1 < K$$

The process (6.2) leads to linear convergence since the term $F_u(x, o, o)v$ contains a linear error in v. It is remarkable, that if one increases the accuracy and replaces this term by $F_u(x, u, p)v$ then the corresponding equation for $U = u+v$ is

$$F_p(x, u, p)\, U_x + F_u(x, u, p)\, U + g(x, u) - a_u u_x u = o$$

and so leads to a loss of derivatives, since the right hand side contains u_x.

Therefore one can consider the construction (6.2) as a less accurate one which, however, preserves smoothness. In the method described in Chap. I this smoothness is provided more systematically so that even fast convergence can be assured. I am not aware of a construction analogous to (6.2) which avoids loss of derivatives and is applicable to the general nonlinear case .

Chapter III. Conjugacy Problems

The method explained above is, of course, not only applicable to partial differential equations but to many other functional equations

$$\mathcal{F}(u) = f$$

The essential requirements for this method are a) that an aproximate solution, say $u = u_0$, is known, so that $\mathcal{F}(u_0)$ is sufficiently close to f and b) that the linearized equation

$$\mathcal{F}'(w)\, v = g \tag{1}$$

admits a solution for v - for any given w in a neghborhood of u_0. This second condition is rather stringent and often it is possible to ensure the solvability of the equation

$$\mathcal{F}'(u_0)v = g \tag{2}$$

but not that of (1). In fact, in this chapter we shall discuss just such problems for which (1) is not solvable but (2) is.

Such problems occur in celestial mechanics and are closely related to the so-called small divisor difficulty. We shall discuss the simplest model problem in which this difficulty occurs, the center problem. This problem was treated successfully by C. L. Siegel in [5]. For a detailed discussion of this problem we refer to the book [22], Section 23 and Section 24 and for some similar results for differential equations we mention [5'].

We shall describe this problem in the following section but approach it with a different method which allows other applications. In fact, this is exactly the method which was suggested by Kolmogorov [6] for a small divisor problem and was used by Arnold [10] in the proof of Kolmogorov's theorem. The main point will be to construct a rapidly convergent sequence of approximations by solving the linearized equations (2) (linearized at $w = u_0$) only. For general functional equations this is not possible but for the problems discussed here (conjugacy problems) we shall describe such a method (see Section 2).

§ 1. Siegel's theorem

We consider a conformal mapping

$$z \longrightarrow z_1 = f(z)$$

near a fixed point, say $z = 0$. Hence $f(0) = 0$ and we can write

$$z_1 = \lambda z + \hat{f}(z) \tag{1.1}$$

where $\hat{f}(z)$ is a power series which vanishes quadratically at $z = 0$. We assume $\lambda \neq 0$.

The problem to be discussed is to find a coordinate transformation

$$z = u(\zeta) = \zeta + \hat{u}(\zeta) \tag{1.2}$$

- where $\hat{u}(\zeta)$ again vanishes quadratically at $\zeta = 0$ - such that in the new coordinates ζ the mapping (1.1) takes the simple linear form

$$\zeta_1 = \lambda \zeta$$

The mapping (1.1) is called "conjugate" to a linear one if such a transformation (1.2) can be found .

It is very easy to determine the coefficients of u by formal expansion provided λ is not a root of unity. Indeed the functional equation which has to be solved is

(1.3) $$u(\lambda\zeta) = f(u(\zeta))$$

Assuming that in

$$u(\zeta) = \zeta + u_2\zeta^2 + \dots$$

the coefficients $u_2, u_3, \dots, u_{k-1}$ have been found in such a way as to satisfy (1.3) (mod ζ^k) we find for the coefficient of ζ^k from (1.3)

$$u_k\lambda^k\zeta^k - \lambda u_k\zeta^k = g_k\zeta^k, \quad (k = 2, 3, \dots).$$

Here g_k is known, as it depends on $u_2, u_3, \dots, u_{k-1}$ and the coefficients of f only. Hence

(1.4) $$(\lambda^k - \lambda) u_k = g_k$$

which is uniquely solvable if λ is not a unit root.

The question we are concerned with is the convergence of this series for u. If $|\lambda| \neq 1$ the convergence can be established straightforwardly by Cauchy's majorant method (see for example [22]). On the other hand, for $|\lambda| = 1$ the excluded unit roots are dense and, moreover, one can find a dense set of λ on the unit circle which are not unit roots and for which the above series diverges [23]. But all the exceptional values can be very well approximated by roots of unity. If we require, however, that λ satisfies the infinitely many inequalities

(1.5) $$|\lambda^q - 1|^{-1} \leq c_0 q^2 \quad \text{for } q = 1, 2, \dots$$

then the series u converges in a neighborhood of $\zeta = 0$. This is the content of Siegel's theorem.

Siegel's original proof depends on delicate estimates which take into account that the number $|\lambda^q - 1|^{-1}$ is usually much smaller than $c_o q^2$. The proof which will be presented here is much cruder and therefore is applicable to the more difficult problems of celestial mechanics. We shall explain the method in a more general setting to bring out the important features. The detailed estimates for the proof of this theorem will be given in Section 3.

Here we merely consider the linearized equation for (1.3). Let $u = w + \varepsilon v$ and differentiate (1.3) at $\varepsilon = 0$ to get

$$v(\lambda \zeta) - f'(w(\zeta))v(\zeta) . \tag{1.6}$$

If we could replace $f(z)$ by its linear part z and $w(\zeta)$ by ζ then we are led to the equation

$$v(\lambda \zeta) - \lambda v(\zeta) = g(\zeta) \tag{1.7}$$

for a given power series $g(\zeta)$ without linear and constant terms. This equation can be solved by power series expansion :

If

$$g(\zeta) = \sum_{k>1} g_k \zeta^k$$

we find

$$v(\zeta) = \sum_{k>1} \frac{g_k}{\lambda^k - \lambda} \zeta^k .$$

If g converges in $|\zeta| < \rho$ then

$$|g_k| \leq c \rho^{-k}$$

and by (1.5)
$$\left| \frac{g_k}{\lambda^k - \lambda} \right| \leq c_0 c \rho^{-k} k^2 .$$

Hence $v(\zeta)$ converges in $|\zeta| < \rho$ also. The equation (1.7) corresponds to the linearized equation for $w = \zeta$ and it seems hopeless to solve the corresponding equation in which the left-hand side of (1.7) is replaced by the expression (1.6). Therefore, in this case we have a situation in which the solution of the linearized equation (1) (of the introduction to Chapter III) is available only for w = identity.

§ 2. A construction for conjugacy problems

The problem discussed in Section 1 can formally be written as

$$f \circ u = u \circ \phi$$

or

$$u^{-1} \circ f \circ u = \phi$$

where $\phi(\zeta) = \lambda \zeta$. The circle $\circ$ indicates composition of functions.

We introduce the functional

$$\mathcal{F}(f, u) = u^{-1} \circ f \circ u$$

and observe that it satisfies the important relations

$$(2.1) \quad \begin{cases} \mathcal{F}(f, u \circ v) = \mathcal{F}(\mathcal{F}(f, u), v) \\ \mathcal{F}(f, I) = f \text{ where } I \text{ denotes the identity map.} \end{cases}$$

The second argument u in $\mathcal{F}(f, u)$ is to be considered as an element of a transformation group in the neighborhood of the identity. In our case we are dealing with the group of conformal mappings $\zeta \rightarrow u(\zeta)$

with $u(0) = 0$; $u'(0) = 1$.

Our problem is to solve the equation

$$\mathcal{F}(f, u) = \phi \tag{2.2}$$

for u where $f = \lambda z + \ldots$ and $\phi = \lambda \zeta$ are given . We shall describe an iteration process which converges rapidly, at least from a formal point of view. The detailed estimates will be discussed later. We set $u_o = I$ and assume $u_1, \ldots, u_n$ have already been constructed. Then we set

$$u_{n+1} = u_n \circ v \tag{2.3}$$

where $v = I + \hat{v}$ is to be found in such a manner that the functional equation

$$\mathcal{F}(f, u_n \circ v) = \phi \tag{2.4}$$

holds - at least up to terms linear in $\hat{v}$ and the error $\mathcal{F}(f, u_n) - \phi$. We set

$$f_n = \mathcal{F}(f, u_n)$$

so that $f_n - \phi$ is small already . By (2.1) the equation takes the form

$$\mathcal{F}(f_n , v) = \phi \tag{2.5}$$

Expanding the left - hand side formally at the pair (ϕ, I) we obtain

$$\mathcal{F}(\phi, I) + \mathcal{F}_f(\phi, I)(f_n - \phi) + \mathcal{F}_u(\phi, I)\hat{v} = \phi$$

Here

$$\mathcal{F}_f(\phi, I)g = \lim_{\epsilon \to 0} \frac{1}{\epsilon}(\mathcal{F}(\phi + \epsilon g, I) - \mathcal{F}(\phi, I)) = g$$

by (2.1) and $\mathcal{F}(\phi, I) = \phi$. Therefore the above relation reduces to

$$(f_n - \phi) + \mathcal{F}_u(\phi, I)\hat{v} = 0$$

or

(2.6) $$\mathcal{F}'(\phi, I)\hat{v} = \phi - f_n .$$

Here we replaced the notation $\mathcal{F}_u$ by $\mathcal{F}'$:

$$\mathcal{F}'(\phi, I)\hat{v} = \lim_{\varepsilon \to 0} \frac{1}{\varepsilon} (\mathcal{F}(\phi, I + \varepsilon \hat{v}) - \mathcal{F}(\phi, I))$$

Therefore, if (2.6) can be solved for $\hat{v}$ this equation together with (2.3) defines the next approximation. At least formally this process converges quadratically : If the error $f_n - \phi$ is of order ε_n in some norm, then from (2.6) also $\hat{v} = v - I$ is of order ε_n. But since we determined $\hat{v}$ in such a way that equation (2.5) is satisfied up to terms linear in $f_n - \phi$ and $\hat{v}$, the error in that equation and hence ε_{n+1} will be of order ε_n^2.

We illustrate this process with a simple example : Let A be a real n by n matrix. The problem is to find $(I - A)^{-1}$ by an iteration which does not require the inversion of a matrix at any step.

Denote

$$f = I - A$$

and u an arbitrary n by n matrix. If

$$\mathcal{F}(f, u) = f.u$$

is the matrix product, the equation to be solved is

$$\mathcal{F}(f, u) = I.$$

This functional $\mathcal{F}(f, u) = f.u)$ clearly satisfies the relations (2.1) and our construction yields

$$u_{n+1} = u_n \circ v$$

with

$$\mathcal{F}'(I, I)v = I - \mathcal{F}(f, u_n)$$

or

$$\hat{v} = I - \mathcal{F}(f, u_n).$$

Setting $$fu_n = I - A_n$$

whe have

$$v = I + \hat{v} = I + A_n$$

and

$$A_{n+1} = I - (I - A_n)v = A_n^2 .$$

Thus we find the explicit formula

$$A_n = A^{2^n}$$

and for the solution

$$u = (I - A)^{-1} = \prod_{n=0}^{\infty} (I + A^{2^n}).$$

This is the well-known Euler product which obviously converges quadratically if $|A| < 1$ in some norm.

For the problem of Section 1 :

$$\mathcal{F} = u^{-1} \circ f \circ u$$

we find

$$\mathcal{F}'(\phi, I)v = \lim_{\varepsilon \to 0} \frac{1}{\varepsilon} \left\{ (I + \varepsilon \hat{v})^{-1} \circ \phi \circ (I + \varepsilon \hat{v}) - \phi \right\}$$

(2.7)

$$= \lambda \hat{v} - \hat{v}(\lambda \zeta).$$

This operator is invertible as we have shown at the end of the previous section and we shall show now that the above construction converges to a solution of the center problem.

We emphasize again that in the above construction just the operator $\mathfrak{F}'(\phi, I)$ has to be inverted and not $\mathfrak{F}'(f, u)$. This is crucial for the success in small divisor problems in which small changes of the linear operator $\mathfrak{F}'$ may destroy invertibility, since the spectrum of $\mathfrak{F}'(\phi, I)$ comes arbitrarily close to 0.

§ 3. Proof of Siegel's theorem

After these motivations we give the details of the proof for Siegel's theorem.

We assume that the given mapping

$$z_1 = f(z) = \lambda z + \hat{f}(z)$$

is defined in a circle $|z| < r$ and that

$$|\hat{f}'| < \varepsilon \quad \text{for} \quad |z| < r . \tag{3.1}$$

Since $\hat{f}$ does not contain constant or linear terms we can make ε arbitrarily small by choosing r sufficiently small. Furthermore, let λ satisfy the inequalities (1.5) and $0 < |\lambda| \leq 1$. The first step is to estimate the solution of the equation (1.7).

Lemma 1 : If g is analytic in $|\zeta| < r$; and satisfies $|g| < \varepsilon$ there and $g(0) = g'(0) = 0$, then the function

$$v = \sum_{k=2}^{\infty} (\lambda^k - \lambda)^{-1} g_k \zeta^k$$

is analytic in $|\zeta| < r$ and satisfies

$$|v| < 2c_o \frac{\varepsilon}{\theta^3} \quad \text{for} \quad |\zeta| < r(1 - \theta)$$

for $0 < \theta < 1$.

Proof: By Cauchy's estimate we have $|g_k| < \varepsilon r^{-k}$. Hence

$$|v| < \varepsilon c_o \sum_{k=2}^{\infty} k^2 \left(\frac{\zeta}{r}\right)^k$$

$$\leq \varepsilon c_o \sum_{k=2}^{\infty} k^2 (1 - \theta)^k < \frac{2\varepsilon c_o}{\theta^3} \quad (*)$$

According to the construction described in Section 2 we choose the transformation

$$z = v(\zeta) = \zeta + \hat{v}(\zeta)$$

by solving $(**)$

(3.2) $$\hat{v}(\lambda \zeta) - \lambda \hat{v}(\zeta) = \hat{f}(\zeta).$$

Therefore applying Lemma 1 to $g = \zeta \hat{f}'(\zeta)$ we find that

$$|\hat{v}'| < 2c_o \frac{\varepsilon}{\theta^3} \quad \text{in} \quad |\zeta| < r(1 - \theta).$$

This implies, with $\hat{v}(0) = 0$ that

(3.3) $$|\hat{v}| < \frac{2c_o \varepsilon}{\theta^3} r.$$

$(*)$ We use that for $0 < x < 1$

$$\sum_{2}^{\infty} k^2 x^k \leq \sum_{2}^{\infty} k(k-1)x^k + \sum_{1}^{\infty} kx^k = \frac{x(1 + x)}{(1 - x)^3} \leq \frac{2}{(1 - x)^3}$$

$(**)$ This equation corresponds to (2.6) as one sees from (2.7).

Secondly we investigate where $v^{-1} \circ f \circ v$ is defined. For this purpose we prove

Lemma 2 : If

$$2c_o \varepsilon < \theta^4 \quad \text{and} \quad 0 < \theta < \frac{1}{4} .$$

Then the mapping $z = v(\zeta) = \zeta + \hat{v}(\zeta)$ maps

$$|\zeta| < r\,(1 - 4\theta) \text{ into } |z| < r(1 - 3\theta) .$$

Secondly , the image of the disc

$$|\zeta| < r\,(1 - \theta) \text{ covers the disc } |z| < r(1 - 2\theta) ,$$

Proof : The first part follows immediately from (3.3) : If $|\zeta| < r(1 - 4\theta)$ then

$$|z| \leq |\zeta| + |\hat{v}| < r(1 - 4\theta + \frac{2c_o\varepsilon}{\theta^3})$$

$$< r(1 - 4\theta + \theta) = r(1 - 3\theta)$$

by assumption of the lemma.

To prove the second part we have to show that for $|z|<r(1-2\theta)$ the equation

$$\zeta + \hat{v} = z$$

has a solution in $|\zeta| < r\,(1 - \theta)$. By Rouche's theorem if suffices to verify the inequality

$$|\hat{v}| \leq r^{\theta} < |\zeta| - |z| \quad \text{for } |\zeta| = r(1 - \theta)..$$

This is again a consequence of (3.3) and the assumption of the lemma,

Lemma 3 : If

(3.4) $$2c_o\,\varepsilon < \theta^4 \quad \text{and} \quad 0 < \varepsilon < \theta < \frac{1}{5}$$

then the mapping

$$\phi = v^{-1} \circ f \circ v \qquad \text{or} \quad \zeta_1 = \phi(\zeta)$$

is defined for

$$|\zeta| < r(1-5\theta) = \rho .$$

Moreover, if we write this mapping in the form

$$\zeta_1 = \lambda\zeta + \hat{\phi}$$

whe have

$$|\hat{\phi}|' < c_1 \frac{\varepsilon^2}{\theta^4} \quad \text{for } |\zeta| < \rho,$$

where $c_1 < 3c_o$.

Proof : By the lemma 2 the disc $|\zeta| < r(1-4\theta)$ is mapped by v into $|z| < r(1-3\theta)$. The function $f = \lambda z + \hat{f}$ is defined there and maps this disc - by (3.4) - into

$$|z| \le r(1-3\theta) + r.\,\varepsilon < r(1-2\theta) .$$

Finally, by Lemma 2, v^{-1} is defined there and hence also ϕ.

To estimate ϕ we write the relation

$$v \circ \phi = f \circ v$$

in terms of $\hat{v} = v - \zeta$, $\hat{f} = f - \lambda z$, $\hat{\phi} = \phi - \lambda\zeta$. We find

$$\hat{\phi} + \hat{v}(\lambda\zeta + \hat{\phi}) = \lambda\,\hat{v}(\zeta) + \hat{f}(v) .$$

Since we chose $\hat{v}$ as a solution of (3.2) we get

$$\hat{\phi} = \hat{v}(\lambda\zeta) - \hat{v}(\lambda\zeta + \hat{\phi}) + \hat{f}(v) - \hat{f}(\zeta).$$

Estimating the right-hand side by the mean value theorem we find

$$|\hat{v}(\lambda\zeta) - \hat{v}(\lambda\zeta + \hat{\phi})| \le \sup |v'| \sup |\hat{\phi}| \le \frac{1}{5} \sup|\hat{\phi}|$$

where we used that by (3.4)

$$|v'| < \frac{2\varepsilon c_o}{\theta^3} < \theta < \frac{1}{5} .$$

Hence - by (3.3) -

$$\frac{4}{5} \sup|\hat{\phi}| \le |\hat{f}(v) - \hat{f}(\zeta)| \le \sup|\hat{f}'| \, |\hat{v}|$$

$$< \varepsilon \frac{2c_o \varepsilon}{\theta^3} r$$

in $|\zeta| < (1-4\theta)r$. Shrinking the domain to $|\zeta| < (1-5\theta)r$ Cauchy's estimate yields

$$|\hat{\phi}'| \le \varepsilon \frac{5}{2} c_o \frac{\varepsilon}{\theta^4}$$

which proves the lemma.

We have succeeded to transform the original mapping $f(z)$ which satisfied (3.1) into a new one ϕ which is much closer to the linear mapping. We shall repeat this construction and show that the obtained sequence of mappings f_n converges. In fact, if $f_n = \lambda z + \hat{f}_n$ and

$$|\hat{f}'_n(z)| \le \varepsilon_n \quad \text{in} \quad |z| < r_n$$

then Lemma 3 ensures that

$$f_{n+1} = v_n^{-1} \circ f_n \circ v_n$$

satisfies

$$(3.5) \qquad |\hat{f}'_{n+1}| < 2c_o \frac{\varepsilon_n^2}{\theta_n^4} = \varepsilon_{n+1} \quad \text{in} \quad |z| < r_{n+1} .$$

The radii r_n of the discs have to decrease with n and

we choose

$$r_n = r(1 + 2^{-n})/2 \ . \tag{3.6}$$

Then we define $\theta = \theta_n$ by

$$\frac{r_{n+1}}{r_n} = 1 - 5\theta_n$$

so that

$$5\theta_n = \frac{1}{(2^n + 1)2} \ . \tag{3.7}$$

The convergence will be ensured if we can show that the sequence ε_n defined by (3.5) tends to zero. From (3.5), (3.7) we find

$$\varepsilon_{n+1} \leq c_2^{n+1} \varepsilon_n^2 \quad \text{with} \quad c_2 = 2^5 c_o \quad , \quad n = 0, 1, \dots .$$

Clearly, if ε_o is chosen small enough ε_n tends to zero. Indeed,

$$\varepsilon_n' = c_2^{n+2} \varepsilon_n$$

satisfies

$$\varepsilon_{n+1}' \leq \varepsilon_n'^{\,2}$$

i.e. for

$$\varepsilon_o' = c_2^2 \varepsilon_o < 1$$

we have convergence. We have to verify the validity of (3.4) for $\theta = \theta_n$, $\varepsilon = \varepsilon_n$ which is straightforward for sufficiently small ε_o.

Thus we have found a sequence of transformations $v_o, v_1, \dots, v_n, \dots$ where v_n transforms the mapping f_n into f_{n+1}. Here $f_o = f$ is our given mapping. Hence

$$u_n = v_o \circ v_1 \circ \dots \circ v_{n-1}$$

transforms f into

(3.8) $$f_n = u_n^{-1} \circ f \circ u_n .$$

This mapping u_n is defined for

$$|\zeta| < r_{n-1}$$

as one verifies from Lemma 2. Namely v_{n-1} maps $|\zeta| < r_{n-1}$ into $|\zeta| < r_{n-2}$ etc. Moreover, by construction f_n is defined in the same disc. The r_n were chosen $\geq r/2$ (see (3. 6)) and it is easy to show that u_n converges uniformly in $|\zeta| < r/2$. For this purpose we consider the product

$$u_n' = \prod_{\nu=0}^{n-1} v_\nu' = \prod_{\nu=0}^{n-1} (1 + \hat{v}_\nu')$$

where the derivative v_ν' has to be evaluated at the point

$$v_{\nu+1} \circ \dots \circ v_{n-1}(\zeta) .$$

The estimate before (3.3) ensures that

$$|\hat{v}_\nu'| \leq c_3^\nu \varepsilon_\nu$$

and thus the infinite product

$$\prod_{\nu=0}^{\infty} (1 + |\hat{v}_\nu'|) \leq c_4$$

converges uniformly in $|\zeta| < r/2$. This implies that

$$|u_{n+1} - u_n| \leq c_4 \sup |v_n(\zeta) - \zeta| \leq c_4 |\hat{v}_n| \longrightarrow 0 .$$

Thus $u_n(\zeta) \longrightarrow u(\zeta)$ and $f_n(\zeta) \rightarrow \lambda\zeta$ and from (3.8)

$$u^{-1} \circ f \circ u(\zeta) = \lambda \zeta$$

which was to be shown . Since $v_n(0) = 0$, $v'_n(0) = 1$ we also have $u(0) = 0$, $u'(0) = 1$. Thus the above construction succeeds if $\varepsilon_o = \sup_{|z|<r} |\hat{f}'|$ is chosen sufficiently small . This can be achieved by choosing r sufficiently small since f vanishes quadratically at $z = 0$. This completes the proof of Siegel's theorem.

§ 4 . A theorem by N. Levinson

We mention some examples of functionals $\mathfrak{F}(f, u)$ which satisfy the relations (2.1) and therefore qualify for the above approach . For example, let $u = u(x)$ be a differentiable transformation of $x \in E_n$ into E_n and $u'(x)$ its Jacobian matrix. Then

$$\mathfrak{F}(f, u) = u'^{-1}(f \circ u) \tag{4.1}$$

satisfies (2.1) . Indeed the above expresses the transformation law for a differential equation

$$\dot{x} = f(x)$$

under a transformation $y = u(x)$.

If f denotes a mapping from one space $X = E_n$ into another $Y = E_m$ then

$$\mathfrak{F}(f, u) = u_1^{-1} \circ f \circ u_2 \tag{4.2}$$

expresses the transformation law under two automorphisms u_1 of Y and u_2 of Y . The equation $\mathfrak{F}(f, u) = g$ expresses the equivalence of a mapping f and g from X to Y under appropriate coordinate changes.

In case $X = Y$ the functional

(4.3) $$\mathfrak{F}(f, u) = u^{-1} \circ f \circ u$$

expresses the transformation law of a mapping of X into X. The functional discussed in Section 2 was of this type.

Finally,

$$\mathfrak{F}(f, u) = f \circ u$$

also satisfies our relation (2.1).

As an example for the latter functional we mention a theorem by N. Levinson [25] which belongs to the theory of several complex variables :

Theorem : Let

$$f(z, w) = p_o(z, w) + w^{n+1} \hat{f}(z, w)$$

be a power series, convergent in $|z| < \rho$, $|w| < \sigma$ where p_o is a polynomial in w of degree $\leq n$ with $p_o(0, w) \equiv w^n$ and $\hat{f}$ any power series. Then there exists a coordinate change

$$w = u(z, \omega) = \omega + \omega^2 \hat{u}(z, \omega)$$

such that

$$\phi(z, \omega) = f(z, u(z, \omega))$$

is a polynomial of degree $\leq n$ in ω.

Introducing the functional

$$\mathfrak{F}(f, u) = f(z, u(z, \omega))$$

we try to solve the equation

$$\mathfrak{F}(f, u) = \omega^n \quad (\text{mod } P_n)$$

where P_n represents the space of polynomials p in w of degree $\leq n$ in w which vanish for $z = 0$.

Using the method described in Section 2 we reduce the problem to solving the linearized equation

$$(4.4) \qquad \mathcal{F}'(\phi, I)v = g \pmod{P_n}.$$

One finds easily that

$$\mathcal{F}'(\phi, I) = \phi_\omega(z, \omega)v$$

where ϕ_ω is a polynomial of degree $\leq n-1$ and $\phi_\omega(0, \omega) = n\omega^{n-1}$. With $v = \omega^2\hat{u}$ the equation (4.4) reduces to

$$(\omega^2\phi_\omega).\hat{u} = g \pmod{P_n}.$$

This is a standard division problem and we choose a polynomial $p(z, \omega) \in P_n$ in such a way that

$$p(z, \omega_\nu) = g(z, \omega_\nu), \qquad \nu = 1, \dots, n+1$$

at the n+1 roots of $\omega^2\phi_\omega$, which can be found uniquely by Lagrange's interpolation method. Then

$$\hat{u} = \frac{g-p}{\omega^2\phi_\omega} = \frac{1}{2\pi i}\oint \frac{g(z,\lambda)d\lambda}{\lambda^2\phi_\omega(z,\lambda)(\lambda-\omega)}$$

gives the solution to (4.4), if the integration is taken over a circle containing all roots of $\omega^2\phi_\omega$.

The convergence proof can now be established with standard estimates. We refer to Levinson's paper for the details. It is noteworthy that the solution $u(z, \omega)$ can also be found by comparison of coefficients, however, the majorant method by Cauchy does not seem to yield the convergence proof, while the iteration method described here succeeds.

§ 5. Vector field on a torus and Kolmogorov's theorem

As another application we discuss the following problem concerning vector fields on a torus : Let $x = (x_1, \ldots, x_n)$ and consider the vector field

$$\dot{x} = f(x) \tag{5.1}$$

where $f(x)$ is an n-vector whose components have the period 2π with respect to $x_1, \ldots, x_n$. Therefore we can write (5.1) as a vector field on the torus which is obtained by identifying all points x whose coordinates differ by an integer multiple of 2π.

The simplest model of such a differential equation is obtained if $f(x)$ is independent of x :

$$\dot{x} = \omega . \tag{5.2}$$

It is well known that this flow is ergodic (with respect to the measure $dx = dx_1, \ldots, dx_n$) if and only if the components $\omega_1, \ldots, \omega_n$ of ω are rationally independent.

We pose the question whether the flow (5.2) is structurally stable, i.e. whether small perturbations of (5.2) lead to a differential equation which can be transformed into a(5.2) by a coordinate transformation

$$x = u(\xi) = \xi + \hat{u}(\xi)$$

where $u(\xi) - \xi$ have period 2π in $\xi_1, \ldots, \xi_n$, the components of ξ.

This is clearly not possible, since even a small change of the constants ω leads to a flow

$$\dot{x} = \beta$$

which cannot be transformed into (5.2) unless $\omega = \beta$. Namely otherwise the transformation would transform the solution $\xi = \beta t$ into a solution of (5.2), i.e.

$$\omega t + c = \beta t + \hat{u}(\beta t).$$

Since $\hat{u}$ is bounded, being periodic in t it follows that $\omega = \beta$.

Therefore we shall admit changes of the vector f by a constant vector λ and shall try to determine it in such a manner that

$$\dot{x} = f(x) + \lambda$$

can be transformed into a system of the form (5.2). More precisely, let

$$\dot{x} = f(x, \varepsilon) = \omega + \varepsilon \hat{f}(x, \varepsilon) \tag{5.3}$$

be a system where $f(x, \varepsilon)$ is real analytic in $x_1, \ldots, x_n$, ε and of period 2π in x_ν. Moreover, we shall require that the $\omega_1, \ldots, \omega_n$ are not only rationally independent but even satisfy the infinitely many inequalities

$$\left| \sum_{\nu=1}^{n} j_\nu \omega_\nu \right|^{-1} \leq c_0 \left(\sum_{\nu=1}^{n} |j_\nu| \right)^{\tau} \tag{5.4}$$

for all integers $j_1, \ldots, j_n$, not all zero. If one chooses c_0 large enough and $\tau > n$ then this condition is fulfilled for the majority of ω, i.e. for almost all ω such c_0 exists.

Theorem 1: Under the above conditions there exists a real analytic transformation

$$x = u(\xi, \varepsilon) = \xi + \hat{u}(\xi, \varepsilon) \tag{5.5}$$

and a constant vector $\lambda = \lambda(\varepsilon)$ with $\lambda(0) = 0$ such that (5.5) transforms the system

$$\dot{x} = \omega + \varepsilon \hat{f}(x, \varepsilon) + \lambda(\varepsilon)$$

into

$$\dot{\xi} = \omega .$$

This theorem is due to V. I. Arnold (see [8]) who proved this result by the same method as described in Section 2. In the above form the statement does not appear to be useful as it refers to a modified system and not the given differential equation. However, this is to be considered as a partial step towards a more general theorem on differential equations in which sufficiently many parameters are available to achieve $\lambda = 0$. We now formulate such a theorem - which is due to Kolmogorov [6] and Arnold [10] .

Consider a Hamiltonian system

$$\begin{cases} \dot{x} = H_y(x, y, \varepsilon) \\ \dot{y} = -H_x(x, y, \varepsilon) \end{cases} \tag{5.6}$$

with a real analytic Hamiltonian $H(x, y, \varepsilon)$ of period 2π in $x_1, \ldots, x_n$. Moreover, assume that

$$H(x, y, 0) = \overset{\circ}{H}(y)$$

is independent of x. Hence , for $\varepsilon = 0$ the system (5.6) takes the simple form

$$\dot{x} = \overset{\circ}{H}_y(y)$$

$$\dot{y} = 0$$

and the solutions are simply

$$x = \overset{\circ}{H}_y(\overset{\circ}{y})t + \overset{\circ}{x} ; \qquad y = \overset{\circ}{y}$$

where $\overset{\circ}{x}$, $\overset{\circ}{y}$ are the initial values. The x components of the equations correspond to the system (5.3) discussed before. In order to have the parameters $\overset{\circ}{y}$ available to adjust the vectors $\overset{\circ}{H}_y(\overset{\circ}{y})$ (so as to achieve $\lambda = 0$ in Theorem 1) we require that the Hessian

$$\det \frac{\partial^2 H(y)}{\partial y \, \partial y} \neq 0 .$$

Theorem 2 : Under the above hypothesis and for sufficiently small $|\varepsilon|$ there exists a real analytic canonical transformation

$$x = u(\xi, \eta, \varepsilon)$$
$$y = v(\xi, \eta, \varepsilon)$$

such that $u - \xi$, v have period 2π in $\xi_1, \ldots, \xi_n$, that $u = \xi$, $v = \eta$ for $\varepsilon = 0$ and such that (5.6) is transformed into a system

$$\dot{\xi} = \omega$$
$$\dot{\eta} = 0$$

for $\eta = 0$. Hence

$$x = u(\omega t + \overset{\circ}{\xi}, 0, \varepsilon) ; \quad y = v(\omega t + \overset{\circ}{\xi}, 0, \varepsilon)$$

represent a family of quasi- periodic solutions of the given unmodified system.

This result is of fundamental importance in the study of Hamiltonian systems and its applications to celestial mechanics (see Arnold [9]). We are not going into the proof of this result which can be found in [10] but rather discuss further the proof of Theorem 1 and its extension to differentiable vector fields.

§ 6. Proof of Theorem 1 (Analytic Case).

a) We turn to the proof of Theorem 1 as stated in the previous section. As mentioned before this result is not new but contained in Arnold's paper [8] . We discuss the proof in such a form that it also can be used for differential equations for which f(x) is merely differentiable and not analytic. However, we defer that case to the next section and assume now that in the given differential equation

$$\dot{x} = \omega + f(x)$$

f(x) is a real analytic vector function which has period 2π in x_1, ..., x_n . We did not indicate the parameter dependence on ε , and replace it by a smallness condition.

The theorem in question asserts the existence of a real analytic function $u(\xi)$ and a constant λ such that the differential equation

$$\dot{x} = \omega + f(x) + \lambda \tag{6.1}$$

is transformed by

$$x = u(\xi) \tag{6.2}$$

into the equation

$$\dot{\xi} = \omega . \tag{6.3}$$

Moreover, $u(\xi) - \xi = \hat{u}$ has period 2π in $\xi_1, \ldots, \xi_n$.

More precisely we shall show:

Addition to Theorem 1 : There exists a positive constant c^* dependent on n, τ, c_0, such that for

$$\varepsilon < h^{\sigma+1}/c^* \quad , \qquad h<1 \, ,$$

and for

$$| f(x) | < \varepsilon \quad \text{in} \quad | \operatorname{Im} x | < h$$

one can find a constant vector λ in

$$|\lambda| < 2\,\varepsilon$$

and the desired $u(\xi)$ satisfying

$$h^{-1} |\hat{u}| + | \hat{u}'(\xi) | \leq c \, \frac{\varepsilon}{h^{\sigma+1}} < \frac{1}{2} \quad \text{in } | \operatorname{Im} \xi | < \frac{h}{2}$$

where c is independent of ε, h.

This statement assures then the existence of a solution of the partial differential equation

$$\hat{u}_{\xi} \, \omega = f(\xi + \hat{u}) + \lambda \tag{6.4}$$

on the torus. Here $\hat{u}_{\xi}$ denotes the Jacobian matrix $(\frac{\partial u_\nu}{\partial \xi_\mu})$ and ω the vector with the components $\omega_1, \ldots, \omega_n$ on which we impose the irrationality condition (see (6.5) below). Clearly the constant λ has to be chosen such a manner that the mean value of the right hand side of (6.4) vanishes.

To point out the subtlety of the problem we mention that one cannot expect a solution of an equation of the type (6.4) if $f(\xi + \hat{u})$ is replaced by a function $f(\xi, \hat{u})$ of period 2π in ξ. In fact, even for a function linear in $\hat{u}$, say $f(\xi, \hat{u}) = f_0(\xi) + c\hat{u}$ one finds counter examples, no matter how small f_0, c are chosen. The reason for this phenomenon is the fact that the spectrum of the operator

$$\sum_{\nu=1}^{n} \omega_\nu \frac{\partial}{\partial \xi_\nu}$$

acting on the space of funtions on the torus contains infinitely many eigenvalues in any neighborhood of zero. Therefore (6.4) cannot be treated like any partial differential equation but the dependence of f on $\xi + \hat{u}$ alone must be taken into account. This, however, is equivalent to the fact that (6.4) represents a transformation law as discussed in Section 2.

We shall assume that $\omega_1, \ldots, \omega_n$ are numbers which are rationally independent and, moreover, satisfy the inequalities

$$|(k, \omega)|^{-1} \leq c_0 |k|^\tau \tag{6.5}$$

for all integers with $|k| = \sum |k_\nu| > 0$. Here τ is some number $> n-1$ and c_0 a positive constant. It is easily shown that every sphere of a radius r large compared to c_0^{-1} contains at least one such ω provided $\tau > n-1$. In fact the set of ω which violates the above condition for any choice of c_0 forms a set of measure zero if $\tau > n-1$. This is easily verified by estimating the measure of this set.

b) We begin with two lemmata. The first one refers to the solvability of the linear partial differential equation

$$v_x \omega = g(x) \tag{6.6}$$

or in components

$$\sum_{\nu=1}^{n} \omega_\nu v_{\mu x_\nu} = g_\mu(x) .$$

We require g, v to have period 2π in $x_1, \ldots, x_n$. Clearly, a necessary condition for the solvability of (6.6) is that the mean value $[g]$ of g vanishes.

Lemma 1 : If g(x) is a real analytic vector function of mean value zero which is bounded in $|\mathrm{Im}\ x_\nu| < h$ then there exists a real analytic solution v of period 2π, provided (6.5) holds. Moreover,

$$\sup_{|\mathrm{Im}\ x| < h-\delta} |v| \leq c\delta^{-\sigma} \sup_{|\mathrm{Im}\ x| < h} |g|$$

for $0 < \delta < h < 1$ and $\sigma = \tau + 1 > n$.

Here c denotes a positive constant dependent on τ, n, c_0 only (*).

Proof : Using the Fourier expansion of g one finds the solution immediately as

$$v = \sum_{k \neq 0} \frac{\gamma_k}{(k, \omega)} e^{i(k, x)}$$

where γ_k are the Fourier coefficients of g. Since g is analytic the coefficients γ_k decay exponentially with $|k|$. Assuming sup $|g| \leq 1$ for $|\mathrm{Im}\ x| \leq h$ we find

$$|\gamma_k| = \left| \frac{1}{(2\pi)^n} \right| \left| \int_T g(x)\, e^{-i(k, x)}\, dx \right| \leq e^{-|k|\, h}$$

by shifting the surface of integration to $|\mathrm{Im}\ x_\nu| = \pm h$.

(*) In the following c will stand for different constants and will not be distinguished in each case.

Therefore the above series converges and for $|\mathrm{Im}\, x_\nu| \leq h-\delta$ can be estimated by

$$|v| \leq \sum_{k \neq 0} |(k,\omega)|^{-1} e^{-|k|\delta} . \tag{6.7}$$

Replacing the small divisors (k,ω) according to the estimate (6.5) we find

$$|v| \leq c_0 \sum_{k \neq 0} |k|^{\tau} e^{-|k|\delta} \leq c_1 \delta^{-\tau-n}$$

which proves the lemma with $\sigma = \tau + n$.

The estimate stated in the lemma with $\sigma = \tau+1$ is more delicate and is based on the observation that only a few of the denominators (k,ω) are small. In fact, this fact was used in Siegel's original proof (see [22], p. 168) of his theorem (Section 1) and also in Arnold's work ([9], Lemma 2, p. 30). We present the proof -- for the sake of completeness -- for our situation :

For the following we shall use the norm $|k| = \max_\nu |k_\nu|$ which is equivalent to the previous norm, but is more appropriate for the following considerations. Let $K(\nu, r)$ denote the set of vectors $k \neq 0$ with integer coefficients satisfying

$$|k| = r \quad \text{and} \quad 2^{\nu} < |(k,\omega)|^{-1} \leq 2^{\nu+1}$$

and let $N = N(\nu, r)$ denote the number of points in $K(\nu, r)$. We shall show that

$$N(\nu, r) \leq c_1 r^{n-1} 2^{-\frac{\nu}{\tau}(n-1)} .$$

Again c_1 is a positive constant depending on c_0, τ, n only. Note that this estimate is particularly sharp for large ν.

To prove this statement we note : If k, k' are different vectors of $K(\nu, r)$ then

$$c_0^{-1} |k-k'|^{-\tau} \leq |(\omega, k-k')| \leq |(\omega, k)| + |(\omega, k')| \leq 2^{-\nu+1}.$$

Hence the distance

$$|k-k'| \geq (c_0^{-1} 2^{\nu-1})^{1/\tau} = 2\rho_\nu$$

is very large for large ν . We define ρ_ν by the above relation and note, that from $|k-k'| \leq 2r$ we have

(6.8) $$\rho_\nu \leq r.$$

If we surround each $k \in K(\nu, r)$ by a cube

$$\mathcal{C}_k \quad : |x-k| < \rho_\nu ,$$

then these cubes are disjoint. Intersecting the cubes $\mathcal{C}_k$ with $|x| = r$ we get disjoint $n-1$ dimensional sets of $(n-1)$ dimensional volume $\geq \rho_\nu^{n-1}$. Since the $n-1$ dimensional volume of $|x| = r$ is $2n(2r)^{n-1}$ we have

$$N(\nu, r) \leq \frac{2n(2r)^{n-1}}{\rho_\nu^{n-1}} \leq c_1 \, r^{n-1} \, 2^{-\frac{\nu}{\tau}(n-1)},$$

which proves the stated inequality.

To finish the proof of the lemma we form

$$\sum_{K(\nu, r)} |(k, \omega)|^{-1} \leq 2^{\nu+1} \, N(\nu, r) \leq 2c_1 \, r^{n-1} \, 2^{(1-\frac{n-1}{\tau})\nu}.$$

Note that the last exponential is positive for $\nu > 0$.

Therefore adding over all ν for which $K(\nu, r)$ is not empty we get

$$\sum_{|k|=r} |(k, \omega)|^{-1} \leq c_2 \, r^{n-1} \, 2^{(1-\frac{n-1}{\tau})\nu^*},$$

where ν^* is the greatest occurring ν for which $K(\nu, r) \neq \phi$. The relation (6.8) provides us with an estimate for ν^* and yields

$$2^{\nu^*/\tau} \leq c_3 r .$$

Hence

$$\sum_{|k|=r} |(k, \omega)|^{-1} \leq c_4 r^{n-1} r^{\tau-(n-1)} = c_4 r^{\tau} .$$

Finally, (6.7) is estimated by

$$|v| \leq \sum_{r=1}^{\infty} \sum_{|k|=r} |(k, \omega)|^{-1} e^{-r\delta} \leq c_4 \sum_{r=1}^{\infty} r^{\tau} e^{-r\delta} \leq c_5 \delta^{-\tau-1} ,$$

which was to be proven.

c) To prove Theorem 1 and its addition we consider a family of differential equations

(6.9) $$\dot{x} = a + f(x, a)$$

which depends on a parameter a(analytically) which varies in a complex neighborhood of ω . We shall find not only a transformation of the variables x

(6.10) $$x = u(\xi, \alpha)$$

but also a transformation

(6.11) $$a = w(\alpha)$$

of the parameters in such a manner that in an appropriate domain the transformed equation

(6.12) $$\dot{\xi} = \alpha + \phi(\xi, \alpha)$$

possesses a function ϕ which is much smaller than f. Repeating this process we shall construct the solution asserted in Theorem 1.

To make the estimate precise we require the following estimate

(6.13) $$|f(x, a)| < \varepsilon \quad \text{for } |\mathrm{Im}\, x| < s \; ; \; |a-\omega| < 2\varepsilon ,$$

with appropriate positive numbers $\varepsilon, s < 1$. All estimates are considered in the complex domain.

Lemma 2 . Assume that f is real analytic in

$$\mathcal{D} : |\mathrm{Im}\, x| < s , \quad |a-\omega| < 2\varepsilon ,$$

and satisfies (6.13). Let s_+ be a positive number $s_+ < s$ and let

$$\frac{\varepsilon}{(s-s_+)^{\sigma+1}}$$

be sufficiently small and set

$$\varepsilon_+ = c \frac{\varepsilon^2}{(s-s_+)^{\sigma+1}}$$

with an appropriate positive constant c .

Then there exists a transformation

$$\mathcal{U} : \quad \begin{aligned} x &= u(\xi, \alpha) \\ a &= w(\alpha) \end{aligned}$$

which maps

$$\mathcal{D}_+ : |\mathrm{Im}\, \xi| < s_+ , \quad |\alpha-\omega| < 2\varepsilon_+$$

into $\mathcal{D}$ and is real analytic there. Moreover,

$$s^{-1}|u-\xi| , \quad |u_\xi - I| < \frac{c\varepsilon}{(s-s_+)^{\sigma+1}} , \quad |w-\alpha| < \varepsilon,$$

and the transformed equation (6.12) satisfies

$$|\phi| < \varepsilon_+ \quad \text{in} \quad \mathcal{D}_+ .$$

Proof : We define $u(\xi, \alpha) = \xi + \hat{u}$ by the equation

$$\hat{u}_{\xi}\,\omega = f(\xi, a) - [f(\xi, a)] \quad ; \qquad [\hat{u}] = 0. \tag{6.14}$$

By Lemma 1 this equation has a real analytic solution which can be estimated by

$$|\hat{u}| \leq c \frac{\varepsilon}{(s-s_+)^{\sigma}} \quad \text{in } |\mathrm{Im}\,\xi| < s - \frac{s-s_+}{2} \ ,$$

and by Cauchy's estimate

$$|\hat{u}_{\xi}| \leq c \frac{\varepsilon}{(s-s_+)^{\sigma+1}} \quad \text{in } |\mathrm{Im}\,\xi| < s_+ \ .$$

Secondly we define $a = w(\alpha)$ in (6.11) implicitly by

$$\alpha = a + [f(\xi, a)] \ . \tag{6.15}$$

That this equation can be solved for a if $|\alpha - \omega| < 2\varepsilon_+$ follows immediately from an index argument using

$$|\alpha - \omega[f]| \leq 2\varepsilon_+ + \varepsilon < 2\varepsilon \ . \text{ (*)}$$

Therefore the degree of our mapping in $|a-\omega| \leq 2\varepsilon$ with respect to α is 1. Hence $a = w(\alpha)$ exists. Moreover, one verifies that the Jacobian of the mapping does not vanish so that $w(\alpha)$ is analytic in $|\alpha - \omega| < 2\varepsilon_+$. The stated inequality for $|w-\alpha|$ follows from (6.15).

The above estimates ensure that the transformation $\mathcal{U}$ defined by (6.14), (6.15) maps $\mathcal{D}_+$ into $\mathcal{D}$, since

(*) We used that for sufficiently small $\frac{\varepsilon}{(s-s_+)^{\sigma+1}}$ we have $2\varepsilon_+ < \varepsilon$.

$$|\operatorname{Im} x| \leq |\operatorname{Im}\xi| + |u| \leq s_+ + c \frac{\varepsilon}{(s-s_+)^\sigma}$$

$$\leq s_+ + (s-s_+) = s .$$

Here we used the smallness assumption of Lemma 2.

Having defined $u(\xi, \alpha)$; $w(\alpha)$ we estimate ϕ. The transformation formula gives

$$u_\xi(\alpha + \phi) = a + f(\xi + \hat{u}, a).$$

Subtracting (6.14) and (6.15) from this relation we find

$$\phi + \hat{u}_\xi \phi = f(\xi + \hat{u}, a) - f(\xi, a) - \hat{u}_\xi(\alpha - \omega) .$$

Since $|\hat{u}_\xi| < 1/2$ we can estimate ϕ in $|\operatorname{Im}\xi| < s_+$, $|\alpha - \omega| < \varepsilon_+$ by

$$\frac{1}{2}|\phi| \leq \sup |f'| \cdot |\hat{u}| + |\hat{u}_\xi| \, |\alpha - \omega| .$$

Using Cauchy's estimate we find

$$|\phi| \leq c \left\{ \frac{\varepsilon}{s-s_+} \frac{\varepsilon}{(s-s_+)^\sigma} + \frac{\varepsilon}{(s-s_+)^{\sigma+1}} \varepsilon_+ \right\}$$

$$\leq c' \frac{\varepsilon^2}{(s-s_+)^{\sigma+1}} ,$$

which finishes the proof.

d) Convergence proof. To prove Theorem 1 (of Section 5) and its addition (see beginning of this section) we apply Lemma 2 repeatedly. We start with the prescribed family of differential equations given by

$$f_0 = f(x) + a \qquad \text{(where } a = \omega + \lambda\text{)}$$

and transform it by

$$\mathfrak{U}: \quad \begin{aligned} x &= u(\xi, \alpha) \\ a &= w(\xi, \alpha) \end{aligned}$$

into the new family

$$f_1 = f_1(\xi, \alpha) = \mathcal{F}(f_0, \mathfrak{U}_0).$$

Here $\mathcal{F}(f, \mathfrak{U})$ represents the transformation law corresponding to differential equations, i.e.

$$\mathcal{F}(f_0, \mathfrak{U}_0) = (u')^{-1} \; f(u(\xi, \alpha), \; w(\alpha)\;).$$

f_1, in turn, is transformed by a transformation $\mathfrak{U}_1$ into

$$f_2 = \mathcal{F}(f_1 \, \mathfrak{U}_1) = \mathcal{F}(f_0, \mathfrak{U}_0 \circ \mathfrak{U}_1)$$

etc. We shall show that the composition of the transformations $\mathfrak{U}_0, \mathfrak{U}_1, \ldots,$ are defined in appropriate domains and converge. In particular we shall show that

$$\left.\begin{aligned} &\mathfrak{U}_1 \circ \mathfrak{U}_2 \circ \ldots \circ \mathfrak{U}_k \to \mathfrak{U}^* \\ &f_k \to 0 \end{aligned}\right\} \text{for } \alpha = 0 \;, \; |\operatorname{Im} \xi| < h/2$$

Writing the coordinate transformation $\mathfrak{U}^*$ in the form

$$x = u^* \;(\xi, 0)$$

$$a = w^* \;(0)$$

we see that the first line represents the desired coordinate transformation while the second specifies the value of a, i.e. $\lambda = a - \omega = w^* \,(0) - \omega$.

We proceed to define $\mathcal{U}_0, \mathcal{U}_1, \ldots,$ inductively. Assume that $\mathcal{U}_0, \mathcal{U}_1, \ldots, \mathcal{U}_{k-1}$ have been defined already and

$$f_k = \mathcal{F}(f_0, \mathcal{U}_0 \circ \mathcal{U}_1 \circ \ldots \circ \mathcal{U}_{k-1}) ;$$

then we use the construction of Lemma 2 to define $\mathcal{U}_k$ and

$$f_{k+1} = \mathcal{F}(f_k, \mathcal{U}_k) = \mathcal{F}(f_0, \mathcal{U}_0 \circ \mathcal{U}_2 \circ \ldots \circ \mathcal{U}_k) .$$

Inductively we shall verify the following estimates :

We define the domains

$$\mathcal{D}_k: \quad |\mathrm{Im}\ x| < s_k , \qquad |a - \omega| < 2\varepsilon_k$$

where we set

$$(6.16) \qquad \begin{cases} s_k = \frac{h}{2}(1+2^{-k}) , & k = 0, 1, 2, \ldots, \\ \varepsilon_k = c_1^k\, h^{-\sigma-1}\, \varepsilon_{k-1}^2 , & k = 1, 2, \ldots, \\ \varepsilon_0 = \varepsilon , \end{cases}$$

with an appropriate large constant c_1 depending on c_0, τ, σ, n only.

Then

$\alpha)$ f_k is defined and analytic in $\mathcal{D}_k$ and satisfies

$$|f_k - a| < \varepsilon_k$$

$\beta)$ $\mathcal{U}_k$ is defined and analytic in $\mathcal{D}_{k+1}$ mapping $\mathcal{D}_{k+1}$ into $\mathcal{D}_k$. Moreover,

$$|w_k - \alpha| < \varepsilon_k , \quad h^{-1}|u_k - \xi| , \quad |u_k' - I| < c^{k+1}\, h^{-\sigma-1}\, \varepsilon_k .$$

We verify the statement for $k = 0$: In this case $\alpha)$ follows from the hypothesis of the addition to Theorem 1 since

$$|f_0 - a| = |f(x)| < \varepsilon = \varepsilon_0 \text{ in } \mathcal{D}_0.$$

Lemma 2 ensures the existence of $\mathcal{U}_0$ defined in $\mathcal{D}_1$, if we choose $s = s_0$, $s_+ = s_1$.

Assume that the above statement has been verified for $k = 0, 1, \ldots l$. Then we can apply Lemma 2 to $f = f_l$ in $\mathcal{D} = \mathcal{D}_l$, and find $\mathcal{U} = \mathcal{U}_l$ in $\mathcal{D}_{l+1}$ by the same lemma. The statements $\alpha)$, $\beta)$ follow directly from those of Lemma 2.

Having established the statements $\alpha)$, $\beta)$ for

$$f_k = \mathcal{F}(f_0, \mathcal{U}_0 \circ \mathcal{U}_1 \circ \ldots \circ \mathcal{U}_{k-1})$$

we discuss now the limit process $k \longrightarrow \infty$. Note that the transformation

$$\mathcal{V}_k = \mathcal{U}_0 \circ \mathcal{U}_1 \circ \ldots \circ \mathcal{U}_{k-1}$$

is defined for shrinking domain $\mathcal{D}_k$. We restrict this transformation to $\mathcal{D} = \bigcap_{k \geq 0} \mathcal{D}_k$ which is given by

$$\mathcal{D} : |\operatorname{Im} \xi| < \frac{h}{2}, \quad \alpha = 0 .$$

$\mathcal{V}_k$ maps $\mathcal{D}$ into $\mathcal{D}_0$ by construction.

To show finally, that $\mathcal{V}_k$ converges in $\mathcal{D}$ we write $\mathcal{V}_k$ in components

$$\mathcal{V}_k : \quad \begin{cases} x = v_k(\xi, \alpha) \\ a = \tilde{w}_k(\alpha) \end{cases}$$

By construction we have

$$|v_{k+1} - v_k| < c^{k+1} h^{-\sigma} \varepsilon_k \ ; \ |\tilde{w}_{k+1} - \tilde{w}_k| < \varepsilon_k ,$$

and since

$$\sum_k c^{k+1} \varepsilon_k$$

converges by (6.16) (for sufficiently small $\varepsilon / h^{\sigma+1}$) it is clear that $\lim_k v_k$ exists and is analytic in $|\operatorname{Im} \xi| < h/2$. We find for $\alpha = 0$

$$\left| \lim_{k \to \infty} w_k \right| < \sum \varepsilon_k \leq 2 \varepsilon_0 = 2 \varepsilon$$

for sufficiently small $\varepsilon h^{-\sigma - 1}$ so that $\lim_{k \to \infty} \vartheta_k = \vartheta^*$, or in components

$$\vartheta^* : \begin{cases} x = v^* (\xi) \\ a = w^* \end{cases}$$

satisfies

$$|w^*| < 2 \varepsilon$$

and

$$|v^*(\xi) - \xi| < c \frac{\varepsilon}{h^\sigma} .$$

Similarly one verifies

$$|v^{*\prime}(\xi) - I| < c \frac{\varepsilon}{h^{\sigma+1}} .$$

This completes the proof of Theorem 1 (and the addition to it) if one sets $\lambda = w^* + \omega$ and $u = v^*(\xi)$, except for the analytic dependence on the parameter -- which has also called ε in Theorem 1. This can easily be taken care of by allowing all functions above to be analytic functions of this additional parameter ε in a fixed domain $|\varepsilon| < \mu$. All approximations u_k, w_k will depend analytically on this parameter in one and the same domain $|\varepsilon| < \mu$ and since the convergence is uniform the limit function will also depend analytically on the parameter.

§ 7. Vector field on a torus (differentiable case).

a) We use this opportunity to formulate and prove Theorem 1 on torus flows also in the differentiable case. Originally, in the proof of a similar result on invariant curves of area preserving annulus mappings the author treated the differentiable case by use of a particular smoothing operator which approximates functions in C^r by C^∞ functions where the error becomes extremely small if r is large. In the theory of approximations such results are well known, such as the theorem of Jackson which ensures that a function in C^r can be approximated by trigonometrical polynomials of degree $< N$ with an error $< cN^{-r}$ (see N. I. Achieser, Chapter V [26]). We shall show that such approximation techniques can be used successfully to reduce the differentiable case to the analytic one. This approach follows the ideas of Bernstein who characterized the differentiable functions by their approximation properties by analytic functions. In a similar manner we approximate here the functional equation in the differentiable case by an analytic one. Aside from the interest per se this approach yields a result which requires a reasonable number of derivatives while our previous method [4"] was extremely wasteful in this respect.

Let   denote the class of vector functions $f(x)$ which have period 2π in $x_1, \ldots, x_n$, and continuous derivatives up to order ℓ. For noninteger $\ell > 0$ we require that the derivatives of order

$[\ell]^{(*)}$ be Hölder continuous with exponent $\ell - [\ell]$. We denote by $|f|_\ell$ the maximum of all derivatives of order $\leq \ell$ if ℓ is an integer. for noninteger ℓ we add the Hölder constant to this expression.

We are going to prove the following

Theorem 3 : Let $\ell > \sigma + 1 = \tau + 2 > n+1$ and let the vector $\omega = (\omega_1, \ldots, \omega_n)$ satisfy (5.4). Then there exists a positive constant δ_0 depending on c_0, τ, ℓ, n only such that for

$$|f(x) - \omega|_\ell < \delta < \delta_0$$

there exists a constant λ and a coordinate transformation

$$x = \xi + \hat{u}(\xi)$$

which maps $\dot{x} = f(x) + \lambda$ into

$$\dot{\xi} = \omega \ .$$

Here $\hat{u}$ belongs to C^1 (more precisely to $C^{\ell-\sigma}$ if $\ell - \sigma$ is not an integer) and satisfies

$$|\hat{u}|_1 \leq c\delta \ ; |\lambda| < c\delta$$

with some constant c depending on c_0, τ, ℓ, n only.

Notice that u possesses σ derivatives less than f ; this is precisely the same loss of derivatives as one has for the linear partial differential equation (6.6). Therefore the drop of differentiability for the linearized equations is the same as for the corresponding nonlinear ones !.

$^{(*)}$ $[\ell]$ denotes the largest integer $\leq \ell$.

b) Before we prove Theorem 3 we shall show how one can approximate a function $f(x) \in C^{\ell}$ by analytic functions. This is a standard result of approximation theory but we indicate the proof.

Lemma 1. Any function $f(x) \in C^{\ell}$ can be represented as

$$f = \lim_{k \to \infty} f_k(x), \quad \text{for real } x,$$

where $f_k(x)$ is real analytic satisfying

$$(7.1) \qquad |f_k(x) - f_{k+1}(x)| \leq A h_k^{\ell} \quad \text{for} \quad |\mathrm{Im}\; x| < h_k = 4^{-k}$$
$$k = 0, 1, \ldots,$$

and $f_0 = 0$ with $A \leq c\, |f|_{\ell}$. Here c depends on , n only. Conversely , if a real function f admits such an approximation by analytic ones then $f \in C^{\ell}$ provided ℓ is not an integer and $|f|_{\ell}$ c'A with another constant c'.

Proof : By Jackson's Theorem there exists a trigonometrical polynomial $p_N(x)$ of degree $< N$ such that

$$|f(x) - p_N(x)| < \frac{c_1}{N^{\ell}} |f|_{\ell} .$$

Such a trigonometric polynomial can be provided by convolution operators (see Achieser) for arbitrary dimensions n. We set $N = 4^{-k}$ and $f_k = p_N(x)$ for $k = 1, \ldots,$ and $f_0 = 0$. Then f_k is an entire function and for real x

$$|f_k - f_{k+1}| \leq |f_k - f| + |f_{k+1} - f| \leq 2c_1 h_k^{\ell} |f|_{\ell} .$$

Using a well known theorem by S. Bernstein we find that all derivatives of the trigonometric polynomial $f_k - f_{k+1}$ can be estimated by

$$|f_k - f_{k+1}|_s \le (4^{k+1})^s \cdot 2c_1 h_k^\ell |f|_\ell$$
$$\le c_2 h_k^{\ell - s} |f|_\ell .$$

To estimate $f_k - f_{k+1}$ in the complex domain, say for $|\mathrm{Im}\, x| < h_k$, we use Taylor's expansion to get

$$|f_k - f_{k+1}| \le c_2 h_k^\ell \left(\sum_{s=0}^{\infty} \frac{1}{s!} \right)^n = c_2 |f|_\ell \, e^n h_k^\ell .$$

This proves the first part.

The second part follows from Cauchy's estimate but will not be proven here.

c) We shall make a slight extension of Theorem 1, § 5 (or its addition, § 6): That statement referred to the differential equation (6.1) where λ was a constant. We shall now require that this modifying term be of the form $\lambda p(x)$ where the matrix $p(x)$ is real analytic in $|\mathrm{Im}\, x| < h$ and satisfies

(7.2) $$|\lambda| < |p(x)\lambda| \le 3|\lambda| \quad \text{for all vectors } \lambda .$$

Then one can show that the system

(7.3) $$\dot{x} = \omega + \hat{f}(x) + p(x)\lambda$$

can be transformed into (6.3) for some appropriate constant λ in

$|\lambda| < 2\varepsilon$.(*)

d) To prove Theorem 3 apply Lemma 1 to the given $f(x) - \omega \in C^\ell$ and construct $f_k(x)$ which are analytic in $|\mathrm{Im}\, x| < 4h_k = 4^{1-k}$ and satisfy (7.1) and $f_0 = \omega$. The plan is to use Theorem 1(in its extended form) to prove the existence of constants μ_k and a coordinate transformation $\mathcal{U}_k$ which transforms $f_k + \mu_k$ into $\dot{\xi} = \omega$. In fact we claim :

For $k = 0, 1, \ldots,$ there exists a real analytic transformation

$$\mathcal{U}_k : x = \mathcal{U}_k(\xi)$$

and a constant μ_k such that

$$\mathcal{F}(f_k + \mu_k, \mathcal{U}_k) = \omega . \tag{7.3}$$

Moreover, $\mathcal{U}_k$ maps the strip $\mathcal{D}_{k+1} : |\mathrm{Im}\, x| < 4^{-k-1}$ into $\mathcal{D}_k$ and satisfies

$$\left|\mathcal{U}_k - \xi\right| \leq c\,\delta \tag{7.4}$$

(*) For the proof we remark that a transformation

$$x \to x + \lambda u(x)$$

$$\lambda \to \lambda[p]$$

where u solves

$$u_x \omega = p(x) - [p]$$

reduces (7.3) to

$$\dot{x} = \omega + \hat{f}_1(x) + \mathcal{O}(\lambda^2) + \lambda .$$

Therefore, in $|\lambda| < 2\varepsilon$ we can estimate $\mathcal{O}(\lambda^2)$ by ε if ε is sufficiently small. In this manner the above statement is reduced to Theorem 1, §5.

for real ξ and.

(7.4') $$|\mu_{x+1} - \mu_k| < c\,\delta\,.\,4^{-k\ell}\,.$$

We prove this statement by induction. For $k = 0$ we can clearly take $\mu_0 = 0$, $\mathcal{U}_0(\xi) = \xi$ since $f_0 = \omega$. We assume that the statement has been proven in the form as it stands and shall establish it for k replaced by $k+1$.

We consider $f_{k+1} + \mu_k + \lambda$ for a variable λ and subject if to the transformation $\mathcal{U}_k$ obtaining

(7.5) $$\mathcal{F}(f_{k+1} + \mu_k + 2\lambda\,,\ \mathcal{U}_k) = \phi + 2\mathcal{U}'^{-1}_k\lambda$$

by which ϕ is defined. Comparing this equation with (7.3) we find

$$|\phi - \omega| = |\mathcal{F}(f_{k+1} + \mu_k,\ \mathcal{U}_k) - \mathcal{F}(f_k + \mu_k, \mathcal{U}_k)|$$

$$\leq |\mathcal{U}'^{-1}_k|\,|f_{k+1} - f_k| \leq |\mathcal{U}'^{-1}_k|\,c\,h_k^\ell\,\delta$$

From Lemma 1. If δ is chosen sufficiently small we infer from (7.4)

(7.6) $$|\phi - \omega| < 2\,c\,h_k^\ell\,\delta \qquad \text{in} \qquad |\mathrm{Im}\ x| < h_k\ .$$

Now we apply Theorem 1 to

$$\dot{x} = \phi(x) + 2\,\mathcal{U}'^{-1}_k\,.\,\lambda$$

and use that

$$1 \leq |2\mathcal{U}'^{-1}_k| \leq 3$$

for sufficiently small δ. The estimate (7.5) assures that with

$$\epsilon = 2\,c\,h_k^\ell\,\delta\ ; \qquad h = h_{k+1}\ .$$

The quantity

$$\frac{\varepsilon}{h_{k+1}^{\sigma+1}} \leq 4^{\sigma+2} \quad c\,\delta$$

is sufficiently small if δ is taken small enough. Hence there exists a λ in

$$(7.7) \qquad |\lambda| < 2\varepsilon = 4c\, h_k^{\ell}\, \delta$$

and a coordinate transformation $x = u_{k+1}(\xi)$ taking $|\mathrm{Im}\ x| < \frac{1}{2} h_{k+1}$ into $\mathcal{D}_{k+1}$ such that

$$\mathcal{F}(\phi + 2\,\mathcal{U}_k'^{-1}\lambda,\ u_{k+1}) = \omega$$

or equivalently with (7.5) (using (2.1))

$$\mathcal{F}(f_{k+1} + \mu_k + 2\lambda,\ \mathcal{U}_k \circ u_{k+1}) = \omega .$$

Setting

$$\mathcal{U}_{k+1} = \mathcal{U}_k \circ u_{k+1} ,$$

$$\mu_{k+1} = \mu_k + 2\lambda ,$$

we have

$$\mathcal{F}(f_{k+1} + \mu_{k+1},\ \mathcal{U}_{k+1}) = \omega ,$$

as was to be shown.

It remains to verify the various estimates . Since u_{k+1} takes

$$(7.8) \qquad |\mathrm{Im}\ \xi| < \frac{1}{2}\ h_{k+1}$$

into $\mathcal{D}_{k+1}$ and $\mathcal{U}_k$ takes $\mathcal{D}_{k+1}$ into $\mathcal{D}_k$ it is clear that

$$\mathcal{U}_{k+1} = \mathcal{U}_k \circ u_{k+1}$$

maps (7.8) into $\mathcal{D}_k$. This is not sufficient for the induction and will be improved upon below.

From the addition tho Theorem 1 (§ 6) we have the estimate

(7.9) $$h^{-1}|u_{k+1}-\xi|_0+|u_{k+1}-\xi|_1 \leq c\,\frac{\varepsilon_k}{h_{k+1}^{\sigma+1}} \leq c\,\delta\, h_k^{\alpha}$$

with $\alpha = \ell - \sigma - 1 > 0$. Therefore, representing $\mathcal{U}_{k+1}$ in the form

$$\mathcal{U}_{k+1} = u_1 \circ u_2 \circ \dots \circ u_{k+1}$$

we find from the chain rule

(7.10) $$|\mathcal{U}_{k+1}-\xi|_1 \leq c'\,\delta \sum h_k^{\alpha} \leq c''\,\delta$$

if δ is chosen small enough . This ensures (7.4) in the domain (7.8).

We shall show now that $\mathcal{U}_{k+1}$ maps $\mathcal{D}_{k+2}$ into $\mathcal{D}_{k+1}$. For this purpose we observe that $\mathcal{U}(\xi) = \mathcal{U}_{k+1}(\xi)$ is real analytic, hence with $\mathrm{Re}\,\xi = \rho$ we have

$$|\mathrm{Im}\,\mathcal{U}(\xi)| = |\mathrm{Im}\,(\mathcal{U}(\xi) - \mathcal{U}(\rho))| \leq |\mathcal{U}'|\cdot|\mathrm{Im}\,\xi| .$$

By (7.10) we can assume that $|\mathcal{U}'| \leq 2$ and therefore

$$|\mathrm{Im}\,\mathcal{U}(\xi)| \leq 2\,|\mathrm{Im}\,\xi| < h_{k+1} \quad \text{for} \quad |\mathrm{Im}\,\xi| < h_{k+2}.$$

Hence $\mathcal{U}$ maps $\mathcal{D}_{k+2}$ into $\mathcal{D}_{k+1}$ as we wanted to show.

Finally the relation (7.7) implies the estimate (7.4') for $|\mu_{k+1}-\mu_k|$ which completes the induction.

From (7.9) one also deduces the convergence of the $\mathcal{U}_k$ for $k \longrightarrow \infty$ if ξ is real. Namely, for $\xi \in \mathcal{D}_{k+2}$ we have

$$|\mathcal{U}_{k+1} - \mathcal{U}_k| \leq |\mathcal{U}_k \circ u_{k+1} - \mathcal{U}_k| \leq |\mathcal{U}_k'|\,|u_{k+1} - \xi|$$
$$\leq 2\,c\,\delta\, h_k^{\alpha+1} .$$

Hence $\mathcal{U}_k$ certainly converges for real ξ. Moreover, by the second part of Lemma 2 it follows that the limit function

$$\lim_{k \to \infty} \mathcal{U}_k = \mathcal{U}^*$$

belongs to $\mathcal{C}^{1+\alpha} = \mathcal{C}^{\ell-\sigma}$ if α is not an integer and

$$|\mathcal{U}^* - \xi|_{1+\alpha} \leq c_1 \delta .$$

Setting

$$\lim_{k \to \infty} \mu_k = \mu^*,$$

we see that Theorem 3 is proven with $\hat{u} = \mathcal{U}^* - \xi$ and $\lambda = \mu^*$.

We mention that the same method allows the extension of the theorem by Kolmogorov and Arnold on Hamiltonian systems to the differentiable case. The perturbation has to be small in the $\mathcal{C}^\ell$ topology where

$$\ell > 2 + 2(\tau + 1) > 2n + 2 .$$

References

1 J. Schauder, Das Anfangswertproblem einer quasilinearen hyperbolischen Differentialgleichung zweiter Order in beliebiger Anzahl von unabhängigen Veränderlichen.
Fund . Math. 24 , 1935, pp. 213-246.

2 K.O. Friedrichs, Symmetric Hyperbolic Linear Differential Equations.
Comm. Pure Appl. Math. 7, 1954, pp. 345-392.

3 J. Nash, The Imbedding of Riemannian Manifolds, Ann. Math. 63, 1956, pp. 20-63.

4 J. Schwartz, On Nash's Implicit Function Theorem, Comm. Pure Appl.. Math. 13, 1960, pp. 509-530.

4' J. Moser, A New Technique for the Construction of Solutions of Nonlinear Differential Equations. Proc. Nat. Acad. Sciences, Vol. 47, No. 11, pp. 1824-1831, 1961.

4" J. Moser, On Invariant Curves of Area-Preserving Mappings of an Annulus.
Nachr. Akad. Wiss. Göttingen Math. Phys. Kl.
IIa, No. 1, 1962, pp. 1-20.

5 C. L. Siegel, Iteration of Analytic Functions. Ann. of Math . 43, 1942, pp. 607-612.

5' C. L. Siegel, Über die Normalform Analytischer Differentialgleichungen in der Nähe einer Gleichgewichtslösung, Nachr. Akad. Wiss., Göttingen, Math. Phys. Kl, IIa, 1952, pp. 21-30.

6 A. N. Kolmogorov, Doklad. Akad., Nauk USSR 98 , 1954, p. 527-530.

7 A. N. Kolmogorov, General Theory of Dynamical Systems and Classical Mechanics.
Proc. of. Intl. Congress of Math ., Amsterdam, 1954, (Amsterdam : Erven P. Nordhoff, 1957), Vol. 1, pp. 315-333.

8 V.I. Arnold, "Small divisors" I, On mappings of a circle onto itself,
Isvest. Akad. Nauk, ser. mat., 25, No 1, 1961, pp. 21-86.

9 V. I. Arnold, Small Divisor and Stability Problems in Classical and Celestial Mechanics.
Uspekhi Mat. Nauk USSR, Vol. 18, Ser. 6(119), 1963, pp. 81-192.

10 V. I. Arnold, Proof of A.N. Kolmogorov's Theorem on the Preservation of Quasi-Periodic Motions under Small Perturbations of the Hamiltionian.
Uspekhi Mat N. USSR, Vol. 18, Ser. 5 (113), 1963, pp. 13-40.

11 K. O. Friedrichs , Symmetric Positive Linear Differential Equations, Comm. Pure Appl. Math. 11 , 1958, pp. 333-418.

12 N. N. Bogolioubov, and Y. A. Mitropolski, The Method of Integral Manifolds in Nonlinear Mechanics, Contrib. to Differential Equations, vol. II , 1963, pp. 123-196.

13 S. P. Diliberto, Perturbation Theorems for Periodic Surfaces
I, Rend , del Circ. Mat. Palermo (2) , 9 1961, pp. 265-299
II, " " " " " (2), 10, 1962, pp. 111-161.

13' S. P. Diliberto, Perturbation Theory of Invariant Surfaces I-IV. Mimeographed ONR Reports, Berkeley, 1956/57.

14 Kyner, W. T. , Invariant manifolds, Rend. del Circolo Matematico Palermo, Ser. II, vol. 9 , 1961, pp. 98-110.

14' J. K. Hale, Integral Manifolds of Perturbed Differential Systems, Annals of Math., 73, 1961, pp. 496-531.

15 I. Kupka, Stabilité des varietés invariantes d'un champ de vecteurs pour les petites perturbations. Compt. Rend. Acad. Sc. Paris, 258, Group 1, 1964, pp. 4197-4200.

16 L. Nirenberg, On elliptic partial differential equations. Ann. Scuola Norm. Sup. Pisa, Ser. 3, 13 (1959), pp. 116-162.

17 Gagliardo, E., Ulteriori proprietà di alcune classi di funzioni in più variabili, Ricerche Mat. , 8 , 1959, pp. 24-51.

18 J. J. Khon and L. Nirenberg, Non-coercive boundary value problems, to appear in Comm. Pure Appl. Math. (See under "elliptic regularization").

19 W. T. Kyner, A fixed point theorem. Contributions to the Theory on Nonlinear Oscillations,
Vol. 3, Princeton University Press, Annals of Math. Studies 36, 1956, pp. 197-205.

20 W. T. Kyner, Small Periodic Perturbations of an Autonomous System of Vector Equations.
Contributions to the Theory of Nonlinear Oscillations, vol. 4, Princeton , 1958.

21 R, Sacker, On Invariant Surfaces and Bifurcation of Periodic Solutions of Ordinary Differential Equations, NYU Report , IMM-NYU 333, Oct. 1964, to be published in Comm. Pure Appl. Math.

22 C. L. Siegel, Vorlesungen über Himmelsmechanik, Springer, 1956.

23 H. Cremer, Über die Häufigkeit der Nichtzentren, Math. Ann. 115, pp. 607-612, 1942.

24 N. Levinson, Transformation of an analytic function of several variables to a canonical form.
Duke Math. Journal 28, 1961, pp. 345-353. (See Theorem 2).

25 N. I. Achieser, Vorlisungen über Approximationstheorie, Akd, Verlag. Berlin 1953, translated from Russian, Chapter V.

CENTRO INTERNAZIONALE MATEMATICO ESTIVO

(C. I. M. E.)

I. SEGAL

LA VARIÉTÉ DES SOLUTIONS D'UNE ÉQUATION HYPERBOLIQUE, NON LINÉAIRE D'ORDRE 2

Corso tenuto a Varenna (Como) dal 31 agosto - 8 settembre 1964

LE VARIÉTÉ DES SOLUTIONS D'UNE ÉQUATION HYPERBOLIQUE, NON LINÉAIRE D'ORDRE 2

par

I. SEGAL

(MIT, Cambridge, Mass. USA)

I

Je voudrais parler de quelques résultats concernant l'extension des théories mathématiques de la mécanique rationelle et des équations hyperboliques à la théorie physique des champs quantifiés. Comme il est bien connu, cette théorie était en proie a beaucoup de difficultés concernant sa signification précise, et tombait dans le mépris, dont elle ne fut délivrée que temporairement et partiellement par le programme de renormalisation. La difficulté de donner une signification exacte aux symboles et opérations de la théorie a conduit à la formation des écoles axiomatiques. Ces écoles ont contribué beaucoup a la clarification logique du sujet, mais elles ont souffert de deux problèmes fondamentaux, qui sont restés sans solution :

i) L'absence d'exemples non-triviaux ; ii) l'absence de formulation d'une équation dynamique spécifique.

Je voudrais prendre ici une approche différente, qui accentue le constructif plutôt que l'axiomatique, quoique nous traitions aussi la formulation dans un cadre axiomatique d'une équation spécifique dynamique. Ceci conduit à une large classe d'exemples concrets de systèmes satisfaisant les postulats fondamentaux de la théorie des champs quantifiés, quoique pas dans la forme précise qui est traitée par les écoles axiomatiques. En d'autres termes, nous construirons une classe des champs d'opérateurs, - qu'on appelle souvent "champs quantifiés", - satisfaisant : i) les relations de commutation canoniques ; ii) une équation donnée aux dérivées partielles non-linéaire ; iii) l'invariance par le groupe de Lorentz.

Notre but est donc principalement de traiter à fond une situation mathématique plutôt particulière , associée à une équation aux dérivées partielles non-linéaire, donnée. D'un autre côté, beaucoup des idées, méthodes et résultats sont d'une application et d'un intérêt mathématique plus général. En fait, l'idée sous-jacente du travail est l'extension de l'analyse classique au cas de variétés de dimension infinie, - comprenant la théorie de l'intégration et la théorie des fonctions holomorphes - et particulièrement le traitement de la théorie des fonctions dans la variété des solutions d'une équation aux dérivées partielles. Une telle variété de solutions a, comme nous le verrons, une structure mathématique relativement riche, comparable à celle qui est associée à une variété algébrique. En analogie encore avec le cas d'une variété algébrique, on peut définir implicitement la variété de solutions d'une façon très simple : il suffit d'ecrire une équation, par exemple :

$$\Box \phi = m^2 \phi + F(\phi) ,$$

F étant une fonction arbitraire donnée. Comme dans le cas de la géométrie algébrique, la question de l'existence ou de l'unicité des solutions au sens strict, ou dans divers sens généralisés, est seulement préliminaire à une théorie avancée substantielle. De plus, de telles variétés sont parmi les sous-varietés les plus simples d'un espace affine, ou d'un espace fonctionnel général, qui ont une structure analytique non-triviale.

Pourtant, les analogues, en dimension finie, de ces developpements ne sont pas toujours biel établis quand ils existent. Un cas simple qui explique ceci ainsi que l'application de la théorie à d'autres parties des mathématiques est celui de la "représentation de Poisson" développé par A. Weil (dans Acta Math., 1964). C'est une spécialisation au cas fini (en même temps qu'une extension aux corps les plus généraux) d'une représentation du groupe infini symplectique qui a d'abord été faite en vue de la théorie des champs quantifiés, et qui est donc finalement appliquée à la théorie des nombres.

Pour plus de clarté, nous commencerons par traiter le cas des équations linéaires et de la théorie des champs quantifiés linéaires en respectant la façon usuelle dont le mathématicien prépare une théorie non-linéaire, et en interprétant mathématiquement dans ce cas très simple ce que les physiciens appellent la "quantification".

Ordinairement, les physiciens commencent par considérer une équation aux dérivées partielles particulière ; c'est essentiel de leur point de vue ; mais du point de vue mathématique, ce n'est pas l'ordre logique . En l'occurrence ce qui est quantifié est essentiellement une représentation linéaire d'un groupe, plutôt qu'une équation ou un Hamiltonien ou un Lagrangien. Pour le voir, considérez l'équation relativiste la plus simple

(1) $$\Box \phi = m^2 \phi .$$

Par analogie avec l'emploi que fait Heisenberg de sa relation de commutation $pq - qp = h/i$ en mécanique quantique non-relativiste des systèmes finis, le postulant purement formel est que la fonction "classique" ϕ , c'est-à-dire une fonction à valeurs complexes, satisfaisant à l'équation (1) doit être remplacée par une fonction $\widetilde{\phi}$ dont les valeurs sont des opérateurs satisfaisant aux relations de commutation "canoniques" :.

$$[\tilde{\phi}(\vec{x}, t), \quad \dot{\tilde{\phi}}(\vec{x}', t)] = iI\,\delta(\vec{x} - \vec{x}'),$$

(2)

$$[\tilde{\phi}(\vec{x}, t), \quad \tilde{\phi}(\vec{x}', t)] = 0 = [\dot{\tilde{\phi}}(\vec{x}, t), \dot{\tilde{\phi}}(\vec{x}', t)]$$

(où le $\cdot$ signifie la différentiation par rapport au temps et où I est l'opérateur identité), ainsi qu'à l'équation différentielle

(3) $$\Box \tilde{\phi} = m^2 \tilde{\phi} \quad ;$$

si ces relations sont valables pour un temps t, elles sont valables pour tous les temps, donc il n'est pas nécessaire de spécifier t. En fait, elles sont valables aussi dans tous les repères de Lorentz ; donc ces conditions sont relativistes, comme l'équation originale. En outre, on peut écrire les relations de commutation plus généralement sous la forme

$$[\tilde{\phi}(x), \tilde{\phi}(y)] = iID(x - y),$$

où D est la distribution définie par l'équation

(4) $$\Box D = m^2 D,$$

avec les données de Cauchy

$$D(\vec{x}, 0) = 0, \quad \dot{D}(\vec{x}, 0) = \delta(\vec{x}),$$

qu'on peut démontrer être invariante par le groupe de Poincaré (i.e.: groupe engendré par le groupe de Lorentz et par celui des translations). Cette fonction de "commutation" D était une fonction bien connue en mathématiques : on peut la définir aussi comme la différence des solutions élémentaires avencée et retardée de l'équation aux dérivées partielles. Dans le cas des autres équations d'onde linéaires et d'ordre deux, tel que l'équation de Maxwell, la situation est fondamentalement semblable, mais plus compliquée algébriquement.

La question de l'existence d'opérateurs satisfaisant ces conditions, puourtant simples, a pris un long temps, avant d'être résolue d'une façon pouvant satisfaire un mathématicien contemporain. Les physiciens étaient satisfaits simplement parce qu'il n'y avait aucune intégrale infinie, - au moins aucune qu'ils ne pouvaient expliquer aisément, - dans les calculs usuels $\tilde{\phi}$ (qu'on appelle le champ libre). Mais nous savons maintenant que beaucoup des théorèmes du folklore physique, et même des théorèmes concernant ce champ quantique qui est le plus simple de tous, étaient complètement faux. Parmi ceux-ci se trouvait par exemple l'unicité essentielle du système, à l'équivalence unitaire près et l'unicité essentielle d'un état du système qui est invariant par le groupe de Poincaré.

D'un point de vue moderne adapté au traitement d'équations plus générales, on peut décrire la situation comme suit. Le groupe de Poincaré G agit d'une façon linéaire évidente sur l'espace $\underline{M}$ de toutes les solutions de l'équation (1). Pour être précis et pour avoir une classe invariante relativiste, nous prendrons les solutions de classe G^{∞} et à support compact dans l'espace.

Explicitons : soit L arbitraire dans G,

$$U(L) \; : \phi(x) \longrightarrow \phi(L^{-1}x) \quad ,$$

fournit une représentation U de G dans $\underline{M}$. Cette représentation U laisse invariante la forme B anti-symétrique dont le noyau est, dans un sens formel, la distribution invariante $D(x - x')$, mais qu'on peut définir d'une façon simple, moins évident relativiste, par l'équation

$$B(\phi^{(1)}, \phi^{(2)}) = \int (\phi^{(1)}(\vec{x}, t)\, \dot{\phi}^{(2)}(\vec{x}, t) - \dot{\phi}^{(1)}(\vec{x}, t)\, \phi^{(2)}(\vec{x}, t))\, d\vec{x} .$$

On peut aussi caractériser cette forme come la forme anti-symétrique unique invariante par le groupe de Poincaré, qui est continue dans toutes topologies raisonnables sur $\underline{M}$, comme il suit immédiatement de l'irréductibilité de la représentation U.

Le problème de construire des opérateurs de chaps $\phi(x)$ satisfaisant aux relations de commutation canoniques équivaut formellement à la construction d'une application de $\underline{M}$ dans les opérateurs satisfaisant à des semblables relations. Cette application ne donnera pas une signification à $\tilde{\phi}(x)$, mais plutôt aux moyennes appropriées de la forme

$$\int \tilde{\phi}(x)\, f(x)dx ,$$

par une fonction lisse f, qui a une bonne raison mathematique ou physique d'exister effectivement . Cependant, cette application lineaire donne nécessairement des opérateurs non bornés, parce qu'il n'existe pas de solutions bornées des relations de commutation de Heisenberg ; et pour éviter des pathologies non pertinentes, il est désirable de remplacer l'application en question par une application qui lui équivaut formellement, mais qui utilise des opérateurs tels que

$$e^{i \int \tilde{\phi}(x)\, f(x)dx} ;$$

ces opérateurs devront satisfaire à des relations similaires à celles que H. Weyl a proposées, comme étant une amélioration mathématique des relations de Heisenberg .

Definition 1. Supposons que ($\underline{M}$, B) soit un couple consistant en un espace linéaire topologique M et une forme distinguée non -

dégénérée anti-symétrique B sur $\underline{M}$. Un système de Weyl (ou système canonique) sur ($\underline{M}$, B) est un couple ($\underline{K}$, W) consistant en un espace de Hilbert complexe $\underline{K}$, et en une application continue W de $\underline{M}$ dans le groupe des opérateurs unitaires sur $\underline{K}$, qui satisfait les relations

$$W(z)\,W(z') = e^{(i/2)B(z,\,z')}\,W(z + z') .$$

Si l'on a une telle application W, il est facile d'obtenir $\tilde{\phi}$ sous la forme

$$e^{i(\int \tilde{\phi}(x)f(x)dx)} = W(Pf) ,$$

où P est la projection des fonctions de classe C^{∞} et de support compact dans la variété $\underline{M}$ définie par l'équation

$$B(\phi, Pf) = \iint D(x - x')\,\phi(x)f(x')\,dx\,dx', \quad \phi \text{ arbitraire dans } \underline{M},$$

où l'on utilise le fait que B n'est pas dégénéré. De cette façon, la question se réduit à une question qui dépend seulement de l'espace $\underline{M}$ avec la forme privilégiée B et de la représentation donnée U de G par les transformations linéaires symplectiques sur $\underline{M}$, c'est-à-dire les transformations laissant invariante la forme B .

Mais, d'abord, considérons seulement la structure ($\underline{M}$, B) . Existe-t-il un système canonique sur ($\underline{M}$, B) ? Ce résultat a été démontré d'une façon intuitive par V. Fock (Z. f. Phys. 1932), dans le cas spécial qu'on peut décrire en posant $\underline{M} = L_2(E_3)$ et $B(f, g) = \operatorname{Im} \int f\bar{g}\, d\vec{x}$. La représentation de Fock est d'une importance fondamentale, et a été rendue rigoureuse par le travail de J. Cook et d'autres, mais elle est adaptée au traitement de particules, plutôt que de champs ou d'ondes (spécifiquement, les nombres d'occupation sont diagonalisés dans la représentation de Fock , mais le champ est compliqué). On peut utiliser la représentation de Fock pour donner une réponse affirmative à la question posée dans le cas important spécial dans lequel $\underline{M}$ est un espace complexe de Hilbert (complet ou non) , et B est la partie imaginaire du produit intérieur. Cependant, même dans ce cas, il est plus facile d'utiliser une représentation fournie par l'intégration fonctionnelle ; et on peut aussi adapter cette représentation au traitement des problèmes non-linéaires, comme nous le verrons plus tard.

THÉORÈME 1. Supposons qu'il existe une forme symétrique positive définie continue S sur M telle que

$$|B(x,y)|^2 \leq S(x,x)\, S(y,y) .$$

Alors, il existe un système canonique sur $(\underline{M}, B)$

Pour la démonstration soit m la distribution normale isotropique sur $\underline{M}$ relativement à la forme S. Alors la définition

$$W(z) : f(u) \longrightarrow e^{(i/2)B(u,z)} f(u+z) \quad \text{sur } L_2(\underline{M}, m)$$

satisfait formellement les relations de Weyl. Tandis que ces opérateurs ne sont ni unitaires ni bornés dans l'espace de Hilbert $K = L_2(\underline{M}, m)$, parce que les translations par des vecteurs z dans $\underline{M}$ ne conservent pas la mesure, on peut les rendre unitaires, sans changer les relations de Weyl, en les multipliant par la racine-carrée de la dérivée de Radon-Nikodym de la mesure transformée m_z par rapport à la mesure m originale (avec les interprétations usuelles dans la théorie de l'intégration fonctionelle concernant les mesures faibles).

Quand $\underline{M}$ est de dimension finie, le système de Weyl sur

$(\underline{M}, B)$ est essentiellement unique : c'est une somme directe de copies de la représentation bien connue de Schrödinger (résultat classique de Von Neumann). Cependant, quand $\underline{M}$ est de dimension infinie, il y a au moins une infinité continue de systèmes de Weyl irréductibles et inéquivalents. La question d'unicité est donc sérieuse. D'autre part, il reste à traiter l'équation du mouvement pour $\tilde{\phi}$, ce qui est équivalent à la question de l'action induite de la représentation U sur le système canonique. La représentation de Fock fournit une représentation irréductible spéciale qui donne aussi une réponse naturelle à cette question de l'action induite, quand $\underline{M}$ est un espace de Hilbert et U est unitaire ; mais cette hypothèse n'est pas toujours valable, et en tout cas la question reste de savoir si la représentation est unique ou même correcte.

Il se trouve qu'il y a un degré suffisant d'unicité, mais seulement dans une formulation un peut plus abstraite que celle de la mécanique quantique élémentaire. Pour chaque système canonique, on peut définir une algèbre de représentation $\underline{A}$, comme l'ensemble de tous les opérateurs de la forme

$$\int_{\underline{N}} W(z)\, d\mu\, (z) ,$$

où $\underline{N}$ est un sous-espace de dimension finie de $\underline{M}$, et μ une mesure finie régulière (c'est-à-dire de Radon) sur $\underline{N}$. Il y a de bonnes raisons mathématiques et physiques pour définir un état du système physique décrit par W comme une fonctionnelle linéaire positive normalisée et continue de manière appropriée. Spécifiquement, un état est une fonctionnelle linéaire E sur $\underline{A}$ telle que $\|E\| = 1$, pour la norme dans l'espace dual de $\underline{A}$, $\underline{A}$ étant normé par la borne des opérateurs, et telle que $E(T^{*}T) \geq 0$ pour tout $T \in \underline{A}$. ; en physique, on appelle $E(T)$ la valeur moyenne de T dans l'état E. D'ailleurs, il est nécessaire de supposer que $E(W(z))$ est une fonction continue de z, et que

$$E\left(\int_{\underline{N}} W(z)\, d\mu(z) \right) = \int_{\underline{N}} E(W(z))\, d\mu(z) \;;$$

c'est une condition naturelle de régularité sur l'état E. Alors, cette algèbre $\underline{A}$, ainsi que l'ensemble des états réguliers, sont les objets invariants :

THÉORÈME 2. Pour deux systèmes quelconques de Weyl sur $(\underline{M}, B)$, soit W et W', il y a un $*$-isomorphisme algébrique unique de A sur A' qui applique $W(z)$ dans $W'(z)$, pour tout $z \in \underline{M}$, et dont l'action contragrédiente applique les états réguliers du premier système dans ceux du deuxième système.

Cela signifie d'abord qu'il y a l'unicité pour les grandeurs physiques essentielles, - les valeurs spectrales d'opérateurs, leur distribution de probabilité dans les états, etc. Un peu moins évident est le fait que cela fournit aussi un moyen d'étendre l'équation du mouvement au champ quantifié. En fait, si $L \in G$, la définition

$$W_L(z) = W(U(L)^{-1} z)$$

fournit un système canonique nouveau W_L. Par le Théorème 2, il y a un automorphisme unique de l'algèbre $\underline{A}$ qui applique $W(z)$ dans $W_L(z)$, pour tout z dans $\underline{M}$. Cet automorphisme $\Theta(L)$ donne l'action de L sur les variables du champ ; son action contragrédiente donne le déplacement des états du champ quantique induit par la transformation L du groupe de Poincaré.

La classe des isomorphismes algébriques des algèbres $\underline{A}$ est essentiellement une algèbre abstraite ; en général elle n'admet pas de représentation privilégiée par des opérateurs sur un espace de Hilbert. C'est une C^*-algèbre abstraite, ou une sous-algèbre dense d'une C^*-algèbre abstraite. On peut caractériser de telles algèbres abstraitement , ce qui a été fait par Gelfand-Naimark, mais il ne semble pas aisé de donner une définition abstraite d'un système de Weyl, à cause de la difficulté de formuler abstraitement la continuité de $W(z)$ comme fonction de z, ce qui est essentiel, à cause de l'impossibilité de définir un état régulier pour une C^*-algèbre arbitraire. Cependant, une représentation spéciale par des opérateurs dans un espace de Hilbert est associée à tous les états d'équilibre du système, c'est-à-dire aux états qui sont invariants par l'action induite du groupe de Poincaré. Cette représentation résulte de la correspondance bien connue entre les représentations et les états d'une algèbre d'opérateurs. Elle est commode pour définir la notion d'un état de vide. A tout état d'équilibre on peut associer "un système de Weyl invariant" relativement à U, au sens que voici :

<u>Définition 2</u>. <u>Un système invariant de Weyl</u> par rapport à la représentation symplectique U de G sur $(\underline{M}\ \beta)$ est un triplet $(\underline{K}, W, \Gamma)$ où $(\underline{K}, W)$ est un système de Weyl et Γ est une représentation unitaire continue de G dans $\underline{K}$. telle que

$$\Gamma(L)\, W(z)\, \Gamma(L)^{-1} = W(U(L)\, z),$$

pour tout $z \in \underline{M}$ et $L \in G$.

En outre, à tout état d'équilibre correspond un vecteur privilégié $v \in \underline{K}$, tel que

$$\Gamma(L)v = v, L \in G; \ E(W_{abs}(z)) = W(z)\, v, v) ;$$
$$v \text{ est cyclique pour les } W(z) \text{ dans } \underline{K} .$$

La notation $W_{abs}(z)$ désigne un élement de l'algèbre abstraite C^* , tandis que $W(z)$ désigne l'opérateur correspondant dans l'espace concrete de Hilbert $\underline{K}$ déterminé par l'état d'équilibre donné et par la correspondance citée entre les états et le représentations. Le système $(\underline{K}, W, \Gamma, v)$ est déterminé uniquement (à une équivalence unitaire près) par l'état E pour le système canonique abstrait sur $(\underline{M}, B)$; et réciproquement un tel système détermine un état unique d'équilibre.

Definition 3. Un état de vide pour le système canonique sur $(\underline{M}, B)$, relativement à une représentation donnée U est un état d'équilibre pour le groupe unitaire à un paramètre de déplacements dans le temps, $\Gamma(t)$, dans le système invariant de Weyl associé a un générateur non-negatif

THÉORÈME 3. Si la représentation U est équivalente à une représentation unitaire, il y a un état d'équilibre, en fait un continu de tels états.

Si U est une représentation unitaire continue de G, il y a un état de vide si et seulement si le générateur de déplacements dans le temps pour U (= "single-particle Hamiltonian") est non-négatif. L'état de vide est unique alors si ce générateur n' annule aucun vecteur non-Nul.

Ici, l'équivalence à une représentation unitaire signifie qu'il y a une structure pré-Hilbertienne sur $\underline{M}$ qui est invariante par U et telle que la partie imaginaire du produit intérieur est la forme antisymétrique donnée B. Il est probable que la réciproque est aussi valable, c'est-à-dire que si un état d'équilibre existe, ou au moins un état de vide, alors la représentation est équivalente à une représentation unitaire de ce type.

La représentation obtenue, quand il y a un état de vide et que la représentation donnée est unitaire, équivaut à celle de Fock, c'est-à-dire que la structure ($\underline{K}$, W, Γ, v) est complètement unitairement équivalente à la structure semblable associée avec la représentation de Fock. Mais on peut l'exprimer plus commodément en terme de fonctions holomorphes sur l'espace $\underline{M}$, relativement à la structure complexe pour laquelle la représentation U est unitaire. L'espace complexe de Hilbert pour cette représentation "holomorphe" consiste simplement en toutes les fonctions holomorphes qui sont suffisamment petites à l'infini, en sorte que la norme de Hilbert, qui s'exprime comme

$$\int_{\underline{M}} |f(z)|^2 e^{-(1/4)\|z\|^2} dz$$

(définie en terme d'intégration fonctionnelle sur $\underline{M}$) est finie. L'action induite de G dans cet espace, ainsi que les opérateurs de champ, comme on dit, sont très simples dans cette représentation.

Maintenant revenons à la question de la "quantification" d'une équation linéaire donnée. Il est clair que ce qui est important est la formulation de la variété des solutions comme un espace invariant par un groupe avec une forme anti-symétrique invariante privilégiée, c'est-à-dire la formulation comme un espace invariant symplectique linéaire. Il est intéressant de noter que, en partant d'un formalisme différent et motivé par des équations quelque peu différentes, - les équations libres dans un espace-temps courbe, ou les équations de la relativité générale - A. Lichnerowicz est arrivé à des conclusions analogues, et a en fait étudié en détail et obtenu les noyaux des formes bilinéaires qui définissent la structure associée.

Dans le cas de l'espace-temps conventionnel, la formulation exigée ($\underline{M}$, B, U), est obtenue facilement pour les équations linéaires plus générales, telles que

$$\Box \phi = m^2 \phi + V(\vec{x}) \phi ,$$

où $V(\vec{x})$ est une fonction donnée sur l'espace ; dans ce cas, le groupe se réduit au groupe à un paramètre des déplacements dans le temps, ce qui ne change rien d'essentiel dans le traitement précédent. La distribution de commutation $D(x, x')$ ne dépend pas seulement de la différence $x-x'$, et la représentation de Fock ne s'applique pas ; en fait, dans le cas d'une équation dépendant du temps, il n'y a pas du tout de structure invariante d'espace de Hilbert. Néanmoins, on peut donner une quantification qui est simple algébriquement et appropriée physiquement ; il y a des opérateurs de champs satisfaisant effectivement aux relations canoniques de commutation et à l'équation de mouvement. Un mathématicien intéressé au cas non-linéaire cherche naturellement à explorer une structure symplectique sur la variété des solutions de l'équation non-linéaire en question.

Du point de vue classique aussi, il est naturel de considérer cette structure sumplectique. On peut regarder la variété des solutions d'une équation telle que $\Box \phi = F(\phi)$, ou plus généralement, toutes les équations de la théorie des champs relativistes d'ordre deux, ou même l'équation abstraite très générale,

$$u'' + A(t)u' + B^2 u = J_t(u)$$

(où A(t) et B sont des opérateurs linéaires donnés et J_t est pour chaque t un opérateur non-linéaire donné), comme l'espace de phase d'un système continu. Il est naturel de se demander s'il existe une forme privilégiée analogue à la forme canonique dans le fibré cotangent d'une variété, ainsi qu'une mesure analogue à la mesure invariante de Liouville.

BIBLIOGRAPHIE

1. SEGAL, Foundations of the theory of dynamical systems of infinitely many degrees of freedom, I, Mat.-fys. Medd., K. Danske Vidensk. Selsk. 31, n. 12 (1959), p. 1-39, II, Canad. Jour. Math. n. 13 (1961), p. 1-18, III, Illin. Jour. Math. n. 6 (1962), p. 500-523.

2. - Differential operators in the manifold of solutions of a non-linear differential equation, Journ. de Math. 1965 (à paraître).

3 - Quantization of non-linear systems, Jour. Math. Phys. 1960.

4 A. LICHNEROWICZ, Propagateurs et commutateurs en relativité générale, Publ. Math. Inst. Hautes Et. Sci. n. 10, P.U.F., Paris; 1961.

II

Dans la conférence précédente, nous avons indiqué comment la notion de système canonique symétrique (c.-à-d., système de Bose--Einstein) est associée naturellement à une variété linéaire symplectique. Une telle structure ne détermine les variables canoniques qu'essentiellement, comme éléments d'une algèbre abstraite d'opérateurs. (Avec plus de précision, les exponentielles complexes des variables canoniques sont les éléments d'une telle algèbre). Le concept de représentation, d'énergie positive, des variables canoniques, par des opérateurs dans un espace concret de Hilbert prend un sens bien défini quand on s'est donné la structure additionnelle d'une dynamique invariante, - c.-à.-d. donné un groupe à un paramètre de transformations linéaires symplectiques. C'est un système invariant canonique dont le générateur auto-adjoint correspondant aux déplacements dans le temps est non-négatif. Quand une telle représentation d'énergie positive existe, elle est unique à une équivalence unitaire près, à moins que la dynamique ne soit partiellement triviale, Cependant, cette représentation n'existe pas toujours ; par exemple, pour l'équation :

$$\Box \, \phi = -m^2 \phi$$

avec une masse imaginaire, il n'y a pas de représentation d'énergie positive (autrement dit : il n'y a pas d'état de vide). En résumé, on obtient une construction mathématique générale pour ceux des problèmes de la théorie des champs linéaires symétriques qui sont essentiels physiquement.

La situation est similaire pour les champs linéaires antisymétriques. Les relations de Weyl (c'est-à-dire de commutation) sont remplancées par les relations de Clifford (ou d'anti-commutation). Celles-ci demandent une structure orthogonale au lieu d'une structure symplectique dans l'espace linéaire $\underline{M}$ donné. Pour une forme S bilinéaire donnée sur la variété $\underline{M}$, qui est symétrique et non-dégénérée , on peut définir un système de Clifford sur le couple $(\underline{M}, S)$ comme une application linéaire $z \to C(z)$ de $\underline{H}$ dans l'ensemble des opérateurs bornés auto-adjoints sur un espace complexe de Hilbert, $\underline{K}$, qui satisfont les relations :

$$C(z)\,C(z') + C(z')\,C(z) = S(z, z')\,I$$

pour z et z' arbitraires dans $\underline{M}$.

Quand $\underline{M}$ est de dimension finie paire, alors, comme il est bien connu, tout tel système $(C, \underline{K})$ est une somme directe de copies du système irréductible unique. Quand $\underline{M}$ est à dimension infinie, il y a au moins un continu de systèmes irréductibles de Clifford. Cependant, pour deux systèmes arbitraires de Clifford sur un couple $(\underline{M}, S)$ il y a un $*$-isomorphisme algébrique unique qui applique un système sur l'autre . En outre, on peut décrire les équations de mouvement par une représentation du groupe fondamental des symétries par les automorphismes de ce système, comme dans le cas symétrique. On peut introduire et traiter pareillement les concepts d'état d'équilibre et de vide.

En général, alors que les systèmes de Weyl et de Clifford sont très différents du point de vue technique, il y a une analogie extraordinaire entre les résultats finaux dans les deux cas. Pour cette raison, il est préférable de donner un traitement relativement plus détaillé du cas symétrique qu'un traitement sommaire des deux cas.

En outre, le cas symétrique a l'avantage de posséder une analogie classique et d'être le cas qui s'applique au champ le mieux connu : celui de Maxwell.

Considérons maintenant le problème d'adapter au cas non-linéaire le procédé que nous avons précédemment appliqué au cas linéaire; nous suivrons la méthode habituelle des mathématiciens . Les systèmes non-linéaires intéressants sont définis par une équation quasi-linéaire aux dérivées paritelles, qui est en géneral du type :

(1) $$\partial u = p(u),$$

où ∂ est un opérateur linéaire différentiel donné et p une fonction régulière donnée.

Le premier problème est évidemment de définir l'ensemble $\underline{M}$ de toutes les solutions de l'équation (1), qu'on considèrera (par exemple , dans le cas le plus général, ce seront les germes des solutions locales) et de munir cet ensemble d'une structure appropriée de variété, en définissant son espace linéaire tangent, etc... Quand ce problème a été résolu, le deuxième problème qui se pose est de munir cette varieté d'une structure symplectique appropriée. La solution de ce deuxième problème dépendra de propriétés un peu particulières à l'équation. Pour une équation quasi-relativiste, ce qui est notre principal objet, deux cas se présentent : ou bien il s'agit de l'équation du spin intégral et alors la structure symplectique est déterminée de façon locale, et est donc bien définie pour les germes des solutions, ou bien il s'agit de l'équation du spin demi-intégral, et alors la structure symplectique , quand elle existe, semble, en général, déterminée d'une façon non-locale.

Résoudre ce problème par une théorie générale des variétés

différentiables semble impossible. Mais on peut procéder par analogie avec cette théorie. Il est clair que, de façon formelle, l'espace tangent à l'ensemble $\underline{M}$ en un point u doit 'être identifié à l'ensemble T_u des solutions de l'équation variationnelle d'ordre un :

(2) $$\partial v = p' (u) v.$$

Cette définition donne un concept correspondant à celui de champ des vecteurs sur $\underline{M}$, et il est possible de composer de tels champs de vecteurs, et de former le commutateur de deux champs de vecteurs.

On peut clarifier la situation par la considération d'un champ non-linéaire scalaire sur un espace-temps de type "hyperbolique normal" :

(3) $$\Box u = p (u) ,$$

où p est une fonction donnée régulière d'une variable réelle. Le cas dans lequel p est linéaire a été traité en détail par A. Lichnerowicz, en utilisant la théorie générale de J. Leray pour les équations hyperboliques, ainsi qu'une application de cette théorie qui a été faite antérieurement par Mme Choquet.

On traite de même l'équation (3) : l'espace T_u des vecteurs v tangents on u à la variété $\underline{M}$ des solutions locales de l'équation (3) , est défini par l'équation (2) avec $\partial = \Box$

Pour construire des solutions de l'équation homogène (2) , nous emploierons la fonction de commutation $D_u(x, x')$, qui est la distribution, Mais voyez l'appendice sur ce point

$$\Box_x D_u(x, x') = p'(u) D_u(x, x') ,$$

$$D_u(x, x')/_{t=t'} = 0, (\partial/\partial t) D_u(x, x')\big|_{t=t'} = \delta(\vec{x} - \vec{x}')$$

relativement à un repère local convenable fixe (nous ne discutons pas la question de l'invariance de cette distribution). Le point essentiel ici est que, tandis que la définition de $D_u(x, x')$ n'est pas symétrique en x et x' , on peut néanmois démontrer que cette distribution est symétrique , c'est-à-dire que $D_u(x, x') = - D_u(x', x)$. Ce résultat justifie le terme "fonction de commutation " , parce qu'il signifie que les relations de commutation de la forme

$$\left[\tilde{\dot{\Psi}}(x) , \tilde{\dot{\Psi}}(x')\right] = iD_u(x, x') I$$

pour le champ quantifié qu'on suppose associé à l'équation (2) sont d'accord avec les équations du mouvement et avec les conditions de Jacobi.

On nomme champ de vecteurs sur $\underline{M}$ une correspondance C^∞ (au sens différentiel de Freihet et convergence uniforme sur tout compact de l'espace temps) associant à tout $u \in \underline{M}$ un élément $(X)_u \in T_u$.

Ce champ transforme une fonction F(u) , définie et régulière au voisinage [1] de $\underline{M}$, en la fonction de u, définie sur M :

$$(X)_u . F(u) = \lim_{\varepsilon \to 0} \frac{F(u + \varepsilon X_u) - F(u)}{\varepsilon}$$

---

[1] Ou même seulement sur $\underline{M}$: on la prolongera à un voisinage de $\underline{M}$; le résultat est indépendant de ce prolongement.

Nous considèrerons en particulier des champs de vecteurs sur $\underline{M}$ du type suivant :

$$(X_f)_u = \int D_u(x, x') \, f(x') \, dx' \, ,$$

où f est une fonction arbitraire[2] C^∞ et de support compact, contenu dans un domaine que nous fixons une fois pour toutes. Il est évident que

$$(X_f)_u \in T_u \, .$$

On peut alors définir sur $\underline{M}$ une forme différentielle Ω de degré 2, ou plutôt l'analogue d'une telle forme, au sens que nous avons indiqué, de la façon suivante. Soient $v_i (i = 1,2)$ deux champs de vecteurs sur $\underline{M}$ du type

$$v_i = (X_{f_i})_u \quad ;$$

alors l'équation :

$$\Omega_u(v_1, v_2) = \int D_u(x, x') \, f_1(x) \, f_2(x') \, dx \, dx' \tag{5}$$

définit la forme Ω. On peut démontrer facilement que Ω ne dépend que de v_1 et v_2, et ne dépend pas du choix particulier des fonctions f_i. Cette forme Ω donne aisément la solution générale de l'équation variationnelle d'ordre un de l'équation (3) ; en effet l'équation (5) détermine $D_u(x, x')$ au moyen de Ω, et $D_u(x, x')$ détermine la solution générale de l'équation (2) (avec $\partial = \Box$) d'une façon bien connue.

L'espace $\underline{M}$ est l'analogue, pour le système continu défi-

---

[2] Tout vecteur tangent C^∞ est de ce type : voir Mme Choquet-Bruhat, C.R. 251 (1960), p. 29-31. Mais nous prenons f indépendant de u ; nous considérons donc des champs de vecteurs d'un type particulier.

ni par l'équation (3), de l'espace de phase pour un système classique dynamique. Dans un tel espace, qui est la fibre cotangente de l'espace de configuration, il y a une forme différentielle importante invariante du degré deux,

$$\sum_i dp_i \wedge dq_i \quad ,$$

où les q_i sont les coordonnées locales de l'espace de configuration et les p_i les coordonnées contravariantes de l'espace cotangent au point en question. Il est donc naturel d'explorer l'analogie entre la forme Ω et cette forme classique. Rappelons les propriétés fondamentales de cette forme : elle est <u>formée</u> ; elle est <u>non-dégénérée</u>.

La question de savoir si Ω à ces propriétés n'est pas définie très clairement du point de vue de la théorie des variétés différentiables, mais on peut la définir en terme de champs de vecteurs X_f .

Si $\Omega(X_f, X_g) = 0$ pour toutes les fonctions f, on voit facilement que $X_g = 0$. Le résultat cité de Mme Choquet-Bruhat montre que tout vecteur tangent est de la forme $(X_f)u$ pour au moins un f ; par suite Ω est non dégénérée. On peut définir d Ω par l'équation :

$$d\,\Omega_u(X_1, X_2, X_3) = X_1\,\Omega_u(X_2, X_3) + \Omega_u(X_1\,,\,[X_2, X_3])$$

+ les termes obtenus par les permutations cycliques, où $X_i = X_{f_i}$ pour des fonctions régulières f_i ; nous employons la notation de Poisson :

$$[X_2, X_3]\;F(u) = X_2\,(X_3F) - X_3(X_2F) \quad .$$

On peut démontrer que $d\Omega = 0$ dans ce sens, ainsi que les autres propriétés naturelles ; pour le calcul , voyez l'appendice. Cependant, il est difficile, pour le moment, en raison de son caractère local et de son manque de groupe d'invariance, de relier la théorie qui vient d'être indiquée, à la théorie des systèmes canoniquet et de leurs représentations indiquée dans notre première conférence . Donc, pour aller plus loin, nous allons considérer une classe limitée d'équations, et seulement dans l'espace-temps pseudo-euclidien. En outre, nous faisons d'abord la théorie dans un repère particulier, - en adoptant le point de vue que les considérations dynamiques sont plus fondamentales que les considérations d'invariance, au moins en ce qui concerne les idées essentielles de la théorie des champs quantifiés - et nous traitons ulterieurement les questions d'invariance relativiste.

On suppose donc que l'équation différentielle fondamentale est de la forme :

$$u' = Au + K(u) , \tag{5A}$$

où A est un opérateur donné, dans un espace de Banach $\underline{E}$, engendrant un groupe continu à un paramètre,

$$V(s) \quad (-\infty < t < \infty) ,$$

et K est une application continuement différentiable de $\underline{E}$ dans $\underline{E}$. Toutes les équations relativistes de la théorie des particules élémentaires ont cette forme pour des choix convenables de $\underline{E}$, A, et K . Mais il est préférable du point de vue physique et aussi mathématique de remplacer cette équation par sa forme intégrée (en employant le principe de Duhamel) :

(6) $$u(t) = V(t - t_o)\, u_o + \int_{t_o}^{t} V(t - r)\, K\,(u(r)\,)dr \ ;$$

en utilisant cette forme, on évite les questions concernant les domaines des opérateurs non-bornés. D'un autre côté, si la solution $u(.)$ de l'équation (6) est dans le domaine de l'opérateur A^p à l'instant t_o, alors elle reste dans ce domaine à tous les instants où la solution existe, si l'application K a p dérivées continues, au sens de Fréchet et relativement à la topologie forte des opérateurs ; en particulier, dans le cas $p = 1$, le problème de Cauchy pour l'équation différentielle originale (5A) avec la donnée de Cauchy dans le domaine de A équivaut à l'équation correspondante (6) quand K est différentiable.

En général, cependant, l'équation (6) n'a pas de solution globale, pour u_o et t_o donnés, tandis qu'elle a toujours une solution locale dans un intervalle contenant t_o. Sous les conditions très générales, $u(t)$ dépend de u_o, t_o, et K, d'une façon régulière dans un intervalle de temps donné ; les valeurs pour lesquelles la solution existe dans cet intervalle forment un ensemble ouvert, etc... Un traitement, local par rapport au temps, de la variété des solutions de l'équation (6) est donc possible, mais ce traitement est un peu compliqué. Pour exposer les idées essentielles, nous supposons maintenant que l'opérateur non-linéaire K est tel, qu'il y a une solution globale de l'équation (6) pour toutes les valeurs u_o dans $\underline{E}$. Nous supposons en outre que $\underline{E}$ est un espace de Hilbert, le produit intérieur étant noté (x, y) pour deux éléments x et y de $\underline{B}$; et aussi que l'opérateur A a la propriété que

$$A^* = -A \ ;$$

ces conditions sont satisfaites facilement pour les équations relativistes de la théorie des particules élémentaires, ainsi que la condition que K est de classe C^∞ que nous supposons aussi ; on sait qu'il y a une solution globale dans certains cas ; mais on l'ignore pour beaucoup de cas intéressants.

L'ensemble $\underline{M}$ de toutes les solutions $u(.)$ de l'équation (6) est alors une variété de Banach de classe C^∞, dont la structure est définie de façon unique par la condition que les applications $P_t : u(.) \rightarrow u(t)$, sont toutes des isomorphismes de classe C^∞, de $\underline{M}$ sur $\underline{E}$; cela résulte du fait que $u(t)$ est une fonction de classe C^∞ de u_o, pour t fixe. On peut identifier rigoureusement l'espace $T_{u(.)}$ tangent à $\underline{M}$ à un point $u(.)$ avec l'espace des vecteurs tangents à $u(.)$. En fait, pour un vecteur v dans $T_{u(.)}$, on peut regarder l'image par l'application linéaire ∂P_t de $T_{u(.)}$ dans $T_{u(t)}$ (l'espace tangent de $\underline{E}$ au point $u(t)$) comme un vecteur dans $\underline{E}$ parce que la variété $\underline{E}$ est linéaire. On obtient donc un vecteur $v(t)$ pour chaque t, et on peut dire que : $v(.)$ est une solution de la forme intégrée de l'équation aux variations de la solution $u(.)$ de l'équation différentielle fondamentale, c'est-à-dire solution de l'équation

$$(8) \qquad v(t) = Av(t) + (\partial_u K(u))_{u=u(t)} v(t) .$$

Réciproquement, toute solution de l'équation (8) est l'image d'un vecteur unique dans $T_{u(.)}$, par l'application indiquée ci-dessus.

On peut introduire maintenant la structure symplectique sur la variété des solutions d'une équation d'ordre 2, que nous supposons pour la simplicité être de la forme

(9) $$\Phi''(t) + B^2 \Phi(t) = J(\Phi(t)) ,$$

où B est un opérateur auto-adjoint strictement positif donné dans un espace réel $\underline{H}$ de Hilbert, et J un opérateur non-linéaire donné. Cette équation prend la forme (5A) en écrivant $u(t) = \{\Phi(t), \Phi'(t)\}$; $\underline{E}$ est la somme directe $[\underline{D}_B] \oplus H$; D_B désigne le domaine de B dans $\underline{H}$; $[\underline{D}_B]$ désigne l'espace de Hilbert obtenu par la définition $(x, y)_B = (Bx, By)$ pour les vecteurs arbitraires x et y dans $\underline{D}_B$; dans (5A) K est l'operation :

$$\{x, y\} \to \{0, J(x)\}$$

pour l'élément arbitraire $\{x, y\}$ de $\underline{E}$. Pour que K soit lisse comme opérateur dans $\underline{E}$, il est nécessaire (et suffisant) que J soit lisse de façon correspondante comme application de $[\underline{D}_B]$ dans $\underline{H}$. C'est le cas par exemple pour l'équation

(10) $$\Box \phi = m^2 \phi + f(\phi) ,$$

dans le norme de l'énergie , si f est lisse et n'a pas une croissance trop grande à l'infini.

Pour deux vecteurs tangents v_1 et v_2 au point $u(.)$ de la variété $\underline{M}$ des solutions de la forme intégrée de l'équation (9), on définit

(11) $$\Omega_{u(.)}(v_1, v_2) = (\Phi_1(t), \psi_2(t)) - (\Phi_2(t), \psi_1(t)) ,$$

où l'on suppose que le vecteur $v_i(.)$ tangent qui correspond au vecteur tangent v_i a la forme $[\Phi_i(t), \psi_i(t)]$ $(i = 1, 2)$, et les produits intérieurs indiqués sont dans l'espace $\underline{H}$. Le côté droit de l'équation (11) semble dépendre du temps, mais en vertu des équations satisfaites par les v_i, il est en fait indépendant du temps. L'équation (11) définit donc une forme differentielle Ω d'ordre 2 sur $\underline{M}$. C'est une forme aux coefficients constants relativement aux coordonnées fournies par les données de Cauchy à un temps particulier ; elle est donc fermée. Il est facile de déduire de la définition de Ω , qu'elle est non-dégénérée. . Cette définition montre aussi que Ω est invariante par les transformation T_s induites par les déplacements dans le temps : T_s applique u(.) dans $u_s(.)$, qui est définie par l'équation $u_s(t) = u(s + t)$. Donc : sur la variété des solutions, $\underline{M}$, une structure symplectique est définie par la forme Ω ; le groupe T_s à un paramètre est un groupe d'automorphismes du couple $(\underline{M}, \Omega)$; l'analogie avec la dynamique classique est évidente.

Donc, l'expression de Ω dans un repère de Lorentz fixe simplifie beaucoup son traitement . Cependant, pour une équation relativiste telle que (10) , il reste à traiter l'action du groupe G de Poincaré. complet. L'invariance de Ω et le fait que G est un groupe d'homéomorphismes de classe C^∞ , ne sont pas des conséquences banales de l'invariance de l'équation (10) par le groupe de Lorentz. Il suffit pour le moment de traiter le cas le plus simple, e, replaçant $\underline{M}$ par la variété $\underline{M}_o$ évidemment relativiste, de toutes les solutions de classe C^∞ qui ont un support compact pour chaque temps fixe ; l'espace linéaire pour les paramètres locaux dans $\underline{M}_o$ (avec la topologie usuelle dans l'espace des fonctions de classe C^∞ et du support compact) n'est pas un espace de Banach, mais il est néanmoins impossible d'obtenir des champs de vecteurs X_f , engendrant des groupes locaux à un paramètre d'homéomorphismes de $\underline{M}_o$. Alors, le groupe de transformations $(G, \underline{M}_o)$ est de classe C^∞ (sur la variété produit $G \times \underline{M}_o$), et par un calcul infinitésimal on peut démontrer que la forme Ω est invariante, dans $\underline{M}_o$, par G.

On peut former les crochets de Poisson $[\,]_\Omega$ entre les fonctions lisses sur $\underline{M}_o$, comme dans une variété symplectique quelconque, relativement à la forme Ω. Il est donc possible de donner une définition purement mathématique à l'énergie du champ classique que définit l'équation donnée : c'est la fonctionnelle lisse E sur $\underline{M}_o$ telle que $[F, E] = (d/dt)F$ pour une fonction lisse arbitraire F sur $\underline{M}_o$, où $(d/dt)F$ indique l'action infinitésimale de G pour les déplacements dans le temps. Par exemple, pour les équations de Maxwell, cette fonctionnelle, exprimée en fonctions du champ électromagnétique ϕ_{jk} $(j, k = 1, 2, 3, 4)$, vaut

$$E = (4\pi)^{-1} \int (\textstyle\sum_{jk} \phi^2_{jk})\, d\vec{x} ,$$

comme il est bien connu depuis longtemps par des raisonnements physiques. Le théorème classique de E. Noether sur la construction des invariants des champs est éclairé aussi par ce point de vue ; l'invariant associé à une transformation admissible des coordonnées est la fonctionnelle sur la variété des champs classiques dont le crochet de Poisson $[\,]_\Omega$, engendre cette transformation .

Donc, cette structure est intéressante d'un point de vue purement classique. Elle a un défaut important : elle ne détermine pas une mesure invariante sur la variété, comme dans le cas de dimension finie, parce que la puissance infinie Ω^∞ n'a pas de signification mathématique. Cependant, on peut développer une analogie partielle à l'aide de la théorie de l'intégration dans les espaces fonctionnels, et on peut obtenir, en tarticulier, une classe des mesures finies invariantes par les déplacements dans le temps. Mais notre principale raison de nous intéresser à ces notions est le problème de la construction et de la représentation des champs quantiques ; revenons maintenant à ce problème.

BIBLIOGRAPHIE ADDITIONNELLE

[1] Y. CHOQUET-BRUHAT, C.R. Acad. Sci. Paris 242 (1956), 1956.

[2] J. LERAY, Hyperbolic partial differential equations, Princeton, 1951-52.

[3] A. LICHNEROWICZ, Théorie quantique des champs sur un espace-temps courbe. Cours de l'Ecole d'Eté de Physique théorique des Houches, 1963.

[4] I. SEGAL, Non-linear semi-groups, Annals of Math. 78 (1963), pp. 339-364.

[5] - - Explicit formal construction of non-linear quantum fields. Jour. Math. P hys. 5 (1964), pp. 269-282.

APPENDICE, PARTIE II

Preuve que $d\,\Omega = 0$; etc.

Nous considérons l'équation

$$\square \phi = p(\phi) \tag{1}$$

dans une région fixe R de l'espace-temps, où p est une fonction régulière donnée, et nous supposons que les solutions sont définies sur toute la région R, pour des données régulières arbitraires. La distribution de commutation sera notée $D_\phi(x,x')$; elle satisfait l'équation différentielle

$$\square_x D_\phi(x, x') = p'(\phi(x))D_\phi(x,x')$$

avec les données de Cauchy

$$D_\phi(x,x') = 0 \quad \text{et} \quad \frac{\partial}{\partial t} D_\phi(x,x') = \delta(\vec{x} - \vec{x}') \text{ , pour } t = t',$$

en écrivant $x = (\vec{x}, t)$.

Pour une fonction régulière arbitraire f qui s'annule hors de la région R, nous désignons par X_f le champ des vecteurs:

$$\phi \longrightarrow D_\phi f ,$$

où D_ϕ désigne l'opération :

$$f(x) \longrightarrow \int D_\phi(x,x')f(x')d_4x' ,$$

en summosant, pour exprimer en termes simples l'idée essentielle, que l'espace-temps est de dimension 4. Désignons par E_ϕ^f la transformation $X_f D_\phi$; c'est-à-dire ; si h est une fonction régulière qui s'annule hors de la région R, alors $D_\phi h$ est une fonction de ϕ et x ; et on peut appliquer X_f à $D_\phi h$

considéré comme étant une fonction de ϕ , x étant fixé. Plus particulièrement, D_ϕ applique h dans $\int D_\phi(x,x')h(x')d_4x'$; alors, X_f déplace ϕ d'un déplacement infinitésimal, caractérisé par le vecteur tangent $D_\phi f$; donc E^f_ϕ est l'application

$$h \rightarrow \frac{\partial}{\partial \varepsilon} \int D_{\phi+\varepsilon D_\phi f}(x,x')h(x')d_4x' \Big|_{\varepsilon=0} .$$

En désignant $\frac{\partial}{\partial \varepsilon} D_{\phi+\varepsilon D_\phi f}(x,x')\Big|_{\varepsilon=0}$ par $E^f_\phi(x,x')$, E^f_ϕ est l'operateur

$$k(x) \rightarrow \int_R E^f_\phi(x,x')k(x')d_4x' .$$

Nous supprimons l'indice " ϕ " dans les notations E^f_ϕ , etc., quand c'est clair, dans ce qui va suivre.

Il résult que

$$X_f\, \Omega(X_g, X_h) = X_f(\int D_\phi(x,x')g(x')h(x')d_4x\, d_4x') ,$$

$$= X_f(D_\phi h, g) ,$$

où (.,.) désigne le produit intérieur usuel dans $L_2(E_4)$;

$$=(E^f_\phi h, g) .$$

Alors, considérons $[X_g, X_h]$. Le produit $e^{aX_g} e^{bX_h}$ agit comme suit (à des termes près d'ordre au moins 2 en a ou en b):

$$\phi \xrightarrow{X_h} \phi + bD_\phi h \xrightarrow{X_g} [\phi + bD_\phi h] + a\, D_{\phi+bD_\phi h}\, g = \phi + bD_\phi h + \varepsilon D_\phi g + ab E^h_0 .$$

Il en résulte que

$$[X_g, X_h] = E^h_\phi\, g - E^g_\phi\, h .$$

Donc

$$\Omega(X_f, [X_g, X_h]) = f, E^h_\phi - E^g_\phi h) .$$

Ainsi

(2) $$X_f\Omega(X_g, X_h) + X_h\Omega(X_f, X_g) + X_g\Omega(X_h, X_f) = K$$

en notant :

$$K = (E^f h, g) + (E^h g, f) + (E^g f, h) .$$

D'autre part :

$$\Omega(X_f, [X_g, X_h]) + \Omega(X_h, [X_f, X_g]) + \Omega(X_g, [X_h, X_f]) \; 2$$

(3) $$= (E^h g - E^g h, f) + (E^g f - E^f g, h) + (E^f h - E^h f, g) =$$

$$= (E^f h, g) + (E^h g, f) + E^g f, h) - (E^f g, h) - (E^h f, g) - (E^g h, f).$$

Or, $E^f(x, x') = - E^f(x', x)$, puisque $D_\phi(x, x')$ est antisymétrique ; donc

$$(E^f g, h) = - (g, E^f h) .$$

L'expression (3) vaut donc $2K$.

Pour démontrer que $K = 0$, il est nécessaire d'expliciter $E^f(x, x')$. En notant

$$\frac{\partial}{\partial \varepsilon} D_{\phi + \varepsilon \psi}(x, x') \Big|_{\varepsilon = 0} = H_\phi(x, x', \psi) ,$$

et en dérivant par rapport à ϕ l'équation différentielle pour D_ϕ et aussi ses données de Cauchy , on constate que $H_\phi(x, x', \psi)$ satisfait l'équation suivante :

$$\left(\Box_x - p'(\phi(x))\right) H(x, x', \psi) = p''(\phi(x))\psi(x) D_\phi(x, x') ,$$

et que cette fonction a des données de Cauchy nulles pour $t = t'$.

Or la solution de l'équation

$$\left(\Box_x - p'(\phi(x)\right) L(x) = M(x)$$

avec les données de Cauchy nulles pour t = t' est donnée par l'équation

$$L(x) = \int_{t'' \in [t', t]} D(x, x'')M(x'') \, d_4x'' \; ,$$

comme on peut vérifier par un calcul aisé. En substituant $U = D_\phi f$, on obtient

$$E^f(x, x') = - \int_{t'' \in [t', t]} D(x, x'')D(x', x'')D(x'', x''')k(x'')f(x''') \, d_4x'' \, d_4x'''$$

où $k(x) = p''(\phi(x))$.

Il s'ensuit que :

$$K = - \int_{t'' \in [t', t]} D(x, x'')D(x'x'')D(x'', x''')h(x')g(x)f(x''')k(x'') \, d_4x \, d_4x' \, d_4x'' \, d_4x'''$$

+ les termes obtenus par permutations circulaires.

En changeant les variables d'intégration , les trois intégrales deviennent identiques, sauf les domaines d'intégrations ; ces domaines, qui sont orientés, sont définis par leurs projections sur l'axe des t'' ; ces projections sont les intervalles orientés $|t', t|$, $|t, t'''|$ et $[t''', t']$; d'où K = 0 .

<u>Voici prouvé que</u> $d\,\Omega = 0$.

On peut utiliser des calculs similaires pour démontrer les autres propriétés naturelles de la variété des solutions. Par exemple, il est clair, vu l'interprétation du champ de vecteurs X_f comme déplacement infinitésimal des données de Cauchy dans la région S(f) où f ne s'annule pas , et vu la théorie classique des équations hyperboliques, que X_f et X_g doivent commuter, quand $S(f)$ et $S(g)$ sont disjoints. Plus précisément, on peut regarder X_f comme une intégrale $\int X_{f(.,t)}\,dt$, en écrivant $f(x) = f(\vec{x}, t)$; le champ $X_{f(.,t)}$ déplace la donnée de Cauchy seulement au temps t. En fait, on a le

COROLLAIRE. Si le support de f est hors du domaine d'influence du support de g et vice-versa, alors $[X_f, X_g] = 0$.

Nous avons déjà calculé le crochet $[X_f, X_g]$: il vaut $E^g f - E^f g$. En utilisant l'expression ci-dessus de E^f, on obtient l'équation

$$(E^f g)(x) = \int K(x, x', x'')f(x')g(x'')\, d_4x'\, d_4x'' ,$$

avec

$$K(x, x', x'') = -\int_{t''' \in [\text{[illegible]}, t]} D(x, x''')D(x', x''')D(x'', x''')k(x''')\, d_4x'''$$

la fonction à intégrer ici est symétrique en x' et x'' ; d'où l'équation :

$$K(x, x', x'')-K(x, x'', x') = \int_{t''' \in [t', t'']} D(x, x''')D(x', x''')D(x'', x''')k(x''')\, d_4x'''.$$

Il est évident que cette expression s'annule si $t' = t''$. A ce point, nous devons utiliser le fait que la fonction de commutation $D_\emptyset(x, x')$ est indépendante de la décomposition en espace-temps, qui a servi à la construire ; cette indépendance résulte de la seconde définition de la fonction $D_\emptyset(x, x')$: elle est la différence des solutions élémentaires avancées et retardées, fournies par la théorie de J. Leray (v. particulièrement [4] dans la bibliographie de la Partie I) ; or ces solutions élémentaires se définissent sans effectuer de décomposition en espace-temps. Il en résulte que $K(x, x', x'')-K(x, x'', x')$

s'annule dans le cas où x' et x" sont deux points arbitraires, dont l'un n'est pas dans le domaine d'influence de l'autre. Ainsi le noyau de l'expression intégrale de E_g^f est symétrique ; il résulte que $E_f^g - E_g^f = 0$.

III

Du point de vue d'un physicien pratique, la théorie classique des champs quantifiés n'est pas satisfaisante, parce qu'elle conduit à des intégrales infinies ; mais du point de vue théorique, et particulièrement du point de vue mathématique, ce qui est le moins satisfaisant dans la théorie est que l'équation fondamentale de cette théorie n'a pas de signification mathématique ... ou autre.. Le champ quantifié $\tilde{\emptyset}(x)$ n'est certaiment pas une fonction , mais seulement une distribution : seules les intégrales $\int \tilde{\emptyset}(x)f(x)dx$ ont vraiment un sens, même dans le cas du chaps le plus simple, le champ "libre" ; or dans l'équation aux dérivées partielles fondamentales qui est du type

$$\partial \tilde{\emptyset} = p(\tilde{\emptyset}) \,, \tag{1}$$

le polynome donné, p , est non-linéaire ; donc, l'expression $p(\tilde{\emptyset})$ n'est pas définie.

Mais , vu les relations canoniques de commutation, l'équation (1) donne, par la formation successive des commutateurs avec le champ et sa dérivée première par rapport au temps, des équations de la forme

$$[\ldots[[\partial\tilde{\emptyset}(x), \not{U}(x')], \not{U}(x'')] \ldots], \not{\psi}(x^{(n)})] = \text{une expression linéaire en } \not{\psi}(x), \tag{2}$$

où n+1 est le degré de p, $x, x', x'', \ldots, x^{(n)}$ sont n+1 points de l'espace temps aux temps identiques, mais arbitraires, et $\psi(x)$ désigne ou bien le champ $\tilde{\phi}(x)$ ou bien sa dérivée $\dot{\tilde{\phi}}$; il y a donc 2^n telles équations . Ces équations n'emploient plus de fonction non-linéaire de distributions: elles ont une signification mathématique claire. De plus, si l'on suppose irréductibles les opérateurs $\tilde{\phi}(x)$ et $\dot{\tilde{\phi}}(x)$ pour tout l'espace et pour un instant particulier du temps , - c'est un postulat qu'on fait dans la théorie classique des champs quantiques,- les équations (2) sont équivalentes à l'équation (1), à un terme additif près, qui dépend linéairement d'un nombre fini des paramètres, dont les $n^{\text{ièmes}}$ crochets avec

$$\psi(x'),\ \psi(x''),\ \ldots,\ \psi(x^{(n)})$$

s'annulent quand les $x', x'', \ldots, x^{(n)}$ sont arbitraires mais ont des temps identiques.

Pour clarifier, nous considérons le cas typique de l'équation

$$\text{(3)} \qquad \Box\tilde{\phi} = m^2\tilde{\phi} + \gamma\, \tilde{\phi}^{\,3} .$$

On obtient à la place de l'équation (2) les équations

$$\text{(4)} \qquad \text{(a)} \quad \left[\Box\tilde{\phi}(x),\ \tilde{\phi}(x')\right] = 0$$

$$\text{(b)} \quad \left[\left[\Box\tilde{\phi}(x),\ \dot{\tilde{\phi}}(x')\right],\ \tilde{\phi}(x'')\right] = 0$$

$$\text{(c)} \quad \left[\left[\left[\Box\tilde{\varphi}(x),\ \dot{\tilde{\varphi}}(x')\right],\ \dot{\tilde{\varphi}}(x'')\right],\ \dot{\tilde{\varphi}}(x''')\right] = -6\, i\gamma\, \delta(\vec{x}-\vec{x}')\, \delta(\vec{x}-\vec{x}'')\, \delta(\vec{x}-\vec{x}''').$$

ou

$$x = (\vec{x},\ t),\ x' = (\vec{x}',\ t)\ ,\ x'' = (\vec{x}'',\ t)\ .$$

L'équation (4a) remplace deux équations de la forme (2) , à cause de la forme spéciale de l'équation (3) . Le produit des distributions "deltas" dans l'équation (4c) a un sens. En fait , en introduisant la fonction régularisée

$$\tilde{\Phi}(f, t) = \int \tilde{\phi}(\vec{x}, t)\, f(\vec{x})\, d\vec{x} ,$$

on obtient des équations implicites pour la deuxième dérivée $\ddot{\tilde{\Phi}}(f, t)$:

(5) (a) $\left[\ddot{\tilde{\Phi}}(f, t), \tilde{\Phi}(g, t)\right] - \left[\tilde{\Phi}(\Delta f, t), \tilde{\Phi}(g, t)\right] = 0$

(b) $\left[\left[\ddot{\tilde{\Phi}}(f, t), \dot{\tilde{\Phi}}(g, t)\right], \tilde{\Phi}(h, t)\right] = 0$

(c) $\left[\left[\ddot{\tilde{\Phi}}(f, t), \dot{\tilde{\Phi}}(g, t)\right], \dot{\tilde{\Phi}}(h, t)\right] = - 6\gamma\tilde{\Phi}(f g h , t)$,

pour toutes les fonctions f, g, et h dans le domaine $\underline{D}$ (indéfiniment différentiables, à supports compacts) des fonctions régulières. On doit noter que l'équation (5b) est une conséquence de l'équation (5a) et de l'identité de Jacobi : (5) se réduit à (5a) et (5c) .

Les équations (5) doivent être considérées comme un système d'équations différentielles pour toutes les fonctions $\Phi(f, t)$, dans lesquelles les dérivées secondes $\ddot{\Phi}(f, t)$ sont données implicitement en fonction des inconnues $\Phi(g, t)$ et de leurs dérivées premières $\dot{\Phi}(g, t)$. Pour obtenir $\ddot{\Phi}(f, t)$ explicitement, on doit résoudre d'abord les équations

(5') $\left[Y(f, t), \Phi(g, t)\right] = 0$

$$\left[\left[\left[Y(f, t), \dot{\Phi}(g, t)\right], \dot{\Phi}(h, t)\right], \dot{\Phi}(k, t)\right] = - 6 i \gamma \int f g h k .$$

par rapport aux fonctions $Y(f, t)$, dont les valeurs sont des opérateurs et qui dépend linéairement de f . On suppose qu'on a une solution des équations (5') de la forme $Y(f, t) = \sum(\Phi(\cdot, t), \dot{\Phi}(\cdot, t), f)$ où $\Phi(\cdot, t)$ et $\dot{\Phi}(\cdot, t)$ engendrent un système de Weyl

$$W(f, g) = e^{i \Phi(f, t) + i \dot{\Phi}(g, t)}$$

(c'est-à-dire vérifient les relations canoniques de commutation) ; l'existence de Y dépend de ce système ; mais, quand Y existe, on peut supposer la fonction $\sum$ invariante par les transformations unitaires. En supposant que le groupe de Poincaré agit de façon unitaire, il en résulte que les équations (5) doivent être interprétées comme signifiant :

$$(5'') \qquad \ddot{\Phi}(f, t) = \sum(\Phi(., t), \dot{\Phi}(., t), f) \ .$$

Il y a donc une restriction sur la représentation des relations à imposer au couple $(\Phi, \dot{\Phi})$: il doit être tel que l'équation (5') ait une solution.

Donc, il est raisonnable de remplacer l'équation (1), qui n'a pas une signification mathématique, par l'équation (2) qui a un sens clair et qui équivaut formellement à (1) moyennant les relations de commutation canoniques, l'invariance relativiste, l'irréductibilité du champ $(\Phi, \dot{\tilde{\Phi}})$ pour un instant particulier et la donnée d'un champ libre asymptotique. Mais l'équation (2), bien que claire, est un peu affrayante, et il n'existe pas de procédés de résolution de telles équations.

Nous allons décrire, en nous limitant à l'équation (3), un procédé donnant des solutions de l'équation dynamique (2) qui satisfont les relations de commutation canoniques et l'invariance relativiste ; il sera évident que la même méthode est valable si le terme $\tilde{\phi}^3$ est replacé par un polynôme arbitraire pour lequel l'équation correspondante classique a une solution globale pour des données de Cauchy arbitraires assez régulières.

Par analogie avec la construction utilisée dans I dans le cas d'un champ libre, nous considérons le champ $\tilde{\Phi}(x)$, ou plutôt sa forme régularisée $\tilde{\Phi}(f, t)$, où f est une fonction arbitraire régulière du temps, de la forme

(6) $$\tilde{\Phi}(f, t) = a X_{f, t} + b M_{f, t} \quad ,$$

où a et b sont des constantes à déterminer ; $X_{f, t}$ est le champ de vecteurs sur la variété $\underline{M}$ des solutions de l'équation correspondante classique, définie ci-dessus, mais avec f(x) remplacé par le produit d'une fonction de l'espace et d'une fonction "delta" du temps, c'est-à-dire : $X_{f, t}$ déplace infinitésimalement la donnée de Cauchy pour $\dot{\phi}(\vec{x}, t)$ à l'instant t par un vecteur proportionnel à $f(\vec{x})$, et ne déplace pas $\phi(\vec{x}, t)$ lui-même , où $\phi(\vec{x}, t)$ désigne le champ classique (à valeurs réelles), et $M_{f, t}$ désigne l'opérateur de multiplication, agissant sur les fonctions F régulières définies dans $\underline{M}$ de la forme

$$F(\phi(.)) \rightarrow ((\int \phi(\vec{x}, t)\; f(\vec{x})\, d\vec{x}) \;.\; F(\phi(.)) \;.$$

L'opérateur $\Phi(f, t)$ est relativiste ; en fait, pour une fonction g régulière sur l'espace-temps, on peut définir $\tilde{\Phi}(g) = \int \tilde{\phi}(x)\, g(x) d_4 x$ par l'équation évidemment relativiste

$$\tilde{\Phi}(g) = a X_g + b M_g \quad ,$$

où

$$M_g : F(\phi(.) \longrightarrow ((\int \phi(x)\, g(x)\, d_4 x) \;.\; F(\phi(.)) \quad ;$$

en posant

$$g(x') = f(\vec{x}')\, \delta(t' - t) \quad ,$$

ce qu'on peut justifier ; on obtient l'équation (6) .

Nous pouvons maintenant démontrer le

Théorème. Le champ relativiste d'opérateurs donné par l'équation (6) avec $a = \frac{i}{\sqrt{2}}$ et $b = \frac{1}{\sqrt{2}}$ satisfait les relations canoniques de commutation ainsi que les équations différentielles (5) .

La preuve utilise les calculs avec les distributions dans un espace dont la dimension est infinie.

BIBLIOGRAPHIE

[1] I. SEGAL , Interpretation et solution d'équations non linéaires quantifiées. C.R. 259 pp. 301-303 (1964) .

[2] --- Non -linear partial differential equations in quantum field theory, to appear in Proceedings of Symposium in Applied Math. 1964, Amer . Math. Soc.

IV

Les opérateurs du champ associé à l'équation aux dérivées partielles donnée ci-dessus ne sont pas dans un espace de Hilbert : ce sont des opérateurs différentiels sur une variété, à savoir la variété des solutions. Pour représenter ces opérateurs par des opérateurs auto-adjoints dans un espace de Hilbert, il est naturel de définir une mesure appropriée sur la variété, et de considérer ces opérateurs comme agissant dans l'espace des fonctionnelles de carré intégrable sur la variété, comme dans le cas familier d'une variété à nombre fini de dimensions. On désire en particulier la représentation associée à l'état du vide, en analogie non-linéaire avec la théorie linéaire indiquée dans la première conférence ; une mesure invariante par le groupe de Poincaré et l'énergie positive (c'est-à-dire telle que le spectre du groupe à un paramètre induit dans l'espace des fonctionnelles de carrés intégrables par les translations dans le temps est non-négatif) donne de façon naturelle l'état du vide.

Une méthode naturelle du point de vue de la physique pour construire la mesure du vide est de transporter la mesure du vide du champ libre asymptotique (qu'on présume exister) sur la variété des solutions de l'équation non-linéaire, par l'application qu'on appelle "l'opérateur d'onde" . Il convient donc de développer la théorie de la structure asymptotique des solutions des équations non-linéaires ; cette théorie a aussi un intérêt pour l'interprétation en termes de particules des états du champ, ainsi que pour la mathématique classique appliquée. Nous supposons données deux variétés M_o et M , que nous appelons les variétés "libre" et "physique" ; ainsi que pour chaque instant t une application P_t homéomorphique de M sur M_o. Les limites :

$$\lim_{t \to \pm\infty} P_t^{\pm 1} = P_{\pm\infty}^{\pm 1}$$

sont appelées "les opérateurs d'onde", quand elles existent ; en général, on considère

$$\lim_{t \to \pm\infty} P_t^{-1}$$

l'opérateur d'onde future Γ_- dans le cas $t \to -\infty$; on obtient pour $t \to +\infty$ l'opérateur d'onde passée Γ_+ ; les opérateurs

$$S = \Gamma_+^{-1} \Gamma_- \qquad S = \Gamma_-^{-1} \Gamma_+ \quad (= \Gamma_-^{-1} S_o \Gamma_- = \Gamma_+^{-1} S_o \Gamma_+)$$

quand ils existent, sont nommés :

S_o : opérateur de "dispersion" ou de "collision" relatif à la variété libre ; S : opérateur de "dispersion" ou de 'collision" relatif à la variété physique.

Nous considérons ici le cas où $\underline{M}$ est la variété des solutions de l'équation opérationnelle (plus précisément, de la forme intégrée de cette équation).

$$u' = Au + K(u) \quad , \tag{1}$$

en supposant que u(t) a ses valeurs dans un espace de Banach et qu'il existe globalement une solution et une seule de (1) pour des données de Cauchy arbitraires dans $\underline{B}$; $\underline{M}_o$ est la variété des solutions de l'équation libre

$$u' = Au \quad ; \tag{2}$$

P_t applique une solution de l'équation (1) sur la solution de l'équation (2) qui a la même valeur au temps t . L'opérateur Γ_- , s'il existe , est alors une application, invariante par les déplacements dans le temps, de $\underline{M}_o$ dans $\underline{M}$. Donc, Γ_- applique une mesure sur $\underline{M}_o$ invariante (par les déplacements du temps) sur une mesure invariante sur $\underline{M}$. De plus, on peut démontrer formellement qu'il applique une mesure sur $\underline{M}_o$ associée avec le vide libre sur la mesure failable sur $\underline{M}$ associée au vide physique.

Considérons maintenant la question de l'existence de l'opérateur de l'onde pour les équations de la forme

$$(3) \qquad \Box \phi = m^2 \phi + f(\phi) \quad ,$$

où

$$f(0) = f'(0) = 0 \; .$$

Afin qu'une solution de l'équation (3) soit asymptotique à une solution de l'équation libre

$$(4) \qquad \Box \psi = m^2 \psi \quad ,$$

il semble nécessaire que le terme $f(\phi)$ converge vers zéro pour $t \longrightarrow \infty$, mais le temps ne figure pas explicitement dans cette expression ; c'est pourquoi les physiciens dans le traitement du champ quantifié , défini par une équation différentielle, ont l'habitude de remplacer $f(\phi)$ par $e^{-\varepsilon |t|} f(\phi)$, et , après avoir calculé l'allure asymptotique, ε par 0 . Mais il semble que le champ tende vers 0 , sans qu'il soit nécessaire de modifier l'équation.

Le premier problème à résoudre - il est fondamental - est l'étude de l'allure asymptotique de $f(\psi)$ quand ψ est une solution de l'équation (4) . La conservation de l'énergie montre que $\psi(.,t)$ ne converge pas vers zéro dans l'espace L_2 quand $t \to \infty$. De plus, pour l'équation d'onde $\Box \psi = 0$ dans l'espace-temps à deux dimensions, les solutions $\lambda(x \pm t)$ qui engendrent toutes les autres, ne tendent vers zéro dans aucun espace L_p . Mais dans le cas $m > 0$, la décroissance vers zéro est essentiellement plus rapide pour les solutions assez régulières, et il y a décroissance vers zéro, dans certains espaces L_p , pour un ensemble dense des solutions. Dans l'espace-temps à plusieurs dimensions, la diffusion de la densité de l'énergie (l'énergie se conserve) est plus rapide, et il y a convergence vers zéro dans l'espace L_∞ . Il suffit ici de démontrer seulement le

Lemme. Dans un espace de dimension impaire $n > 1$, une solution ϕ de l'équation

$$\Box \phi = m^2 \phi \qquad (m > 0)$$

satisfait à l'inégalité

$$\|\phi(.,t)\|_{\infty -} \leq C(t,\delta) \left(\|e^{\delta B} \phi(.,t)\|_1 + \|e^{\delta B} B^{-1} \phi(.,t)\|_1 \right)$$

pour δ arbitraire > 0 , où $C(t,\delta)$ est une fonction fixe, continue en t , et telle que

$$C(t,\delta) = 0(|t|^{-n/2}) ;$$

pour la définition de l'opérateur B , v. p. 55 .

Pour le prouver, notons que la solution de l'équation (4) , sous forme opérationnelle, est donnée par la formule

(5) $$\psi(t) = \cos\ (tB)\,\psi\,(0) + \frac{\sin\,(tB)}{B}\,\dot{\psi}(0)\ .$$

où $$\dot{\psi}(t) = \psi(.,\ t)\ ,\ B=\sqrt{m^2\ I - \Delta}\ ;$$

il suffit donc d'estimer $\cos\ (tB)\ \psi_o$ et $\frac{\sin\,(tB)}{B}\ \psi_o$ pour un vecteur ψ_o fixe. Nous discutons seulement la première estimation ; la deuxième est similaire . On peut écrire

$$\cos\,(tB)\,\psi_o = e^{-\delta B}\cos\,(tB)\,(e^{\delta B}\ \psi_o\,)$$

si ψ_o est dans le domaine de l'opérateur $e^{\delta B}$, au sens du calcul opérationnel pour les opérateurs auto-adjoints dans un espace de Hilbert. Donc $\cos\ (tB)\ \psi_o$ est la convolution de la transformée de Fourier inverse

$$K\,(t) = K\,(r,\ t,\ \varepsilon\ ,\ m)$$

de

$$e^{-\delta(m^2 + R^2)}\cos\,(t(m^2 + R^2)^{(1/2)}\ ,$$

où R est la distance de l'origine dans l'espace dual de l'espace physique, avec la fonction $e^{\varepsilon B}\ \psi$. Par l'inégalité

$$\|f * g\|_\infty \leq \|f\|_1\,\|g\|_\infty$$

il suffit d'estimer $\|K\,(.,\ t,\ \delta,\ m)\|_1$. Mais on peut expliciter cette fonction K au moyen de fonctions de Bessel d'ordre zéro. En utilisant l'allure asymptotique des fonctions de Bessel à l'origine et à l'infini, on obtient le résultat annoncé.

Historique. Cette preuve suit la méthode de la thèse (M.I.T.) de A.R. Brodsky, écrite sous notre direction. La croissance d'ordre

$O(|t|^{-3/2})$ des distributions fondamentales du champ libre, en un point fixe, est bien connue depuis quelques années (v. par exemple, Bogolioubov et Shirkov, Theory of quantized fields, N.Y. 1959, p. 152), il est similaire pour un ensemble fixé compact. La même rapidité de décroissance dans l'espace L_∞ est necessaire pour obtenir un résultat de Ruelle qui est fondamental dans la théorie axiomatique des champs quantiques due à Haag et Wightman ; cependant , la preuve (voir par exemple la version donnée par Wightman dans Recent achievements of axiomatic field theory, dans "Theoretical Physics", Int. Atomic Energy Agency, 1963, p. 46-49) dépend implicitement de la finitude du sup. d'une certaine fonction définie sur un espace compact ; or il n'est pas établi qu'elle est continue ; il est seulement évident qu'elle est dans la première classe de Baire. La méthode de Brodsky est très différente et a l'avantage de fournir la borne explicite qui est nécessaire pour obtenir la mesure invariante dans la variété des solutions.

Cette méthode, qui simplifie considérablement notre méthode originale, donne aussi une borne dépendant de $\|B^a\phi\|_1$ pour une constante convenable $a > 0$, au lieu de $\|e^{\varepsilon B}\phi\|_1$; mais cette amélioration n'est pas nécessaire ici; on ne sait pas si on peut remplacer la norme dans L_1 par une norme invariante dans L_2, ce qui serai intéressant pour construire une mesure invariante par rapport au déplacement d'espace. Dans la thèse citée, la rapidité de décroissance $t^{-(n-1)/2}$ est obtenue, ce qui est meilleur pour m arbitraire ; la rapidité $t^{-n/2}$ dans le cas $m > 0$ s'obtient de façon identique, en employant l'expression explicite dans l'espace physique des distributions fondamentales du champ libre (v. Bogolioubov et Shirkov, p. 148-150) .

On peut obtenir certains résultats pour les équations non-linéaires en utilisant le lemme ci-dessus : par exemple le

THEOREME. Une solution faible d'énergie finie arbitraire de l'équation

$$\Box \phi = m^2 \phi + g \phi^p \quad (m > 0,\ g > 0,\ p \text{ impair})$$

dans un espace de dimension impaire $n \geqslant 3$ est asymptotique faiblement, aux instants $\pm \infty$, à des solutions de l'équation libre

$$\Box \phi = m^2 \phi \quad ;$$

la notion d'asymptotique faible se définit en employant les fonctionnelles linéaires continues pour la norme correspondant à l'énergie du champ non-linéaire.*)

Preuve. On utilise la méthode générale de passage à la "représentation d'interaction". Elle consiste à étudier l'équation (1) en remplaçant $u(t)$ par $v(t) = e^{-At} u(t)$; l'équation (1) prend alors la forme

$$(6) \qquad v' = L_t(v) \qquad \text{où } L_t(v) = e^{-At} K(e^{At} v) \ ,$$

---

*) Dans le cas n=p = 3, les solutions sont fortes et le problème de Cauchy a une solution unique ; dans les autres cas, on sait seulement qu'une solution globale faible existe pour les données de Cauchy arbitraires d'énergie finie; v. Bull. Soc. Math. Fr. t. 91, p. 129-135 (1963). L'énergie de la solution de l'équation non-linéaire définie par les données de Cauchy $f(\vec{x})$ et $g(\vec{x})$ du champ et de sa première dérivée temporelle a la forme

$$\|Bf\|_2^2 + \|g\|_2^2 + g(p+1)^{-1} \int f^{p+1} \, d_n \vec{x};$$

il est donc naturel d'employer les fonctionnelles linéaires Δ que voici :

$$\Delta(f, g) = \langle Bf, Bh_1 \rangle + \langle g, h_2 \rangle + \int f h_3 \, d_n \vec{x}$$

où $\langle\ ,\ \rangle$ indique le produit intérieur dans L_2 ; les fonctions h_i sont fixes et telles que $Bh_1 \in L_2$, $h_2 \in L_2$, et $h_3 \in L_{(p+1)/p}$. Les notions de solutions faibles et d'allure asymptotique faible sont définies au moyen de cette classe des fonctionnelles. Notons que l'hypothèse que la dimension de l'espace est impaire est presque certainement superflue; pour l'extension aux cas pairs, il est nécessaire seulement de vérifier dans ce cas la rapidité de décroissance du noyau associé à l'opérateur $e^{-\varepsilon B}$.

(7) $v = \text{const}$

L'existence de l'opérateur d'onde future sifnifie que, étant donnée une solution $v(t)$ de (6), il existe un vecteur constant v_o tel que

$$v(t) = v_o + \int_{-\infty}^{t} L_s(v(s))\,ds\ ,$$

c'est-à-dire tel que

$$< v(t) - v_o\ , w > \longrightarrow 0\ ,$$

quand $t \longrightarrow \pm\infty$; pour tous les vecteurs w du type indiqué (c'est-à-dire $w = (h_1, h_2)$, où les normes $\|Bh_1\|_2$, $\|h_1\|_{(p+1)/p}$, et $\|h_2\|_2$ sont finies).

Puisque $\|v(t)\| = \|u(t)\|$ cte. vu la conservation de l'énergie, il suffit, en utilisant le fait qu'un espace de type L_q, $1 < q < \infty$, est faiblement compact et complet (tel est l'espace définie par l'expression pour l'énergie en termes des données de Cauchy), de démontrer que

$$\lim_{t,\ t' \longrightarrow \infty} < v(t) - v(t')\ , w > = 0$$

pour un ensemble dense de vecteurs w, dans l'espace indiqué ; par exemple, l'ensemble de tous les vecteurs w à support compact et indéfiniment différentiables.

L'équation différentielle, $v(t) - v(t') = \int_{t'}^{t} L_s(v(s))\,ds$ montre que

$$< v(t) - v(t'), w > = \int_{t'}^{t} < K(u(s)),\ e^{As} w > ds\ .$$

En utilisant l'estimation

$$\left| < K(u(s))\ , e^{As} w > \right| \leq \left\| K(u(s)) \right\|_1 \left\| e^{As} w \right\|_\infty = 0(|s|^{-n/2})$$

(en notant que $\|K\ (u(s))\|_1 = \int |\phi\ (\vec{x}, s)^P|\ d\ \vec{x}$, qui est borné parce que $\int |\phi\ (\vec{x}, t)|^2\ d\vec{x}$ et $\int |\phi\ (\vec{x}, t)|^{p+1}\ d\vec{x}$ sont bornés vu la conservation de l'énergie) , on voit que $< v\ (t) - v\ (t')\ ,\ w > \longrightarrow 0.$ *).

Comme exemple de la construction de l'opérateur d'onde, appliquant la variété libre dans la variété physique, qui semble la plus convenable pour la théorie des champs quantifiés, nous donnons le

Théorème. Pour une solution quelconque, ϕ_o , d 'énergie finie de l'équation

$$\Box \phi_o = m^2 \phi_o \qquad (m > 0)$$

dont $\hat{\Phi}_o$ est à support compact dans l'espace-temps de dimension 4, il existe une solution globale faible de l'équation

$$\Box \phi = m^2 \phi + g \phi^p \qquad (g > 0\ ;\ p \text{ impair } > 1)$$

qui est asymptotique à l'instant $-\infty$ à la fonction ϕ_o (on emploie la norme définie par l'énergie) .

Cette solution est forte et unique pour l'instant voisin de $-\infty$;

---

*) Notons qu'il existe une autre convergence faible : la convergence faible de $u(t) - e^{tA}v_o$ vers zéro, pour $|t| \to 0$, c'est-à-dire :

$$(u(t) - e^{tA}v_o\ ,\ a\ ) \longrightarrow 0$$

pour les vecteurs w indiqués. Mais $< e^{tA}v_o\ ,\ w > \longrightarrow 0$ (essentiellement d'après le lemme de Riemann-Lebesque)c'est-à-dire $e^{tA}v_o$ converge faiblement vers zéro. Il est intéressant de noter qu'on peut démontrer ,par la méthode présente, le fait correspondant dans le cas non-linéaire; c'est-à-dire , que u(t) converge faiblement vers zéro ;

$$< u(t)\ ,\ w > \longrightarrow 0$$

pour tous les vecteurs w . La convergence faible de $u(t) - e^{tA}v_o$ vers zéro résulte donc de celle de

$$u(t) \text{ et de } e^{tA}v_o \quad ;$$

elle n'a pas d'intérêt pour la théorie de la dispersion.

(pour $p = 3$ elle est forte et unique partout) .

Le lemme ci-dessus applique et donne :

$$\|\phi_o(t)\|_\infty \leq Ct^{-3/2}$$

pour $t < -1$, où nous écrivons :

$$\phi_o(\cdot, t) = \phi_o(t) .$$

Nous considérons la définition récurrente :

$$\phi_{n+1}(t) = \phi_o(t) + g\int_{-\infty}^{t} \frac{\sin((t-s)B)}{B}\phi_n(s)^p ds . \tag{1}$$

Supposons que $\|\phi_n(s)\|_\infty \leq C_n s^{-(3/2-\varepsilon)}$ pour $s < s$ et que l'énergie

$$m^2\|\phi_n(s)\|_2^2 + \|\text{grad}\ \phi_n(s)\|_2^2 + \|\dot{\phi}_n(s)\|_2^2 \leq D_n^2 \tag{2}$$

pour $s < s$ $(s < 0)$. Il s'ensuit que

$$\|\phi_{n+1}(t)\|_\infty \leq \|\phi_o(t)\|_\infty + g\int_{-\infty}^{t}\left\|\frac{\sin(t-s)B}{B}\phi_n(s)^p\right\|_\infty ds . \tag{3}$$

On peut écrire

$$\frac{\sin((t-s)B)}{B}\phi_n(s)^p = \frac{\sin((t-s)B)}{B^2}B\phi_n(s)^p \quad ;$$

l'opérateur $\dfrac{\sin((t-s)B)}{B^2}$ multiplie la transformée de Fourier de la fonction en question par

$$\frac{\sin((t-s)(m^2+R^2)^{(1/2)})}{m^2+R^2}$$

où R désigne la distance de l'origine dans l'espace dual de l'espace physique E_3 . Cette dernière fonction a une norme dans L_2 qui est bornée, indépendante de $t - s$. Il en résulte que

$$\left\| \frac{\sin((t-s)\ B)}{B} \phi_n(s)^p \right\|_\infty \leq G_0 \left\| B\ \phi_n(s)^p \right\|_2 ,$$

où G_0 est une constante. Or pour une fonction f régulière

$$\|Bf\|_2^2 = < B^2 f,\ f > = < (m^2 I - \Delta)\ f,\ f > = m^2 \|f\|_2^2 + \|\text{grad}\ f\|_2^2,$$

donc l'égalité $\|Bf\|_2^2 = m^2 \|f\|_2^2 + \text{grad}\ \|f\|_2^2$ vaut pour toutes les fonctions f du domaine de l'opérateur B dans $L_2(E_3)$, on a par conséquent

$$\| B\ \phi_n(s)^p \|_2 \leq m \| \phi_n(s)^p \|_2 + \| p\ \phi_n(s)^{p-1}\ \text{grad}\ \phi_n(s) \|_2$$

$$\leq \frac{m^2\ C_n^{(p-1)}}{s^{(3/2-\varepsilon)(p-1)}} (\| \phi_n(s) \|_2 + p \| \text{grad}\ \phi_n(s) \|_2)$$

$$\leq G_1\ C_n^{(p-1)}\ D_n\ s^{-(3/2-\varepsilon)(p-1)} ,$$

où G_1 est une constante. En retournant à l'équation (3), il suit que

$$\| \phi_{n+1}(t) \|_\infty \leq \frac{C_0}{t^{3/2-\varepsilon}} + g G_0 G_1\ C_n^{(p-1)} D_n \int_{-\infty}^{t} \frac{ds}{s^{(3/2-\varepsilon)(p-1)}}$$

et filalement que

(4) $$\| \phi_{n+1}(t) \|_\infty \leq \frac{C_0}{t^{3/2-\varepsilon}} + G_2\ C_n^{(p-1)} D_n\ t^{-(3/2-\varepsilon)(p-1)+1} .$$

Pour estimer D_{n+1}, notons que l'équation (1) implique par la théorie générale (en notant que $\phi_n(s)^p$ est une fonction de la classe C^1 dans la norme d'énergie) l'équation différentielle

(5) $$\ddot{\phi}_{n+1}(t) + B^2 \phi_{n+1}(t) = - g\ \phi_n(t)^p .$$

En formant l'intégrale de l'énergie de la façon bien connue, on obtient l'équation

(6) $$\|\phi_{n+1}(t)\|_2^2 + \| B\ \phi_{n+1}(t) \|_2^2 + G_3 \int_{-\infty}^{t} < \phi_n(s)^p,\ \dot{\phi}_{n+1}(s) > ds = E_0$$

où G_3 et $E_\circ$ sont constantes ($E_\circ$ étant l'énergie $D_\circ$ du champ libre $\phi_\circ$, comme il apparaît clairement en faisant tendre t vers $-\infty$)

$$\left|\int_{-\infty}^{t} < \phi_n(s)^p , \dot{\phi}_{n+1}(s) > ds\right| \leqslant \int_{-\infty}^{t} \| \phi_n(s)^{p-1} \|_\infty \| \phi_n(s) \|_2 \| \dot{\phi}_{n+1}(s) \|_2 ds$$

de la définition de C_n il résulte que

$$\ldots \leqslant D_n D_{n+1} \int_{-\infty}^{t} C_n^{(p-1)} s^{-(3/2-\varepsilon)(p-1)} ds ,$$

et que

$$\left|\int_{-\infty}^{t} < \phi_n(s)^p , \dot{\phi}_{n+1}(s) > ds\right| \leqslant C_n^{(p-1)} D_n D_{n+1} G_4 ,$$

où G_4 est une constante. Finalement, on obtient :

$$(8) \quad \| \dot{\phi}_{n+1}(t) \|_2^2 + \| B \phi_{n+1}(t) \|_2^2 \leqslant E + G_4 C_n^{(p-1)} D_n D_{n+1} t^{-(3/2-\varepsilon)(p-1)+1} .$$

Considérons maintenant les deux relations de récurrence (4) et (8) ; on peut choisir $C_\circ$ arbitrairement petit, puisque $\| \phi_\circ(t) \|_\infty = 0(t^{-3/2})$ et $\varepsilon > 0$; en particulier on peut choisir $C_\circ < 1/2$. En choisissant $|s_\circ|$ suffisamment grand, on voit que $G_2 (D +1) |s_\circ|^{(-3/2-\varepsilon)(p-1)+1}$ est arbitrairement petit, par exemple $< \frac{1}{2}$ et en particulier $C_1 < 1$. Comme hypothèse de récurrence, supposons maintenant qu'on a aussi : $C_2 < 1$. Comme hypothèse de récurrence, supposons maintenant qu'on a aussi : $C_2 < 1, \ldots, C_n < 1$, ainsi que : $D_k < D_\circ + 1$ pour $k = 1, 2 \ldots, n$. Il en résulte que $C_{n+1} < 1$ et qu'on peut choisir

$$D_{n+1}^2 \leqslant D_\circ^2 + \text{cte.}\, D_n D_{n+1} |s_\circ|^{-(3/2-\varepsilon)(p-1)+1}$$

En choisissant $|s_0|$ plus grand si nécessaire, on obtient

$$D_{n+1}^2 \leqslant D_0^2 + D_{n+1} \quad ,$$

d'où il suit finalement que

$$D_{n+1} \leqslant D_0 + 1 \quad .$$

Donc les constantes C_n et D_n restent bornées. On peut maintenant achever la preuve, essentiellement en employant de la façon usuelle la méthode d'approximations successives

La preuve démontre aussi que l'application de ϕ_0 sur ϕ conserve l'énergie : l'énergie libre de ϕ_0 est égale à l'énergie du champ physique ϕ, à un instant quelconque.

L'unicité résulte de la méthode des approximations successives. L'existence globale de la solution est prouvée dans des articles que cite la bibliographie.

Les résultats précédents ne semblent pas suffire pour transporter la mesure faible de la variété des solutions libres sur la variété des solutions physiques. Mais on peut construire une telle mesure dans le cas traité par le

Corollaire. *Supposons que ϕ_1 est une solution de l'équation*

$$\square \phi_0 = m^2 \phi_0$$

telle que pour un instant t_0 ,

$$\phi_0 (t_0) \text{ , grad } \phi \ (t_0), \text{ et } \dot{\phi}_0(t_0)$$

sont dans le domaine de l'opérateur $e^{\varepsilon B}$ *(dans L_1)*. *Alors, il existe une solution unique de l'équation*

(8) $$\Box \phi = m^2 \phi + f(\phi)$$

(où f est une fonction donnée de classe C^1 qui s'annule au voisinage de zéro et dont la dérivée est bornée) qui à l'instant $-\infty$ est asymptotique à la fonction ϕ_o (et, e, fait, identique à ϕ_o, pour les instants voisins de l'instant $-\infty$).

L'opérateur d'onde Γ_- est donc défini sur la variété des solutions libres de classe C^∞ et de support compact dans l'espace, à chaque instant ; Γ_- est invariant par le groupe de Lorentz.

Preuve : il est clair, vu le lemme, que avant un temps t_o, la fonction ϕ_o est assez petite pour que $f(\phi_o(t)) = 0$ pour $t < t_o$; c'est-à-dire pour $t < t_o$, ϕ_o sàtisfait à la même équation que ϕ. Cependant, sous les conditions imposées à la fonction f, il y a une solution unique globale de l'équation (8), ayant, à un instant quelconque, les donnée de Cauchy d'énergie finie. Voici prouvée l'existence de l'opérateur d'onde future Γ_-.

L'invariante par le groupe de Poincaré dit que

(9) $$U(L)\Gamma_- = \Gamma_- U_o(L)$$

où $U_o(L)$ et $U(L)$ désignent l'action de la transformation L de Poincaré sur les variétés libres et physiques, respectivement. Les opérateurs intervenant ici sont tous continus sur les espaces des données de Cauchy, norme indiquée au-dessu (qui dépend de $e^{\varepsilon B}$) on en déduit aisément qu'il suffit de vérifier l'équation (9) sous sa forme infinitésimale :

(10) $$dU(X)\Gamma_- = \Gamma_- dU_o(X) ,$$

où X désigne une transformation infinitésimale du groupe de Poincaré et dV désigne l'action infinitésimale induite par l'action finie V.

En écrivant $\Phi(t) = \phi(.,t)$, on peut décrire l'opérateur Γ_- transformant le champ libre ϕ qui satisfait à l'équation $\Box \phi_o = m^2 \phi$ en le champ ϕ, qui satisfait à l'équation non-linéaire

$$(11) \qquad \Phi(t) = \Phi_{in}(t) + \int_{-\infty}^{t} \frac{\sin(B(t-s))}{B} f(\Phi(s))\, ds .$$

En appliquant la transformation de Lorentz infinitésimale dU (X) à la solution ϕ de l'équation non-linéaire, on obtient une solution de l'équation

$$(12) \qquad \Box \psi = m^2 \psi + f'(\phi)\, \psi ,$$

dont les données de Cauchy à un instant quelconque $\bar{t}$ ont la forme

$$\Phi(t) = (X\,\Phi)(t) , \quad \dot{\Phi}(t) = \frac{t}{dt}(X\Phi)(t) .$$

Or $dU_o(X)$ applique ϕ_o sur $X\phi_o$, donc $\Gamma_-\, dU_o(X)$ applique ϕ_o sur la solution de l'équation définissant l'action de $d\Gamma_-$; cette action transforme un vecteur ψ_o tangent à la variété libre au point ϕ_o en le vecteur ψ tangent à la variété physique au point $\phi = \Gamma_- \phi_o$ qui est donné par l'équation

$$(13) \qquad \psi(t) = \psi_o(t) + \int_{-\infty}^{t} \frac{\sin((t-s)B)}{B} f'(\phi(s))\, \psi(s)\, ds ,$$

qu'on peut obtenir par la différentiation de l'équation (11) par rapport à la fonction Φ_o. L'équation (13) est la même que la forme intégrée de l'équation (12). Pour un instant t suffisamment petit, la valeur $\psi(t)$ donnée par l'équation (13) est identique à celle de $\psi_o(t)$, puisque $\phi(t') = 0$ pour $t' < t$, donc $f'(\phi(s)) = 0$. Pour le même instant, les données de Cauchy pour l'équation (12) sont les mêmes que pour ψ_o, donc la fonction ψ donnée par l'equation

(12) est la même que celle donnée par l'équation (13) .

L'application Γ_{-} induit donc une application des mesures m_0 de la variété $\underline{M}_0$ des solutions libres à support compact dans l'espace sur les mesures m de la variété $\underline{M}$ des solutions physiques de supports compacts dans l'espace, de façon naturelle :

$$m(N) = m\ (\Gamma_{-}^{-1}(N)),$$

N étant un ensemble arbitraire mesurable. Mais les mesures qui interviennent dans la théorie des champs quantifiés ne sont pas les mesures conventionnelles ; ce sont seulement des mesures faibles (de probabilité) ; par exemple, la distribution (au sens des probabilités) normale invariante dans l'espace de Hilbert $\overline{M}_0$, qu'on obtient comme fermeture de la variété libre $\underline{M}_0$ par rapport à la forme unique relativiste positive définie sur $\underline{M}_0$, se rattache intimement au vide libre ; mais elle n'est pas définie par une mesure conventionnelle dans $\overline{M}_0$. La méthode de Gelfand et Vilenkin [3] donne une possibilité d'interpréter une mesure faible comme une mesure conventionnelle dans un espace linéaire choisi convenablement, mais il semble que les difficultés réapparaissent sous une autre forme.

Une mesure faible finie dans un espace linéaire topologique $\underline{L}$ est , par définition, une application linéaire des fonctionnelles linéaires continues de $\underline{L}$ sur les fonctions mesurables d'un espace ayant une mesure conventionnelle finie (qu'il n'est pas nécessaire de spécifier d'une autre façon .

Il existe une façon naturelle d'interpréter une fonction de Baire d'un nombre fini de telles fonctionnelles linéaires comme une fonction mesurable, et de l'intégrer, quand elle, est bornée ; mais à une fonction régulière quelconque (non linéaire) sur l'espace $\underline{L}$ même si elle est de classe C^∞ et bornée, ne correspond pas de fonction mesurable, et on ne meut pas l'intégrer, bien que la mesure de tout l'espace est en un sens fini.

De tels concepts faibles se transforment de façon compliquée par les transformations non-linéaires ; par exemple, la transformée de la distribution invariante normale par un homéomorphisme de classe C^∞ de l'espace $\overline{M}_o$ n'existe pas, en général. Les transformations qu'on peut raisonnablement appliquer aux mesures faibles sont essentiellement celles dont la différentielle ne diffère d'un opérateur unitaire que par un opérateur compact convenable. Plus particulièrement, nous utilisons la thèse de Gross [5], dans laquelle il est démontré qu'une fonction donnée dans un espace de Hilbert correspond naturellement à une variable aléatoire bona fide relativement à la mesure faible normale citée ci-dessus, si elle est "Gross-continue": il existe une suite d'opérateurs de la classe de Hilbert-Schimidt $G_1, G_2, \ldots\ldots\ldots$ tels que: (i) tr $G_n^* G_n \longrightarrow 0$; (ii) pour chaque n et $\varepsilon > 0$ il existe un opérateur K de la classe de Hilbert-Schmidt tel que $|f(x) - f(y)| < \varepsilon$ si $\| K(x-y) \| < 1$, $\| G_n x \| < 1$, $\| G_n y \| < 1$. En utilisant cette notion; on peut démontrer le

THEOREME. Pour l'équation $\Box \phi = m^2 \phi + f(\phi)$ (f comme ci-dessus) l'opérateur d'onde future de la variété M_o (des solutions libres) transforme la mesure normale faible de M_o dont l'opérateur de covariance C est suffisamment régulier, en une mesure bien définie faible de l'espace des données de Cauchy à un instant t fini quelconque pour l'équation non-linéaire ; cette mesure est invariante par le déplacement dans le temps : on peut choisir l'opérateur C tel que l'état du champ libre quantifié associé à C est arbitrairement voisin de l'état du vide (dans la topologie faible).

BIBLIOGRAPHIE SUPPLEMENTAIRE

[1] A.R.BRODSKY. Asymptotic decay of solutions to the relativistic wave equation and the existence of scattering for certain non linear hyperbolic equations. These, M.I.T., 1964

[2] E. COMBET. A paraître, C.R. Acad. Sci. Paris.

[3] I.M. GELFAND et N.Y. VILENKIN. Les distributions, t.4. Moscou, 1961.

[4] R.W. GOODMAN et I.E. SEGAL. Anti-locality of certain Lorentz invariant operators. A paraître, Jour. Math. Mech. 1965

[5] L. GROSS. Integration and non linear transformations in Hilbert space (these, Univ. de Chicago, 1958). Trans. Amer. Math. Soc. 94 (1960), 404-440.

[6] K. JÖRGENS. Das Anfangswertproblem im Grossen für eine Klasse nichtlinearer Wellengleichungen. Math. Z. 77(1961), 295-308.

[7] A. LICHNEROWICZ. Propagateurs, commutateurs, et anticommutateurs en relativité générale. Conférences, Les Houches, l'été, 1963, p. 821-861.

[8] A. LICHNEROWICZ. Propagateurs et quantification en relativité générale. Proceedings on theory of Gravitation, Warsaw, 1964, p. 177-188. v. aussi Cah. de Physique, 1964-65.

[9] I. SEGAL, Non-linear semi groups. Ann. of Math. 78 (1963) 339-364.

[10] ---- The global Cauchy problem for a relativistic scalar field. Bull. Soc. Math. France 91 (1963), 129-135.

[11] ---- Algebraic integration theory, à paraître, Proc. Amer. Math. Soc. 1965.

[12] W. STRAUSS. La décroissance asymptotique des solutions des équations d'onde non linéaires. C.R. Acad. Sci. Paris t. 256 (1963) 2749-50 .

[13] Les opérateurs d'onde pour des équations d'onde non linéaires indépendantes du temps . C.R. Acad. Sci . Paris. t. 256 (1963) .

GPSR Compliance
The European Union's (EU) General Product Safety Regulation (GPSR) is a set of rules that requires consumer products to be safe and our obligations to ensure this.

If you have any concerns about our products, you can contact us on

ProductSafety@springernature.com

In case Publisher is established outside the EU, the EU authorized representative is:

Springer Nature Customer Service Center GmbH
Europaplatz 3
69115 Heidelberg, Germany

www.ingramcontent.com/pod-product-compliance
Ingram Content Group UK Ltd.
Pitfield, Milton Keynes, MK11 3LW, UK
UKHW021316180426
11947UKWH00015B/1271
* 9 7 8 3 6 4 2 1 1 0 2 9 0 *